ライフステージでみる
牛の管理

栄養・行動・衛生・疾病

髙橋俊彦　中辻浩喜　森田 茂　監修

緑書房

ご注意

本書の内容は，最新の知見をもとに細心の注意をもって記載されています。しかし，科学の著しい進歩から見て，記載された内容がすべての点において完全であると保証するものではありません。本書記載の内容による不測の事故や損失に対して，著者，監修者，編集者，ならびに緑書房は，その責を負いかねます。

監修を終えて

　大動物臨床研究会では，「牛の一生における管理」と題し，牛の成育ステージに沿った管理について，2016年まで8回にわたりシンポジウムを開催してきた。同研究会ではそれまでも色々なテーマを取り上げていたが，原点に戻り「生まれてから生産に至るまで」の飼養衛生管理を継続的に取り上げることが大切と判断し，牛の出生，哺育，育成，分娩，泌乳，肥育，その後の疾病や衛生対策について，様々な角度から見つめてきた。そこへ，緑書房『臨床獣医』編集部の柴山淑子さんから「『牛の一生における管理』を連載にしないか」と相談があった。多くの獣医師や畜産関係者にとり，本企画は必要であると思い，快諾した。

　私自身，北海道の釧路地区で34年間，産業動物臨床獣医師として生産者の努力，成果，喜び，そして失敗と苦悩に溢れる現場を見てきた。そこで感じたのが，指導的立場である技術者が，充分に現場で能力を発揮できていないという現実である。この背景にはコミュニケーション不足もあると思うが，最も大きな問題は，畜産現場でいかなる営みが展開されているのか，あるいはされるべきかを技術者自身が理解できていないことであろう。このことは，私が学生教育へ入ったきっかけともなっている。

　産業動物の獣医師にとって，「獣医学」はもちろんだが，現場で必要なのは「畜産学」である。しかしながら，多くの獣医師は畜産学をほとんど学ぶことなく大学を卒業する。そこで，連載をはじめるに当たっては，ステージごとの牛の管理を栄養，行動，衛生，疾病の4つの視点からまとめることにした。家畜栄養学の専門家である中辻浩喜先生に栄養編の監修を，家畜行動学の専門家である森田 茂先生に行動編の監修をお願いし，私自身は衛生編と疾病編を取りまとめることとした。連載は「ステージでみる牛の管理学」と題され，2014年2月から2016年1月までの18回と，同年6月から2017年2月までの15回の計33回に及んだ。

　連載を進めるうちに「これを1冊にまとめて，獣医師や生産者，畜産関係者，そして酪農・畜産を学ぶ学生たちの教本にしたい」という考えが浮かんだ。さっそく，編集部の柴山さんに相談したところ，彼女も同じ考えであることが分かった。感激したことを覚えている。これが本書の完成への第一歩である。

　本書では，執筆者それぞれが，これまでの経験から培った教科書には載っていない重要な知識と技術が，繊細かつ現実的に記載されている。獣医師は勿論のこと，現場の酪農・畜産指導者，あるいは農業の実践者に対して非常に有効なものになると思う。また，農業後継者，農業を目指す人，農業指導者や農業の研究者を目指す人や学生たちにも，大きな情報を与えるハンドブックとして有用であると確信している。

　本書の発刊に当たっては，連載時同様，中辻先生と森田先生に監修作業を共に担っていただいた。心からお礼申し上げる。また，本書の企画に同意しご執筆いただいた諸先生方と，執筆と監修作業を行うなかでご協力いただいた研究室の北野菜奈さんに感謝の意を表したい。そして，本書の刊行に当たり連載当時からご尽力いただいた緑書房の柴山さんをはじめ，同社の皆様に心よりお礼を申し上げる。

　本書で救われる牛や生産者の方々が少しでも増えることを望んでいる。

2017年6月
髙橋俊彦

一口に「牛の管理」といっても，栄養，行動，衛生，疾病など多くの分野を網羅する「管理」が必要である。また，生まれてから育成，受胎，分娩を経て乳肉を生産し，彼らの一生を終えるまでの各ステージにおける「管理」は，そのステージでの生産性のみならず，それ以降のステージでの生産性を大きく左右する。ましてや，生産目標が異なる乳牛と肉牛では「管理」の質やそれらの生産性への影響度合いは大きく異なる。なかでも「栄養管理」については，昨今の家畜の遺伝的改良による著しい高能力化に対応する精密な管理が求められている。

　「栄養管理編」の乳牛については，出生から哺乳・育成・授精を経て初回分娩に至るまでを大坂郁夫氏に執筆を依頼し，分娩後の泌乳期，乾乳期およびそれらをつなぐ移行期を中辻が担当した。大坂氏は，乳牛の育成期の飼養管理を対象に長年研究を行ってきた日本では数少ない研究者である。また，酪農現場の実態にも明るい。大坂氏には，連載時にページ数の関係で盛り込めなかった内容について，全体を通して加筆していただいた。また中辻は，連載時にはなかった乾乳期の栄養管理の部分を加筆した。大坂氏もそうであるが，近年の高泌乳牛に対応するための，これまで以上に考慮すべき栄養管理上のポイントを記述するよう努めた。

　一方，肉牛については，出生から育成，肥育，そして出荷時の肉質に関連する栄養管理，さらには繁殖牛の栄養管理も含め，一括して杉本昌仁氏に執筆を依頼した。杉本氏は大坂氏と同じ道総研農畜試の研究員であり，長年肉牛の飼養管理に関する研究に従事してきた。乳牛に比べ経験的な飼育法がより多い肉牛の世界で，それらに科学的根拠を付加し，より効率的な飼養管理法の開発に努めてきた。もちろん，生産現場の状況にも明るい。杉本氏には連載時プラス，昨今国内でも導入されている「強化哺育」，乾草に替わる牧草サイレージによる育成およびトウモロコシサイレージを利用した肥育に関する栄養管理上のポイントについても加筆いただいた。

　連載の単行本化は大変嬉しい話であった。なぜなら，本書のように「牛の一生における管理」を全体的に網羅した書籍は多くないからである。連載当初，読者は診療や農家指導を行う産業動物の獣医師をターゲットとしていた。しかし，できあがった本書は，実際の現場での家畜飼養管理に従事される方自身や営農指導をされる方々の手引書として，あるいは獣医・畜産学を学ぶ学生の参考書としても十分活用できるものと思われる。是非，多方面でご活用いただきたい。

2017年6月
中辻浩喜

全体監修の髙橋俊彦氏から『臨床獣医』の連載記事「ステージでみる牛の管理学」の「行動管理編」監修の相談を受けたのは，今から4年前の2013年であった。牛の管理を研究分野ではなく牛自身の一生でとらえることは，現場的であると思い，快諾させていただいた。また当時，家畜の行動に関する国内研究者は，国際学会の開催に向け結束を新たにしていたので，執筆するべき国内研究者はすぐに思い浮かんだ。

　髙橋氏の提案は，5つのライフステージ（新生牛～泌乳牛）と2つの対象家畜（肉牛，放牧牛）における飼養管理を家畜の行動との関係で解説するとの内容であった。執筆内容を各研究者へ打診するに当たり，ライフステージで区分できないが，重要な項目である「人と牛の関係」および「アニマルウェルフェア」の折り込み方を工夫した。

　「人と牛の関係」の適否は，実際の飼養管理で，牛と人の双方が抱えるべき課題である。これは，まず「新生牛」で執筆することとし，表題を「人と動物の関係」として，執筆担当の植竹勝治氏にその意図を伝えた。植竹氏とはこの分野でかつて共同研究を行っており，素晴らしい原稿が得られた。同時に，放牧牛の担当を，人と放牧牛の関係を活用した管理に精通している深澤　充氏に依頼した。このように執筆者を組み合わせたことで，単行本の両ページを読んでいただければ，新生牛から育成期にかけての人との関係構築と成牛における反応の関連性について理解いただけると思う。

　現在の家畜管理は，家畜に対する配慮なしで語ることはできない。その意味で「家畜管理はアニマルウェルフェアそのもの」と考えている。家畜に対し配慮するうえで，行動に基づく牛の状況理解は，即時性・非侵襲性から，とても都合のよい方法である。全編が乳牛を対象とする記述が多いなかで，本来は肉牛の行動管理とすべきところを「家畜の行動と福祉」という項目をつくり，竹田謙一氏に「肉牛に関する情報に富んだアニマルウェルフェア解説」とする難題を依頼した。単行本の刊行に当たり，竹田氏には新たな知見も加え，さらに分かりやすく記述いただいた。

　家畜の管理は，人（管理者，獣医師，消費者など）と家畜の合作であり，人も牛もハッピーにならなければ意味がない。出生直後から成牛に至るまでの牛の状況はもちろんだが，それに加え「私たちと牛の関係」および「牛への配慮」を意識して，現場でライフステージごとの牛をじっくり観察することを切に望む。

2017年6月

森田　茂

監修者・執筆者一覧 (所属は2017年6月現在)

■監修者(50音順)

髙橋俊彦　Toshihiko Takahashi　……………………Chapter3, 4
酪農学園大学　農食環境学群　循環農学類　畜産衛生学研究室

中辻浩喜　Hiroki Nakatsuji　………………………………Chapter1
酪農学園大学　農食環境学群　循環農学類　家畜栄養学研究室

森田　茂　Shigeru Morita　…………………………………Chapter2
酪農学園大学　農食環境学群　循環農学類　家畜管理・行動学研究室

■執筆者(50音順)

石井三都夫　Mitsuo Ishii　………………………………4-1, 4-2
石井獣医サポートサービス

石崎　宏　Hiroshi Ishizaki　…………………………………3-3
国立研究開発法人　農業・食品産業技術総合研究機構　畜産研究部門

植竹勝治　Katsuji Uetake　……………………………………2-1
麻布大学　獣医学部　動物応用科学科　動物行動学研究室

大坂郁夫　Ikuo Osaka　………………………1-1, 1-2, 1-3, 1-4
地方独立行政法人　北海道立総合研究機構　根釧農業試験場

大塚浩通　Hiromichi Otsuka　………………………………4-3, 4-4
酪農学園大学　獣医学群　獣医学類　生産動物内科学Ⅰユニット

茅先秀司　Shuji Kayasaki　……………………………………3-2
北海道ひがし農業共済組合　釧路中部事業センター　弟子屈家畜診療所

川島千帆　Chiho Kawashima　…………………………………2-4
帯広畜産大学　畜産フィールド科学センター

久保田学　Manabu Kubota　……………………………………3-5
北海道ひがし農業共済組合　釧路中部事業センター　標茶家畜診療所

杉本昌仁　Masahito Sugimoto　………………………1-7, 1-8, 1-9
地方独立行政法人　北海道立総合研究機構　根釧農業試験場

髙橋圭二　Keiji Takahashi　･････････････････････････3-7
　　酪農学園大学　農食環境学群　循環農学類　農業施設学研究室

髙橋俊彦　Toshihiko Takahashi　･････学習をはじめる前に，3-1，3-4
　　前掲

竹田謙一　Kenichi Takeda　･････････････････････････2-6
　　信州大学　学術研究院　農学系　動物行動管理学研究室

塚田英晴　Hideharu Tsukada　･････････････････････Column Ⅱ
　　麻布大学　獣医学部　動物応用科学科　野生動物学研究室

塚原直樹　Naoki Tsukahara　･･････････････････････Column Ⅰ
　　総合研究大学院大学　学融合推進センター

中辻浩喜　Hiroki Nakatsuji　･････････････････････1-5，1-6
　　前掲

鍋西　久　Hisashi Nabenishi　･････････････････････････3-8
　　北里大学　獣医学部　動物資源科学科　動物飼育管理学研究室

樋口豪紀　Hidetoshi Higuchi　･････････････････････････3-6
　　酪農学園大学　獣医学群　獣医学類　獣医衛生学ユニット

深澤　充　Michiru Fukasawa　････････････････････････2-7
　　東北大学大学院　農学研究科　陸圏生態学分野

松田敬一　Keiichi Matsuda　･････････････････4-7，4-8，4-9
　　宮城県農業共済組合　家畜診療研修所

森田　茂　Shigeru Morita　･････････････2-1，2-2，2-3，2-5
　　前掲

山本喜康　Yoshiyasu Yamamoto　･････････････････Column Ⅲ
　　エランコジャパン株式会社　畜産営業部　TCチーム　農場衛生製品リーダー

渡辺哲也　Tetsuya Watanabe　･･････････････････4-5，4-6
　　千葉県農業共済組合連合会　南部家畜診療所

目次 CONTENTS

監修を終えて　*3*
監修者・執筆者一覧　*6*

学習をはじめる前に
　　　　牛の一生における管理とは　*10*

Chapter 1　栄養管理

1-1　発育の考え方と目標設定および発育曲線の利用　*14*
1-2　出生から初乳給与までの子牛管理と初乳給与の留意点　*18*
1-3　哺乳期から3カ月齢までの栄養管理　*22*
1-4　3カ月齢から分娩までの栄養管理　*29*
1-5　泌乳牛の栄養管理　*34*
1-6　乾乳期・分娩移行期の栄養管理　*41*
1-7　肉牛の新生子牛・育成牛の栄養管理　*48*
1-8　肥育牛(肥育前期〜後期)の栄養管理　*57*
1-9　繁殖牛の飼養管理　*64*

Chapter 2　行動管理

2-1　牛と人(飼育者および獣医師)との関係　*74*
2-2　哺乳子牛の行動　*78*
2-3　育成牛の行動と飼育施設　*82*
2-4　分娩前後の(採食)状況　*86*
2-5　泌乳牛の行動　*92*
2-6　乳肉用牛の行動と福祉　*100*
2-7　放牧牛の行動　*108*

Chapter 3 衛生管理

- 3-1 農場のバイオセキュリティ　*118*
- 3-2 新生子牛の衛生管理　*126*
- 3-3 哺乳子牛の環境とストレス　*130*
- 3-4 育成牛の放牧衛生（主に寄生虫病対策）　*136*
- 3-5 周産期の母牛の衛生管理　*140*
- 3-6 乳房炎の基本的な考え方と正しい搾乳手順　*147*
- 3-7 牛床の管理　*152*
- 3-8 乳用牛に対する暑熱ストレスの評価と効果的な対策　*159*

Column Ⅰ　野鳥とバイオセキュリティ　*167*
Column Ⅱ　野生動物による被害とバイオセキュリティ問題　*172*
Column Ⅲ　牛舎における主な害虫とその対策　*179*

Chapter 4 疾病管理

- 4-1 新生子牛のための分娩管理　*186*
- 4-2 出生後の新生子牛の管理　*192*
- 4-3 子牛の下痢予防ならびに免疫成熟のための哺乳期管理　*199*
- 4-4 子牛の呼吸器病の予防のための離乳・育成期の管理　*205*
- 4-5 泌乳末期から乾乳初期の管理　*210*
- 4-6 乾乳後期から泌乳初期の管理　*217*
- 4-7 輸送後の呼吸器病を予防するポイント　*226*
- 4-8 肉牛のビタミンA欠乏症　*235*
- 4-9 黒毛和種肥育牛の肝炎の発症予防　*244*

索引　*252*

学習をはじめる前に
牛の一生における管理とは

日本の牛の飼養状況

　平成28年2月の農水省畜産統計によると，現在の日本における牛の飼養状況は，乳牛の飼養が1万7,000戸で134万5,000頭，肉牛が5万1,900戸で247万9,000頭である。全国の分娩頭数は，乳牛78万7,400頭，肉牛49万1,900頭で，北海道においては乳牛44万4,000頭，肉牛6万8,800頭である。このうち，新生子牛の死亡・廃用が難産や胎子死を含めて乳牛3万4,446頭，肉牛2,289頭であり（北海道NOSAI，平成27年度），それぞれ分娩頭数の7.6％，3.3％が出生時あるいは出生直後に死亡や廃用に至っている実態がある。それぞれ，種々の原因があるにしろ，農場の今後を担っていく子牛たちが新生子のうちに農場から去っている実態は注視しなくてはいけない。

　そこで，牛の一生を通しての管理が重要になってくる。生まれてくる時から種々の状況下にて多くの問題が発生し，そこを何とかクリアして成長していく牛たちは最終的に乳や肉として生産物になっていく。

乳牛の一生（図-1）

　乳牛の子牛は，生まれてすぐに母牛から離されることが多いため，その多くは母牛から搾った乳を人の手で与えられる。畜主としては母乳を牛乳という生産物としてできるだけ早く出荷したいので，大抵の場合，子牛に与えられる乳は母乳から代用乳へ切り替えられる。母牛から離された子牛の多くは1頭飼いのストールで飼育され，6～8週にわたって代用乳や人工乳（離乳食）を与えられる。続いて，徐々に乾草や濃厚飼料（配合飼料）へ慣らされ，離乳後は群飼養に移される。この時期はミルクや代用乳，人工乳，乾草など色々な飼養管理の変化に対応しなければならない。また，生後すぐに多くの細菌，ウイルス，原虫，消化管内線虫への感染のリスクに曝されるため，疾病罹患率も高く，肺炎や下痢で悩まされる。牛の一生においては，特にこの生後3カ月間が一生を左右する非常に重要な時期にあたる。雄子牛の場合，ほとんどが生後1～2週間後に肉牛にするため肥育農場へ売却される（国産牛肉の1/4は，乳牛から生まれた雄子牛を28カ月ほど肥育してからと殺したものである）。

　子牛は生後1カ月以内か3～6カ月ほどで除角が行われる。牛舎内で飼育をする

●図1　乳牛の一生

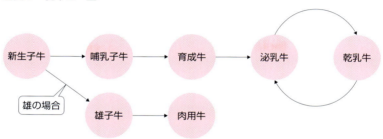

場合には，牛の攻撃性を抑えたり，管理者の角による怪我を防ぐために，除角をすることが望ましい。㈳畜産技術協会が策定した「アニマルウェルフェア（動物福祉）に対応した乳用牛の飼養管理指針」では，「除角を行う際は，牛への過剰なストレスを防止し，可能な限り苦痛を生じさせない方法をとることとする。除角によるストレスが少ないと言われている焼きゴテでの実施が可能な生後2カ月以内に実施することが推奨される」としている。

育成牛は，離乳から初めて子牛を産むまでの牛である。生後12〜16カ月で最初の人工授精が行われ，妊娠後約9カ月で分娩する。この時期は共同で飼育されることが多く，栄養要求や行動も変化してくる時期で，放牧地などで多くの感染症などの病気に罹患する確率も高くなる。

搾乳牛は，出産後約300日間搾乳される。日本の搾乳牛の飼養方法は繋ぎ飼い（73.9%），牛舎内での放し飼い（24.8%）が主流であり，自然放牧による飼養は1%程度である。また，出産しなければ当然牛乳は出ないので，経済効率を上げるために，出産後2カ月ほどで次の人工授精が行われる。牛は出産後約1年間牛乳を出し続けるが，次産時の搾乳に向けた乳腺組織の回復・母体の体力回復を目的として，約2カ月間，搾乳を中止する「乾乳」が行われる。泌乳量は3〜5産後がピークであり，その後徐々に泌乳量は減少し，繁殖力も低下していき，最終的にはと殺される。乳量が低下したり，繁殖能力がなくなりと殺される乳牛のことを「乳廃牛」という。乳廃牛は食肉に利用されるほか，肥料や革製品などにも利用される。乾乳期や周産期の栄養管理は乳牛において非常に重要であり，生まれてくる子牛の健康状態も左右する。それゆえ，この時期の管理が牛乳生産や疾病予防に重要で，管理上特に注意しなければならない。

牛の寿命は自然界では20年程度であるが，乳牛は6〜7年で廃用とされる。

肉牛*の一生(図-2)

　繁殖農場で生まれた子牛は，農場の飼養管理技術や習慣によって母牛と同居，または母子分離して哺乳期をむかえる。この時期の管理は乳牛と変わらないが，黒毛和種の子牛は出生体重が小さく免疫能も劣ることから，さらに注意深く管理する必要がある。250～300 kgになる8～10カ月齢まで育成され，6～12カ月齢で「素牛」として市場に出荷され(2～4カ月齢で出荷されるスモール牛市場もある)，肥育農場に競り落とされる。競り落とされた素牛は肥育農場まで運ばれる。この時，移動が長距離になると輸送の疲れで10 kg以上痩せてしまうこともある。

　その後，「肥育牛」として肥育される。飼育方法は，繋ぎ飼い方式・放牧方式など多くの選択肢があるが，数頭ずつまとめて牛舎に入れて(追い込み式牛舎)飼う「群飼方式」が一般的である(日本の農場の約80%)。また，牛を放牧または運動場などに放して運動させることは，運動不足による関節炎の予防や蹄の正常な状態を保つために必要であるが，日本の農場では約6%しか行われていない。そのため，1年に1～2回程度の削蹄を実施している農場が多い。肥育前期(7カ月程度)は牛の内臓(特に胃)と骨格の成長に気をつけ，良質の粗飼料を給餌する。肥育中期から後期(8～20カ月程度)にかけては高カロリーの濃厚飼料を給餌され，筋肉のなかに脂肪を付ける(筋肉のなかの脂肪は「さし」と呼ばれ，さしにより霜降り肉ができる)。肉牛は，生後2年半～3年の，体重が700 kg前後で出荷され，と殺される。

　繁殖用雌牛は，繁殖用として優れた資質・血統を持つ雌牛が選ばれる。繁殖用として飼育される雌牛は生後14～16カ月で最初の人工授精が行われ，約9カ月で分娩する。経済効率を上げるため，1年1産を目標に，分娩後約60日程度で次の人工授精が行われる。8産以上となると，生まれた子牛の市場価格が低くなり，また繁殖用雌牛の経産牛の肉としての価格も低くなる場合があるため，一般的には6～8産で廃用となり，と殺される。また，受胎率の低下や生まれた子牛の発育不良などの問題を抱える繁殖用雌牛は経済効率が低いため，早めに廃用される。

*肉牛：乳用種から生まれた雄・和牛・交雑種などの肉用種を示す

●図2　肉牛の一生

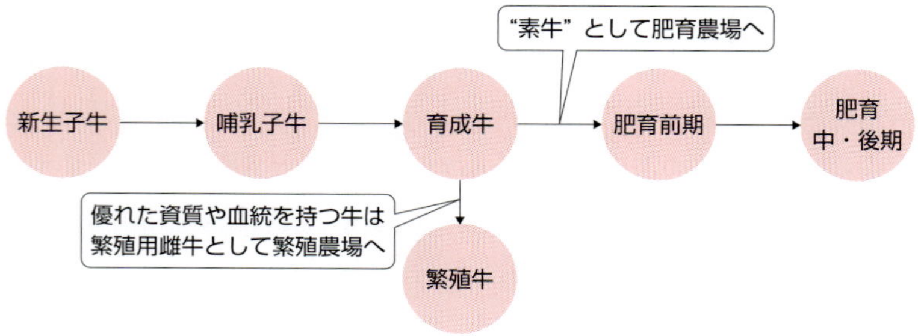

新生子牛 → 哺乳子牛 → 育成牛 → 肥育前期 → 肥育中・後期

"素牛"として肥育農場へ

優れた資質や血統を持つ牛は繁殖用雌牛として繁殖農場へ → 繁殖牛

Chapter 1

栄養管理

1-1
発育の考え方と目標設定および発育曲線の利用

Advice

　子牛や育成牛では良好な発育を目標とするが，なぜ良好な発育をさせるのか？　子牛においては疾病が治療費に関係するので生産者の関心はあるにしろ，発育の程度がどのように収益に結びつくのか理解されにくい。結果的に，子牛や育成牛の管理にあまり注意が払われていないのが現状である。ルーメン，乳腺組織，骨，筋肉などの発達時期に関連した発育ステージ別の栄養源の変遷や必要な栄養素の知識をもとにした発育目標は，飼養管理方法を具体化する。
　本節では，発育の基本的な考え方や目標値の設定と根拠，および発育曲線の利用方法について理解を深めることを目標とする。

 ### 発育の基本的な考え方

　乳用牛において哺乳～育成期を良好に発育させる目的は大きく2つある。1つは，育成管理コストの低減である。育成牛の初回交配基準では，体格が重要視されている。良好な発育は早期に初回交配基準の体格に到達させ，受胎月齢の短縮，すなわち初産分娩月齢の短縮により早期に乳生産から収入を得ることができ，しかも育成期を短縮した分だけのコストが軽減される。例えば，初産分娩を27カ月齢から24カ月齢にすると，90日分の飼料費が節約されるだけでなく，育成牛を飼養する施設も小さくすることができる。もう1つは，初産乳量の向上である。詳細は後述するが，初産牛の乳量は，泌乳期の飼料中の養分濃度だけでなく，分娩時の体格にも影響を受けるため，育成期における発育のコントロールにより，乳量を高められる可能性がある。ただし，発育を高めようとするばかりに濃厚飼料を多給すると，飼料コスト上昇，発育弊害（過剰エネルギー摂取による乳腺発達阻害），過肥による周産期の代謝疾病割合の上昇など多くの問題が出てくる。
　したがって，生産性と経済性のバランスから，発育の目標値が決定されなければならない。育成コストを最小にして初産時乳生産を最大にする初産分娩月齢は，多くの国で22.5～24.5カ月齢と算出されている。個体別ではかなりの頭数がこの範囲に入るが，国内の平均初産分娩月齢は25.2カ月齢となり，依然として24カ月以内に分娩してない個体も少なくない。
　そこで当面は群平均24カ月齢以内の分娩を目指した目標値を設定する。

 ### 出生から初産分娩までの目標値の設定

　発育の程度を外観で評価する方法として一般的なのは体格値である。特に体重や体高は体の大きさとして，ボディコンディションスコア（BCS）は過肥・削痩度合いを示す指標として使われる。発育の目標値はアメリカをはじめオセアニアやヨーロッパ諸外国で示されている。これらの多くの発育標準値は，これまで実際に体

● 表1　群平均24カ月齢分娩のための目標値[1]（暫定版）

発育のポイント	月齢	体重(kg)	日増体量(g/日)[2]	体高(cm)[3]	BCS[4]
出生時	0	44	786	80	2.0
2カ月齢	2	88	855	90	2.2
3カ月齢	3	114	855	95	2.2
6カ月齢	6	192	855	110	2.3
授精期間（15カ月齢までには受胎完了）※	13	374	855	127	3.0
	14	400	855	128	3.0
	15	426		129	3.0
分娩直前		634			3.5
分娩直後		558		140	

1）Target Growthの考え方で計算，2）1カ月は30.4日（365日÷12カ月）で計算，3）体高はKertz, et al.（1998）が提案した考え方を採用，4）BCSはHoffman（1998）を参考。※主体となる受胎月齢

格測定した値を多数収集して統計処理を行い作成されている。我が国においても同様な方法で1995年に作成された日本ホルスタイン登録協会の標準発育値がある。これらの値をグラフにして，対象とする酪農場の体格値をプロットすることで発育の良否を判断してきた。しかし，遺伝的な泌乳能力の改良に伴う体格の大型化で，現在の育成牛の発育に対する適合性が疑問視されている。

NRC（2001）では，各農場に対応した発育目標値を作成し，発育改善に利用が可能な"目標発育値（Target Growth）"の考え方を提案している。この特徴は，①遺伝的体格の大きさを考慮し，成熟時と出生時の体格値からポイントとなる発育値を設定する，②各発育ステージの日増体量は研究成果をもとに設定する，③各農場の状況（牛群の遺伝的能力，利用する飼料，各農場の初産分娩月齢目標など）に応じて目標発育値を設定する，の3つである。

表1はNRC飼養標準をもとに，Kertz, Hoffmanの文献および日本飼養標準を参考にして，初産分娩月齢を22～24カ月に設定し，群平均の初産分娩月齢を24カ月以内にすることを目指した発育目標値を示したものである。一部の値については，現在も検討中であるので今後，若干修正される可能性があるため，ここでは暫定値としてある。

これら発育のポイントには以下のような意味がある。

①2カ月齢：離乳後にスターター摂取量が増加してくる。通常1日2.5～3kgをスターター上限値として給与するが，6週齢離乳では全量を安定的に食べることができる月齢である。

②6カ月齢：この時期ぐらいまで飼料摂取量に対して体格が急速に大きくなる（体高の伸長割合が著しい）。特に体高値が基準を満たしているかを確認するための指標となる。

③授精期間：初回授精開始と受胎時の体格値の目安となる。

④分娩直前：初妊牛（胎子を含めた）の体格の目安であり，また成牛の乾乳期に相当するのでBCSも重要なチェック項目になる。

⑤分娩直後：胎子を除いた体格の大きさの目安となる。体高や体重が目標値より下回る場合，初産次乳量が低くなる可能性がある。

表1では，ホルスタイン種のデフォルト値として出生時体重44kg，平均授精回数1.5回，成熟時体重680kg，体高146cmの値を用いている。これをそのまま利用しても十分汎用性があるが，実際の酪農場でこれらのデータが入手でき

れば，より現実的な目標を設定できる。

以下に計算方法と変更する場合の留意点を示した。

●初産分娩月齢の設定

22カ月齢未満の設定は日増体量を高くすることになる。育成前期（3カ月齢～授精まで）の粗飼料を主体としてエネルギーとタンパク質のバランスを考慮した飼料の給与では，乳腺発達を阻害することなく日増体量900g程度まで可能であることが確認されている。しかし，それ以上の高増体については，初産時の乳生産が減少するという報告もあるので，現段階では推奨されていない。したがって，各酪農場における現状の平均初産分娩月齢を確認し，前述したように平均初産分娩月齢が22.5～24.5カ月齢の範囲になるように目標を設定する。

平均授精回数の目標値は，経産牛よりも初妊牛の受胎率が高く，預託牧場や公共牧場の多くの事例では2回未満であるため，ここでもそれを前提としている。

●ポイントとなる月齢の体重設定

2カ月齢の目標体重＝出生時体重×2

Hoffman（1997）が採用した「2カ月齢離乳で出生時体重の2倍」の考え方をここでも採用している。

目標初回授精開始体重＝成熟時体重×0.55

肉用種の育成雌牛よりも乳用種あるいは乳肉兼用種の育成雌牛は春機発動期が早く，肉用種では，成熟時体重の約60％であるのに対し，乳用種あるいは乳肉兼用種では約55％である（NRC1996）ことを採用した。

目標の群平均の初産分娩月齢を達成するには，目標月齢で分娩するための受胎月齢を授精期間最終月齢とし，その2カ月前から初回授精ができる体格になるように設定する。2カ月齢と目標初回授精開始体重の差を日数で除すると，日増体量が決定する。

表1の場合，群平均24カ月齢が目標なので，24－9＝15カ月齢が授精期間の最終月齢となり，13カ月齢時点で授精可能な体格（680×0.55＝374kg）にする。この間の日増体量は，（374－88）/（13－2）/30.4＝0.855kgとなる。実際には，13カ月齢時点でタイミングが合いすぐに授精ということは少なく，また，1回ですべてが受胎するとも限らないことを考えれば，受胎の主流は14カ月齢となる。

●分娩直前・直後の体重と妊娠期の日増体量

分娩直後の体重＝成熟時体重×0.82

受胎産物重量（胎子＋羊水・胎盤など）＝18＋（妊娠日数－190）×0.665

初産分娩直後の体重および受胎産物重量は，いずれもNRC（2001）の考え方に基づいている。ホルスタイン種の妊娠期間は平均280日間であるので，分娩直前の受胎産物重量は，18＋（280－190）×0.665＝77.85kgとなる。この値は，出生時体重45kgを想定した値なので，出生時体重が異なる場合には以下のように補正する。

受胎産物重量×（設定出生時体重/45）

表1の場合，出生時体重は44kgに設定したので，77.85×（44/45）≒76kg。したがって分娩直前の体重は＝558＋76＝634kgとなる。

●体高

体高の考え方はKertzら（1998）に基づいている。

出生時の体高＝成熟時体高×0.55

初産分娩直後の体高＝成熟時体高×0.96

表1の場合，出生時の体高は約80cm，初産分娩直後のそれは約140cmとなる。

出生から初産分娩直後までの体高増加量（140 − 80 = 60）のうち，50％（60 × 0.5 = 30）は出生から6カ月齢までの増加量，25％（60 × 0.25 = 15）は6カ月齢から12カ月齢までの増加量，25％（60 × 0.25 = 15）は12カ月齢から分娩直後の増加量としている。

 ## 発育曲線の利用

　生産者が個体の情報を得るには観察が最も重要である。定期的な測定が望ましいが，一度だけでも要所の月齢の牛の体格測定をして発育を発育曲線のグラフで可視化することは，発育を客観的に評価し問題点を具体化するうえで有効な手段である。

　毎月齢の体重・体高目標値は，前述したポイントとなる体重あるいは体高値から日数で除して日増体量，あるいは日体高増加量を求め，それらの値に30.4日を掛け合わせた数値を前月齢に加算すればよい。使用する際は，エクセルなどでグラフを作成し，実測値をそこにプロットして利用いただきたい。その際，体重計がない場合は体重尺でもよい。牛が施設や場所を移動する場合や飼料が切り替わる場合は，月齢と期間（○カ月齢～○カ月齢）が分かるようにグラフに書き入れると，ある程度の傾向が見える。

　例えば，目標の発育曲線に対して測定した値が，同月齢で常に下回る場合は飼料の養分濃度が低いことが疑われる。体重，体高両方が上回る場合は目標とする発育曲線を高めることができる。体重だけが上回る場合は，飼料養分がエネルギー過剰傾向にある。さらに，ある月齢からバラツキが大きくなる場合は，群の大きさや密度，月齢の構成や，牛の頭数に対する飼槽の幅など栄養管理以外の要因もチェックの対象となる。このように，栄養だけでなく，施設や行動的な面でも発育が左右されるので，それらを分類整理することで，より具体的な対策をすることが可能になる。

農家指導のPOINT

1．発育を良好にさせる経済的な意味を伝える
・1つは飼料コストを下げること，もう1つは初産乳量を高くできる可能性があること。特に後者は泌乳期の飼料養分量を高める（濃厚飼料割合を高める）のではなく，分娩時の体格の違いが初産乳量に反映する。

2．改善の手順を知らせる
・以下は改善の手順だが，生産者だけでは取り組みが困難なので，関係機関の協力が取れるような体制が必要である。
①目標とする初産分娩月齢を決定する：現状を踏まえて，目標とする初産分娩月齢を決める。
②各酪農場で哺乳・育成牛の問題点を洗い出す：生産者はなんとなく育成が悪いという感覚をもっていても，それを具体化するに至っていない場合が多い。問題点がどこにあるかを洗い出す。表1に示したように発育のポイントの値がどうなっているのかを確認する。さらには発育曲線を用いて現状の発育と目標値との比較から具体的な問題点を洗い出す。
③問題点を栄養，施設，行動（群構成）などに分類し，優先度が高く検討しやすい内容から取り組む。

1-2
出生から初乳給与までの子牛管理と初乳給与の留意点

Advice

出生後初期の健康状態は，初乳給与法に影響を受けることが多く，その後の発育にも影響を与える。目的の発育をさせるための出発点は，初乳を介して子牛に十分な抗体を移行させると同時に栄養分を吸収させることである。

本節では，出生から初乳給与までの新生子牛の管理と初乳の給与法および留意点について概説する。

 ### 初乳給与までの子牛管理

新生子牛は抗体（IgG）を持たずに生まれてくるため，初乳から IgG を獲得するまで病原菌に対して無防備である。また，熱的中性圏＊は 15～25℃と狭く，しかも下限の臨界温度（熱的中性圏の下限温度）が高い。体温を維持するために利用できる蓄積エネルギー（脂肪）は少ないので，寒さが厳しい条件下では 1 日程度で消費してしまう。

したがって初乳を給与するまでは病原菌を遠ざけ，熱として奪われるエネルギーを最小限にする管理が重要となる。

● **乾燥した環境**

湿気が多いと病原菌が繁殖しやすい状況になる。また，新生子牛の体表面が濡れていると多くの熱が奪われることになり，体力を消耗し病原菌に対する抵抗力が低下する。乾燥した敷料を十分量利用したり，汚れた敷料をこまめに取り替えたりするなどして，新生子牛を常に乾燥した環境に置くべきである。

● **定期的な施設消毒や清潔な哺乳器具**

初乳の給与前に病原菌を体内に移行させないためにも，新生子牛を収容する施設は定期的に消毒し，哺乳に用いる器具は常に清潔な状態で使用する。

● **すきま風のない施設**

直接すきま風が子牛に吹き付けるような状況では，常に熱が奪われてエネルギー損失が加速するので，特に子牛が長時間休息する場所はすきま風が当たらないよう配慮すべきである。

 ### 最適な初乳給与法とは？

初乳の給与方法は，様々な観点から研究されてきた。

初乳給与までの時間については，出生後 30 分あるいは 1 時間後から抗体の吸収率の低下がはじまるので，出生後，速やかに初乳を給与することが推奨されている。

＊熱的中性圏（ねつてきちゅうせいけん）：体温維持のために，代謝を高めて熱発生を増加する必要がない環境温度の範囲

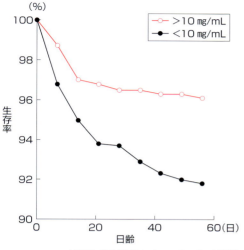

●図1　子牛の血清中IgG濃度と生存率

UDSA-APHIS Veterinary Service(1993)

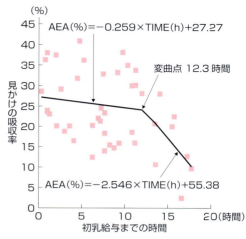

●図2　初乳給与までの時間と見かけの吸収率（AEA）の関係

Osaka, et al.(2014)

初乳給与量については，初期の研究でIgG吸収率を最大にするためには2Lが最適とされてきた。その後，ホルスタインはほかの品種と比較して初乳量が多く，初乳中IgG濃度は初乳量と負の相関があることから，2Lの初乳給与量では抗体量が不足する可能性が示された。また，出生後24〜48時間のIgG濃度とその後の生存率の調査から，血清中のIgG濃度が10 mg/mL未満の子牛の生存率が低いことも示され（図1），この値に満たない場合は受動免疫移行不全（FPT：failure of passive transfer）と定義された。この対処法として，初乳給与量を4L程度に高めることで，FPTが劇的に低下すると報告されている。しかし，これらの報告では食道カテーテル（esophageal tube）が用いられており，新生子牛が1回の初乳給与でどの程度摂取できるのかは示されていない。

哺乳回数については，12時間以内に哺乳回数を2回にすることでIgG移行率が増加するという報告がある一方，回数よりもIgG濃度の高い初乳を給与することが重要との考えも示されている。

このように，IgGを十分に新生子牛へ移行させるにはいくつかの要因が関与しているが，必ずしも早期に給与できない，複数回の給与は労力が増加する，あるいはカテーテルの使用に熟練を要することなどから，生産現場で実践できる農場はきわめて限定される。そこで，FPTを回避するための初乳量，初乳中のIgG濃度（質），初乳給与までの時間の関係について整理し，生産現場で実践しやすい給与方法を提案する。

● 初乳給与までの時間

図2に示したように，IgGの吸収率は初乳給与までの時間に関係なくバラツキが大きい。しかし，そのような状況でも初乳給与までの時間が12時間を過ぎると明確に吸収率が低下する。このデータは，初乳給与までの時間は初乳中のIgG吸収率に影響を与えるが，12時間以内ではほかの要因の影響が大きく，12時間程度を過ぎた場合に明らかにIgG吸収率に対する影響が大きくなることを示唆している。

次に図2と同じデータセットで，IgG摂取量

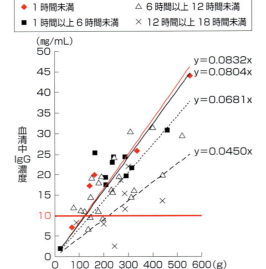

●図3 IgG摂取量と摂取24時間後の血清中IgG濃度との関係

Osaka, et al. (2014)

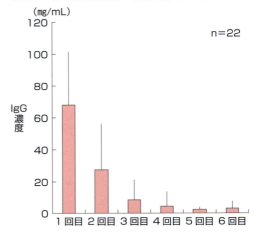

●図4 搾乳回数と乳中の抗体(IgG)濃度の関係

と初乳摂取24時間後の血清中IgG濃度の関係を初乳給与までの時間帯別に見たのが図3である。いずれの時間帯においても初乳からのIgG摂取量が多くなれば血清中IgG濃度は高まるが、初乳給与までの時間が長くなるほど反応(傾き)は小さくなる。また、6時間以内であれば、IgG摂取量と血清中IgG濃度の関係に大きな差は見られない。

以上から、FPTを判断する最低基準の血清中IgG 10 mg/mLを満たすために、また特に厳寒期のエネルギー要求量が高い時期に栄養を早期に新生子牛へ供給させるためにも、IgG量として最低120 g程度、出生後6時間以内の初乳給与が推奨される。

●初乳のIgG濃度と1回で摂取できる初乳量

IgG摂取量を高めるには、IgG濃度の高い初乳を多く飲ませることである。初乳とは分娩後、最初に搾乳した乳のことであり、常乳として出荷できない分娩後搾乳2回目から5日間の乳は「移行乳」として区別される。初乳と比較して搾乳2回目以降の移行乳はIgG濃度が急激に低くなる(図4)ので、新生子牛には確実に「初乳」を摂取させたい。また、初乳摂取量を高めるために食道カテーテルで強制給与する方法もあるが、給与時間にかかわらず、自発的に哺乳させても多くの子牛は3L以上の初乳を摂取することが可能である(表1)。つまり、給与する際は量を制限せずに"お腹いっぱい"飲ませることが最優先事項である。

初乳給与に関する留意事項

●初乳と初乳製剤

子牛が生まれたら初乳製剤だけを給与する事例があるが、これは改善すべきである。「初乳の抗体は酪農家の歴史」といわれている。つまり、初乳の抗体は、それぞれの酪農場で過去に病原菌に罹患した「履歴」である。親牛から初乳を介してそれを引き継ぐ子牛は、そこで生きていくために最も有用で効果的な抗体を得る。一方、初乳製剤は、抗体の含有量が保証されていたと

● 表1　初乳給与までの時間と初乳摂取量の関係

	1時間未満	1時間以上 6時間未満	6時間以上 12時間未満	12時間以上 18時間未満
頭数	5	10	21	8
出生時体重(kg)	43±1.1	43±1.1	42±1.2	43±1.1
初乳摂取量(L)	3.0±0.9	3.4±0.5	3.7±0.7	3.8±0.9

しても，その地域で効果的な抗体が含まれているのかどうかは保証されていない。また，初乳製剤は，あくまでも抗体を賦与することが目的であり，栄養分の賦与は考慮されていない場合が多い。したがって，母牛の初乳または同群の初乳を優先的に与え，初乳製剤は補助的に使用すべきである。

● 凍結初乳の保存方法と融解温度

良質な初乳は，凍結保存をして必要に応じてすぐに取り出せるようにしておく。初乳の質は初乳用の比重計や糖度計でチェックできる。保存容器としてペットボトルを利用して初乳を保存する事例が散見されるが，ペットボトルの中心部分は熱が伝わりにくく融解するまでに時間を要する。また，短時間で融解させるため熱湯を利用すると，熱により抗体が変性して，有効な抗体量が減少する可能性がある。初乳の保存にはジッパー付きのビニール袋がよい。開封しやすく，薄い形状で凍結保存でき，しかも表面積がペットボトルよりも広いので，融解時に熱が伝わりやすい。したがって，40～45℃のぬるま湯でも比較的短時間で溶解が可能で，抗体の変性もほとんどない。また，冷凍庫に重ねて置けるので収納性もよい。

農家指導のPOINT

1．初乳給与前の子牛の環境に留意する
・哺乳期間，特に初乳給与前の子牛は乾燥，清潔，すきま風に配慮した環境に置く。
・抗体を持たない新生子牛は病気にかかりやすい。

2．初乳はお腹いっぱい飲ませる
・初乳を1回目の給与で"お腹いっぱい"飲ませることが最優先事項。
・目標とする最低ラインは初乳量3L，出生後6時間までに飲ませること。

3．母親の初乳給与を優先させる
・初乳製剤はメインではなく補助的に用いる。
・初乳の抗体は酪農家の歴史である。農場の環境に最も適した抗体が含まれている。

4．凍結初乳はジッパー付きのビニール袋で保存し，ぬるま湯で融解する
・融解時間が短くて済み，熱による抗体の変性を回避する。

1-3
哺乳期から3カ月齢までの栄養管理

Advice

　哺乳から3カ月齢までは「将来的な乳生産まで影響を与える」と言われるほど発育に影響を与える重要な時期である。ルーメンの発達も考慮しつつ良好に発育させるように、主たる栄養源を乳→スターター→粗飼料へと順調に切り替えなければならない。また、哺乳作業は管理者にとって負担が大きいため、早期の離乳が望まれる。
　本節では6週齢離乳を基本として、1-1（14ページ）で触れたように「2カ月齢で生時体重を2倍にする」という目標達成に向けた、特に代用乳を用いた哺乳期の飼養法や離乳のタイミング、離乳後の飼養法を中心に、その考え方とポイントおよび留意点について概説する。

ルーメンの発育段階に合わせた栄養源の3ステージ

　子牛のルーメンは、組織重量や容積の増加、絨毛の発達という形態的な発達を遂げて成牛と同様なルーメン機能となる。これは、加齢に伴い独自に発達するのではなく、摂取する飼料とも相互に関連している。ルーメンが未発達な時期でも、固形飼料を摂取するとルーメンに流入し、微生物が直ちに活動を開始し揮発性脂肪酸（VFA）が生成される。VFAは絨毛の発達を刺激し、ある一定期間を経てルーメン壁から吸収され、栄養として利用されることになる。
　NRC（2001）では、ルーメンの発達に合わせて以下の3ステージに分け、子牛が栄養を何から得ているのかを示している。
①液状飼料期：主な栄養源として全乳または代用乳から養分を得る時期
②移行期：代用乳とスターター（人工乳）から養分を得る時期
③反芻期：反芻胃での微生物発酵を通して、スターターや乾草などの固形飼料から養分を得る時期

　哺乳期は①と②の時期である。③のステージは離乳後なので日齢または週齢は明確であるが、①から②に移行する時期については、哺乳量や哺乳方法に大きく影響を受ける。

子牛の哺乳量とスターター摂取量の関係

　日本飼養標準（2006）では、代用乳で哺乳する場合は1日600gを目安として6週間程度で離乳させることが推奨され、朝夕各2Lずつ1日4L給与するのが一般的である。この量は本来子牛が摂取できる量よりも少ないが、哺乳量を少なくすることでスターターの摂取を促して早期にルーメンを発達させる意図がある。生産現場でも1日4L哺乳が主流となっているが、濃度は150g/Lより薄い場合もあり代用乳摂取量が1日600gに満たない酪農場も散見される。このような低栄養状態では最適な健康状態や免疫系の機能が維持できなくなる。
　2カ月齢で生時の2倍の体重にするためには、哺乳期間に0.6〜0.7kg/日の増体量が必要

● 表1　維持要求量に必要な代用乳量（出生〜3週齢）

生時体重(kg)		環境温度（℃）					
		20	15	10	5	0	−5
		……………………………… g/日 ………………………………					
44	増加分	0	47	95	142	190	237
	維持量	355	355	355	355	355	355
	合計	355	402	450	497	544	592
54	増加分	0	55	111	166	221	277
	維持量	413	413	413	413	413	413
	合計	413	469	524	579	635	690

となる。環境温度ごとに維持に必要なエネルギー量を代用乳の量として示したのが表1である。ここで，子牛の要求量および代用乳のエネルギー含量は，NRC（2001）に示されている方法で代謝エネルギー（ME）として算出した。計算に用いた代用乳の成分値は我が国の多くの飼料会社が主流の製品として製造している値に近い乳タンパク質24％，乳脂肪20％とした。3週齢までの子牛は，環境温度が20℃を下回ると寒さに対する熱生産が増加する。例えば環境温度が5℃の場合，生時体重が44kgでは代用乳は500g/日，54kgの場合は600g/日近くが体を維持するために利用されてしまい（**表1**），ほとんど増体が期待できない。冬季の寒さがさらに厳しい北日本では，維持の要求量にさえ満たないエネルギー量になる可能性がある。このような低栄養状態では，最適な健康状態や免疫系の機能が低下し，疾病発症率が高まることも報告されている。したがって，代用乳量は現状よりも高く設定する必要がある。

哺乳量が高まるとスターター摂取量が低下するが，これは代用乳の脂肪含量の影響が大きい。通常は，哺乳量を増加してしまうと離乳に必要なスターターを摂取できる時期が遅延して6週齢での離乳が困難になる。しかし，代用乳は生乳よりも脂肪含有率が低く設定されているので，代用乳の増量は哺乳期の発育を改善しつつ，スターター摂取量の低下を軽減でき，6週齢の離乳が期待できる。この考え方をもとに以下のような試験を行った。出生日に3Lの初乳を飲ませ，次の2日間に移行乳を4L/日給与した。その後，群管理において，哺乳量の違いで2群を設けた。すなわち，濃度150g/Lの代用乳（メーカー保証値CP 24％，Fat 20％）を体重比約2.2％（1日当たりの哺乳量6〜7L，代用乳量として900〜1,050g：47頭）給与した群を「多給」，同比約1.5％（同4〜4.5L，600〜750g：43頭）給与した群を「標準」として，季節，性別，体重に偏りがないようにホルスタイン子牛を振り分けた。哺乳期間は6週間として，哺乳量は哺乳開始から離乳まで同じ量を給与した。スターター（上限は原物2,500g/日）および乾草は自由摂取させた。

3年間分のデータをまとめた結果，次のようなことが示された。

①3週齢程度までのスターター摂取量は，代用乳量にかかわらず，きわめて少ない：哺乳期間の代用乳およびスターターの摂取量を**表2**に示した。代用乳摂取量は両区とも設定量を摂取したため，「多給」で多くなった。スターター摂取

●表2　日平均代用乳およびスターター摂取量

処理	頭数	代用乳摂取量 (g/日)		スターター摂取量 (g/日)		
		0〜3週齢	3〜6週齢	0〜3週齢	3〜6週齢	離乳時
多給	47	941**	963**	51**	460**	1162**
標準	43	626	634	97	679	1514

＊＊：$p<0.01$

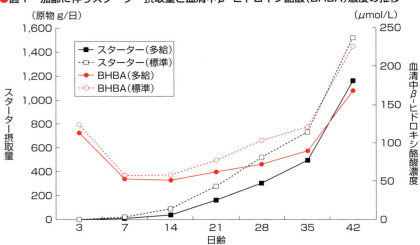

●図1　加齢に伴うスターター摂取量と血清中β-ヒドロキシ酪酸(BHBA)濃度の推移

量は，予想通り代用乳量が少ない「標準」で多くなったが，3週齢までの全摂取量を代用乳とスターターの乾物割合で見ると「多給」では95：5，「標準」では87：13と代用乳量が低い標準区でも代用乳の依存度が高い。これを代謝エネルギーの比にするとそれぞれ97：3，91：9とさらに代用乳の割合が高まる。つまり3週齢程度までの増体量は，代用乳量にかかわらずスターターの寄与率がきわめて低く，ほぼ乳からのエネルギー供給量に依存していることを意味している。

②代用乳量を高めても離乳時に必要なスターター摂取量が確保できる：3週齢を過ぎると，スターター摂取量が増加するが，その摂取量に応じて血清中のβ-ヒドロキシ酪酸(BHBA)も増加する(図1)。BHBAは，(泌)乳牛では特に泌乳初期のエネルギーバランスがマイナスの状態の時に蓄積された体脂肪の動員による代謝産物として知られているが，このほかに，ルーメン内の揮発性脂肪酸(VFA)の一種である酪酸がルーメン上皮を通過する際にも，そのほとんどがBHBAに変換される。つまり，ルーメン発達の段階において，このくらいの時期からVFA吸収能が高まることでスターター摂取量が増加し，その結果血清中BHBA濃度も上昇したと考えられる。また，この試験では生時体重を基に代用乳給与量は哺乳期間を通して一定にしている。加齢による体重増加(発育)に伴いエネルギー要求量は高まるが，代用乳から供給されるエネルギー量は一定のため，相対的にエネルギー要求量に対する代用乳由来のエネルギー供給量の寄与率は低くなる。哺乳期後半にスター

● 表3　代用乳給与量の違いによる哺乳期の体格値

処理	頭数	生時		体重増加量(kg)			体高増加量(cm)		
		体重(kg)	体高(cm)	0～3週齢	3～6週齢	0～6週齢	0～3週齢	3～6週齢	0～6週齢
多給	47	44	78	9.8**	16.2	26.0**	3.6**	4.5**	8.2**
標準	43	45	80	5.9	15.0	20.9	2.3	3.4	5.7

＊＊：$p<0.01$

● 図2　哺乳期の代用乳量の違いが体格に及ぼす影響

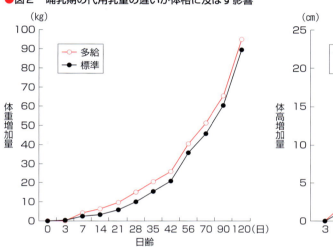
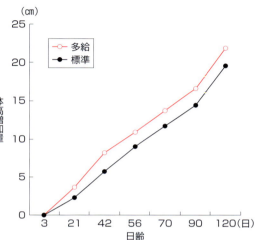

ター摂取量を高める目的で代用乳量（または哺乳量）を低下させる哺乳プログラムもあるが，今回の試験ではそのようなことをしなくても，ルーメンの吸収能が高まればスターター摂取量は増加することを示唆している。また，6週齢で離乳してもスターターを1日で1,000 g/日以上摂取，あるいは連続3日間680 g/日以上摂取するという離乳の目安をいずれもクリアしている。

　これらのことから，本試験のような哺乳方法を用いると，代用乳量をある一定程度高めても6週齢離乳は可能であることを示唆しており，またこのような哺乳プログラムでは液状飼料期から移行期になるのは3週齢頃と推察される。③代用乳量を高めると哺乳期間の発育が改善される：3週齢までを液状飼料期，それ以降離乳までを移行期として分け，代用乳量の違いによる哺乳期間の発育を示したのが表3である。代用乳量を高めることにより哺乳期間の体重増加量だけでなく体高増加量も改善された。特に液状飼料期でその効果が大きかった。また，図2は離乳後同一の飼養方法にしても哺乳期における発育差は，少なくとも4カ月齢まではそのまま維持されることを示している。60日間哺乳した時の離乳時の体格差は，体重，体高とも180日齢まで持続するという報告や，6カ月齢までの体格が小さい牛は，その後の代償性発育がなかったという報告もあることから，栄養管理で体高を制御できるのは，出生からごく限られた時期であり，哺乳期の代用乳量や成分が大きく影響を及ぼすことを示唆している。

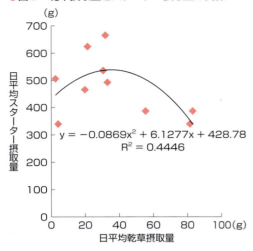

●図3　乾草摂取量とスターター摂取量の関係

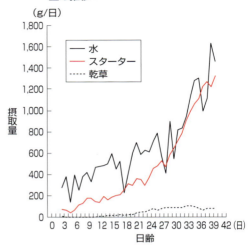

●図4　哺乳期間の水，スターターおよび乾草摂取量の推移

哺乳期の繊維質飼料給与の考え方

　Andersonらは，哺乳期のルーメンは発達途中で細菌数が少なく，乾草を給与してもセルロースの消化が制限されてルーメン内滞留時間が長くなり，結果的にスターター摂取量を低下させる原因となるので，離乳まで乾草は給与すべきではないと報告しており，NRC(2001)もこの考え方を支持している。しかし一方で，図3に示したように，ある一定量の乾草(50 g/日程度)の摂取はスターター摂取量を増加させることを示唆している。また，スターターに一定の長さ(6〜19 mm)の乾草を7.5〜15%(乾物ベース)添加すると，スターターの摂取量や利用性を向上させることも報告されている。さらに，繊維質飼料には反芻を促し，ルーメンへの唾液流入を増加させてルーメン内容液のpHを低下させない効果もある。これらのことから，哺乳期に繊維質飼料の給与は必要であろう。ただし，繊維質飼料の質(易消化性繊維含量が高いもの)や量(50 g/日程度)および形状(細断されてい

る)を考慮し，ルーメン内に長時間滞留しないように工夫しながら給与すべきである。

水およびスターターの給与開始時期

　哺乳期間は，乳から水分が補給されるので，生産者のなかには水の給与を軽視する者もいるが，これは大きな間違いである。その理由として，以下の2点が挙げられる。

①哺乳だけの水分で必要量が満たされるか否かは不明である：水の消失は，給与飼料，飼料摂取量，環境条件などで大きく変動するので，哺乳だけで水分が満たされるとはいえない。子牛管理者が水分の過不足を決定するのではなく，子牛が常に飲水できる状況で飼養し，子牛の意思に任せるべきである。

②スターターの摂取量が増加すると飲水量が高まる：ルーメン内で人工乳を発酵させるには，ルーメン内に十分な水分が必要となる。図4に示したように，固形飼料の摂取量の増加とともに飲水量も増加していく。乳はルーメンを経由せず直接第四胃に流入するのでルーメン発酵の

●図5 スターターおよび乾草摂取量の推移

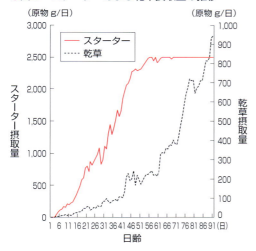

●表4 粗飼料の質の違いが日増体量に及ぼす影響

粗飼料の質*	73	53
週齢	日増体量(kg/日)	
1～4	0.71	0.66
5～8	0.91	0.91
9～13	1.06[a]	0.92[b]

＊乾物中TDN含量
ab：異文字間に有意差あり（$p<0.05$）

ための水分供給にはならない。

出生後2日くらいから、常に新鮮な水が飲めるようにしておく。やむを得ずそのような体制がとれない場合は、哺乳後30分以上空けてから水を給与するとよい。

スターターも水とセットで、出生後2日目から給与を開始する。哺乳後にスターターを1つかみ口に入れるなど動機付けを行うと、早期に摂取を開始することができる。これは子牛にスターターを飼料と認識させることと、早い時期に微生物によってVFAを産生させることが目的である。ルーメンの絨毛発達初期においては、少ないVFA量でも絨毛は発達すると言われている。

 離乳後の栄養源

離乳すると「反芻期」となるが、図5に示したように、離乳後2週間程度はスターターの摂取量が急速に上昇し、スターターの給与上限量（図5では原物2,500g/日に設定）に達した後に乾草の摂取量の増加割合が高まる。個体飼養では、スターターの給与量を一気に高めると喰い止まることがあるので、残食量を確認して段階的に増量するのがよい。また、乾草は常に摂取できるようにしておく。

表4は、質の異なる（乾物中TDN 73％ vs 53％）繊維質飼料を哺乳期から給与し、どの時点で増体量に影響するのかを検討している。繊維質飼料以外の条件（哺乳量、哺乳期間など）はすべて同一にしてある。9週齢（63日齢）を過ぎると、TDN含量が高い粗飼料を給与した群の日増体量が有意に増加した。TDNの高い粗飼料は、栄養価が高く摂取量も多くなること、また、ルーメン発達において粘膜相全体の発達が完了するのもこの時期といわれることから、反芻期において繊維質飼料が主な栄養源となるのは9週齢以降と推定される。

農家指導のPOINT

1．3週齢までは，乳のみが主な栄養源である
・通年一定以上の発育をさせるために，哺乳期間の代用乳給与量を一定にして，150 g/L の濃度の代用乳を6L/日に増量する。この量ならば，6週齢で離乳時に必要量のスターター摂取が可能である。

2．哺乳期の繊維質飼料は，ルーメン環境を正常に保たせるための補助飼料である
・スターター摂取量を低下させないよう質，量，飼料の形状を考慮し給与する。

3．新鮮な水やスターターは出生後2日目から常に摂取できる状態にしておく
・哺乳だけの水分では足りない場合もある。
・スターター摂取量を高めるためにも水はセットで与える。

4．栄養管理で体高を制御できるのは哺乳期の限られた時期である。また，哺乳期で改善された発育は離乳後も持続する
・代用乳増給により，液状飼料期の体重だけでなく体高の発育も改善される。
・哺乳期に改善された発育は離乳後も持続するので，将来的に初産分娩月齢の短縮や初産乳量向上にも影響を与える。

5．離乳後9週齢程度までは，スターターが主要な栄養源である
・離乳後の立ち上がりをスムーズにする。
・特に個体管理では段階的に給与量を上げていく。
・繊維質飼料は常に摂取できるようにする。

6．9週齢を過ぎると繊維質飼料が主な栄養源となる
・良質飼料の給与により，発育向上が期待できる。

1-4
3カ月齢から分娩までの栄養管理

Advice

　動物の成長は，各部分や器官が同じ速度で成長するわけでなく，発育段階に従って血中の栄養分が各部分，器官に重点的に配分される。
　本節では，各発育ステージの特徴を理解し，飼養管理におけるポイントおよび留意点について概説する。

授精までの成長の特徴

●乳管の伸長

　図1は，体重（kg）をX，乳腺組織のDNA量（mg）をYとし，log Y＝log b＋α log Xとした対数の一次式にして，乳腺組織の相対成長の時期を検討している。この結果はおおよそ3カ月齢程度から春機発動期くらいまでの時期（8～10カ月齢）まで，急速に乳腺が発達していることを示唆している。この時期に過剰にエネルギーを摂取すると，乳房組織に脂肪が蓄積して乳腺実質割合が減少し，乳管の伸長が阻害され，将来的に乳量が減少することが報告されている。

●骨・筋肉の増加

　成長には様々なホルモンが関与しているが，なかでも成長ホルモン（GH：Growth Hormone）は，骨と軟骨の成長やタンパク質合成と蓄積による体重増加など，この時期の成長に深い関係を有している。図2には，ホルスタイン育成雌牛4頭を対象に，目標日増体量0.9 kgとした飼料を給与した時の体高推移および3カ月ごとの増加量と，成長ホルモンの分泌の関係を個体ごとに示した。3カ月齢，6カ月齢では成

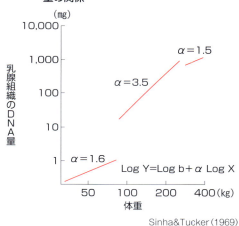

●図1　育成牛における乳腺組織のDNA量と体重の関係

Sinha&Tucker（1969）

長ホルモンの分泌が活発でパルスが多く観察されるが，9カ月齢ではパルスが少なくなり，12カ月齢になるとパルスはほとんど見られなくなる。それに呼応するように，体高増加量も低下する。このことから，特に6カ月齢程度までの成長は，成長ホルモンの影響を強く受けていると考えられる。

3カ月齢以降の日増体量

　3カ月齢から授精までの日増体量を950 g/日以上に設定すると，栄養成分のバランスを考

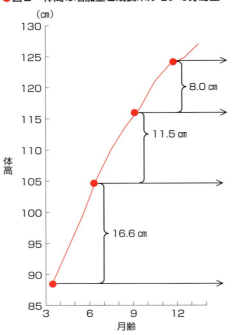
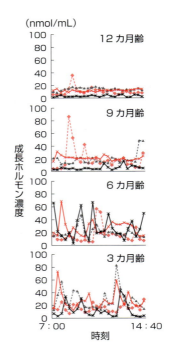

●図2　体高の増加量と成長ホルモンの分泌量

慮しても乳腺発達に悪影響を及ぼす可能性があることが指摘されている。また、体格の授精開始基準は体高が125 cm、350 kg程度が目標とされ一般化されているが、この時点で受胎した場合、初産乳量向上のためには、受胎後の日増体量が1,000 g/日以上の設定となり、過肥による分娩後の代謝疾病を誘引することが懸念される。したがって、1-1の「目標設定」では体高127 cm、体重374 kgを授精開始基準としている（14ページ）。適切な初乳給与（18ページ）および哺乳（22ページ）ができれば、3カ月齢以降の日増体量は0.8〜0.9 kgの設定で目標発育を達成させることが可能である。

 授精前の飼養管理と留意点

この時期は過肥にせず体格が大きくなるような栄養供給が求められる。骨の成長が著しいので、タンパク質供給量を高めなければならないが、それらに見合ったエネルギーをバランスよく補給する必要がある。

6カ月齢までは摂取量が大きく増加しないので飼料中の養分含量を高める必要がある。乾物中の含量として可消化養分総量(TDN)68％、粗タンパク質(CP)16％程度が目安となる。また、体高増加量に見合うタンパク質量を、ルーメン内で合成される菌体タンパク質量だけでは供給できない可能性がある。それゆえ、飼料タンパク質の3割程度（飼料中で5％程度）は、ルーメンをバイパスさせるタンパク質にすることも重要である。6カ月齢を過ぎたあたりから摂取量が増加するので、全体の含量をTDNで2〜3ポイント、CPで1〜2ポイント程度低く設定する。

● 表1 初産分娩月齢の違いと体格および初産乳量の比較

グループ	受胎時		分娩時		305日乳量(L)
	体重(kg)	体高(cm)	体重(kg)	体高(cm)	
22カ月齢群	351[a]	126.1[a]	533	139.5	7,456
24カ月齢群	373[b]	129.1[b]	544	139.7	7,442

ab：異文字間に有意差あり($p<0.05$)

交配の基準の優先順位

次の順番でチェックして交配を行う。
①周期的な発情が確認できているか
②体格が授精基準に達しているか
③適正な授精月齢であるか

　酪農生産現場では体重の測定が難しい場合が多いが，体重推定尺も指標として利用することは有効である。また，体高が127cm以上になっていて，ボディコンディションスコア(BCS)が3.0程度であれば，体重もおおむね基準(374kg以上)に達している。BCSをチェックする場合は，後躯（腰角の肉付き，尾根部の凹み，坐骨と腰角の脂肪沈着程度など）で判断すると誤判断を防ぎやすい。日増体量0.8〜0.9kg設定の飼料を給与していれば，授精月齢が極端に早くなったり遅くなったりすることはない。もしもそのような牛が散見されるのであれば，飼料以外の要因（飼槽幅，群密度など）を疑うべきである。

受胎後の飼養管理と留意点

　受胎をきっかけに，樹状に伸長した乳管に，木の枝に葉がつくように乳腺細胞が増殖する。この生理的変化は，授精前の乳管の伸長とは異なり過剰なエネルギーを摂取していても阻害されることはない。特に妊娠後期（妊娠140日以降）の乳腺細胞の増殖が著しく，外見からでも乳房の膨らみで確認できる。また，骨格の成長は緩慢になる。

　体格が大きくなると摂取量が高まり，タンパク質要求量が低くなるため，飼料中の養分濃度はTDN65％程度，CP13〜14％程度で（乾物ベース），日増体800gを十分達成させることができる。

分娩時の月齢および体格と初産乳量の関係

　最後に，育成期の飼養法と乳生産について述べたい。乳牛の泌乳試験はこれまで数え切れないほど行われているが，初産牛の乳生産に着目したデータは限られており，日本においてはきわめて少ない。これまで飼料の質や栄養水準と乳生産の関係を査定する試験が多く，初産牛の乳生産はバラツキが多いという理由で，ほとんどすべての泌乳試験には経産牛が供試されている。初産乳量のバラツキの原因についても経験や推測で語られることが多く，明確にされてこなかった。一般的な酪農場では，初産牛は泌乳牛の3割を占めるので，初産牛の乳生産が向上すれば，経済的な効果も大きい。そこで，初産乳量に影響を与える可能性のある2要因について，大坂が調査・研究した結果を紹介する。

●分娩時の月齢と初産乳量

　表1に，育成期から泌乳期まで同一の飼養管理を行ったホルスタイン雌牛のうち，平均分娩

● 表2　育成妊娠期の日増体量の違いと体格および初産乳量の比較

グループ	受胎時		分娩時		一乳期終了時		305日乳量	
	体重(kg)	体高(cm)	体重(kg)	体高(cm)	体重(kg)	体高(cm)	実乳量(L)	4% FCM(L)
0.8 kg群	412	129	541[a]	139.4[a]	609	140.0	7,638[a]	7,777[A]
0.5 kg群	402	128	473[b]	135.6[b]	585	140.0	6,821[b]	6,776[B]

ab：異文字間に有意差あり（$p<0.05$）
AB：異文字間に有意差あり（$p<0.01$）

月齢22カ月齢(43頭)と同24カ月齢(26頭)を抽出し初産乳量を比較した結果を示した。

受胎時の体格に差は見られたが、分娩時の体格には差が見られなかった。分娩時の体格が同等であれば、22カ月齢分娩は24カ月齢分娩との間に乳量差はないと考えられる。

● 分娩時の体格と初産乳量

表2は、妊娠期の日増体量の違いが分娩時の体格およびその後の初産乳量に及ぼす影響について検討した結果である。この時の飼養条件は、同一群で乾草を自由摂取させ、フィーダーで配合飼料を個体ごとに給与した。毎週体重測定を行い、妊娠期の日増体量を0.8 kgと0.5 kgになるように給与量を調整し、分娩後は同一の飼料を給与した。泌乳期の摂取量には両群に差が見られなかったにもかかわらず、妊娠期の日増体量を0.8 kgにした群は、0.5 kgにした群と比べて一乳期の実乳量では800 L、4% FCM（脂肪補正乳）量では1,000 L程度高い値を示した（表2）。

この乳量の増加は、次の2つの要因が考えられる。第一に、妊娠期の日増体量を高めたことで体脂肪蓄積が多くなり、泌乳初期の乳生産にその脂肪を動員したことである。図3に示した血中遊離脂肪酸(NEFA)濃度の推移も、体脂肪動員の量が異なることを裏付けている。第二に、分娩前の体格の違いである。体高の値は、受胎

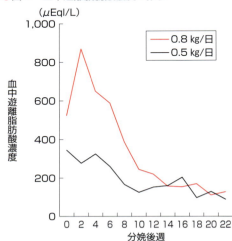

● 図3　血中遊離脂肪酸濃度の推移

時には差が見られなかったが、分娩時には0.8 kg群が有意に高くなり、一乳期終了時は再び差がなくなっている。初産牛は、自身の発育をしながら泌乳をするといわれているが、あらかじめ成熟値に近づいた状態で分娩させたことで、泌乳期に摂取した栄養分を成長に分配する割合が少なくなり、乳生産のための栄養分として利用したと推察される。

これらのデータは、初産乳量は分娩月齢22カ月齢程度までは月齢の影響はなく、むしろ分娩前の発育の程度が重要であることを示している。この結果は、1-1の「目標設定」の数値（14ページ）に反映されている。

農家指導のPOINT

1．授精までの時期は乳腺発達と骨および軟骨の成長が著しい時期である
- 3カ月齢以降は日増体量が0.8～0.9kgになるようにする。
- 6カ月齢程度までは摂取量が少なくタンパク質要求量が高いので，飼料中のTDN含量68％，CP16％程度を目安にする。
- 6カ月以降はTDN65％程度，CP14～15％にする。

2．交配の優先順位は，月齢ではなく発情と体格を参考にする
- 周期的な発情と体格（体重374kg以上，体高127cm以上）の確認を優先的に行う。月齢は結果である。

3．分娩時体重を成熟時体重に近づけるよう飼養管理する
- 飼料中TDN含量は65％，CPは13～14％程度にする。
- 分娩時体重が目標以下になると，初産乳量が低くなる可能性がある。

1-5
泌乳牛の栄養管理

Advice

現代のいわゆる"高泌乳牛"は，養分要求量が高く，過不足のない栄養摂取を実現するには様々な工夫が必要である．栄養価の高い粗飼料を調製し用いることはもちろんであるが，本節では各種濃厚飼料源との組み合わせによる適切な栄養バランスの設計，およびそれら飼料の摂取量を高める給与方法など，それぞれのポイントについて解説する．

 高泌乳牛の乾物摂取量および養分要求量

乳牛の遺伝的な泌乳能力を最大限に発揮させるためには，泌乳期全体を通じて要求量に見合う栄養供給を確実に行う必要がある．しかし，現代のいわゆる"高泌乳牛"の養分要求量は高く，過不足のない栄養摂取を実現するには様々な工夫が必要である．

表1に，乳牛に対する飼料を混合飼料(TMR)で給与する場合，飼料中に含ませるべき粗タンパク質(CP)と可消化養分総量(TDN)を産次，体重および乳量別に示した．これらの値は，日本飼養標準・乳牛(2006年版)の成雌牛の維持と産乳に要するCPおよびTDN要求量と推定乾物摂取量(DMI)から計算したものである．

日乳量50 kgの3産以降の経産牛では，DMIは27.9 kgと推定されるが，これは体重比(体重に対する割合)にすると4.1%となる．一般的な牛では体重の4%程度がDMIのほぼ限界であるといわれている．高能力牛はルーメンの容積が大きく，優れた飼料摂取能力を持っていると考えられるが，この量をコンスタントに摂取させることは容易ではない．

また，この場合TDN含量78%およびCP含量16.3%のTMRを調製し給与しなければならない．一定以上の粗飼料割合を確保しつつ，TDN，CPともにこのようなレベルまで高めることも，これまた簡単なことではない．

これら高泌乳牛の養分要求量を確実に満たすためには，栄養価の高い粗飼料を調製し利用することはもちろん，各種濃厚飼料源との組み合わせによる適切な栄養バランスの設計，およびそれら飼料の摂取量を高める給与方法などがポイントとなる．

 泌乳期における栄養設計上のポイント

●飼料中のエネルギーとタンパク質のバランス

エネルギーとタンパク質，それぞれ要求量を満たすことに加え，両者のバランスが重要である．

図1に，乳牛のルーメン内における炭水化物とタンパク質の分解・代謝様相を模式的に示した．

炭水化物は乳牛の主要なエネルギー源であり，「繊維性」と「非繊維性」に分類される．一般的に，繊維性炭水化物を表す化学成分として

● 表1　泌乳牛に給与するTMRに含ませるべきCPおよびTDN含量

産次	体重(kg)	乳量(kg/日)	乾物摂取量(kg/日)	CP(乾物中%)	TDN(乾物中%)
初産	550	20	16.4	12.2	70
		30	19.6	14.2	76
		35	21.2	15.0	79
2産	630	20	16.2	12.6	70
		30	20.0	14.2	74
		40	23.7	13.8	71
3産以上	680	20	16.7	12.5	65
		30	20.4	14.1	71
		40	24.2	13.7	68
		50	27.9	16.3	78

CP：粗タンパク質，TDN：可消化養分総量，産乳に要する要求量：乳脂率3.5％で計算
維持要求量：初産および2産次は増体を考慮し，成雌牛の要求量のそれぞれ130および115％の値を適用。乾物摂取量の増加に伴う消化率の低下を補償するため，乳量15kgにつき維持と産乳を合わせた要求量を3.5％増給
　　　　　　　　　　　　　　　独立行政法人農業・食品産業技術総合研究機構（2006）

● 図1　乳牛のルーメン内における炭水化物およびタンパク質の分解と代謝

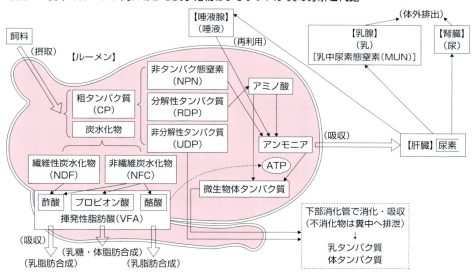

中性デタージェント繊維（NDF）が分析され用いられている。NDFはセルロース，ヘミセルロース，リグニンなど，植物細胞壁の繊維のほとんどを含む。一方，非繊維性炭水化物（NFC）は，植物細胞内容物のデンプン，糖，ペクチンなどである。

摂取された飼料中の炭水化物は，繊維性，非繊維性にかかわらず，ルーメン微生物が生成・分泌する酵素により加水分解されて少糖類を経て単糖類となる。生成した単糖類は，さらにルーメン微生物体内に取り込まれて代謝経路に入り，酢酸，プロピオン酸，酪酸などの揮発性脂肪酸（VFA）に転換される。VFAはルーメン壁から吸収され，酢酸と酪酸は乳脂肪合成，プロピオン酸は乳糖および体脂肪合成の重要な原料として利用される。同時に，二酸化炭素，水素，メタンなどのガスが生成されるが，それらの大部分は，噯気（げっぷ）として口から排出される。

生成するVFAの量，種類およびその比率は，飼料に含まれる炭水化物の量やその構成割合によって変化する。一般に，NFCを多く含みNDF含量の低い飼料を与えることでルーメン内pHが低下すると，セルロース分解菌が減少するため酢酸の比率が低下し，一方，デンプン分解菌が増殖するためプロピオン酸の比率が高まる。濃厚飼料を多給すると乳脂率が低下するのは，このメカニズムによるものである。

摂取された飼料中のタンパク質は，ルーメン微生物が分泌するプロテアーゼによって，その相当の部分がアミノ酸やアンモニアに分解される。これらの分解産物は，ルーメン内微生物体内に取り込まれ，代謝の材料物質として利用されて微生物の体タンパク質として再合成される。すなわち，反芻家畜はアミノ酸やアンモニアなど非タンパク態窒素（NPN）からタンパク質を生合成できる。また，飼料タンパク質のアミノ酸組成にかかわりなく，別のアミノ酸組成を持つタンパク質を合成することができる。乳牛用飼料のタンパク質が，通常，「粗タンパク質（CP）」として表示されるのは，このメカニズムによるものである。

飼料中のCPのうち，ルーメン内で微生物による分解を受ける分画（NPNを含める場合もある）を分解性タンパク質（RDP），微生物による分解を逃れる分画を非分解性タンパク質（UDP）という。UDPは微生物体タンパク質とともに，第四胃以降で，人や豚と同様に消化・吸収・利用される。

一方，RDPは前述のとおり，ルーメン微生物によってアンモニアにまで分解され，微生物体タンパク質として再合成されるが，この時エネルギーが必要である。すなわち，炭水化物の発酵過程において，VFAを産生する時に生成されるATPが主要なエネルギー源となる。ルーメン内のアンモニア濃度は十分であるが，それに見合うエネルギーの供給がない場合には，アンモニアは余剰となる。

アンモニアは有毒であることから，微生物体タンパク質に合成されなかったアンモニアはルーメン壁から速やかに吸収され，肝臓で無毒の尿素に変換される。この尿素の一部は，乳中へ尿素態窒素（MUN）の形で移行するとともに唾液腺にも運ばれ，唾液成分として再びルーメン内で利用されるが，そのほとんどは腎臓に送られ，尿中に排泄される。

このような過剰な窒素排泄量の増加は，飼料の窒素利用効率を低下させる。さらに，肝臓での尿素合成はエネルギーが必要なことから，飼料エネルギーの利用効率の低下も引き起こすとともに，特に泌乳初期での負のエネルギーバランスを加速させる。

また，尿中への窒素排泄量が増加する過程で，血中のアンモニアおよび尿素態窒素（BUN）が増加する。同様に卵胞液および子宮内のアンモニア濃度も上昇し，このことが卵子の発達障害や受精障害を引き起こし，受胎率を低下させるといわれている。タンパク質の過剰給与が繁殖成績に悪影響を及ぼすといわれるのは，このようなメカニズムによるものである。

● 繊維質

繊維性炭水化物は乳牛のエネルギー源であるとともに，ルーメン壁に物理的刺激を与え，反芻を誘起し，微生物による飼料消化を補助する役割を担うなど，乳牛にとって一定量欠かせない飼料成分である。すなわち，飼料中の繊維質含量のみならず，その物理性についても考慮する必要がある。

NRC標準（2001）における飼料乾物中NDF含量の下限値は，25～33％と粗飼料由来のNDF

含量によって異なっている(**表2**)。すなわち、粗飼料以外のNDFの咀嚼刺激効果は粗飼料のほぼ50%とみなし、粗飼料由来NDF含量が1ポイント低下するごとに飼料全体のNDF含量の下限値が2ポイント増加する設定となっている。

一方、日本飼養標準・乳牛(2006年版)では、高泌乳時(日乳量50 kg)の飼料乾物中NDF含量は35%程度が最適であるとしている。この値はNDF含量65%程度のチモシー乾草を粗飼料として用いた場合であり、食品製造粕や穀実由来のNDF源を用いる場合には(ここでは詳細な説明は省くが)、粗飼料価指数(RVI)や有効NDF(eNDF)といった繊維の物理性を表現する指標も加味して考える必要がある。

● 脂肪

泌乳初期のエネルギー摂取不足を解消するために、脂肪を用いることがよくある。脂肪は炭水化物に比べ単位重量当たりのエネルギー含量が高いため、給与飼料全体の繊維質含量の下限を維持しつつ、エネルギー濃度を高めることができる。しかし、脂肪の過剰給与はルーメン微生物の増殖を抑制し、繊維質の消化率を低下させることから、脂肪酸カルシウムのようなルーメン内で微生物に分解されず小腸に達する、いわゆる保護脂肪(バイパス脂肪)の形で給与するのが一般的である。

脂肪の給与は、負のエネルギーバランスを解消するのみならず、血中コレステロール濃度を高め、これを原料とする黄体ホルモンの血中濃度を高めることにより、受胎率を改善させる効果が期待できる。

しかしながら、前述したルーメンに対する負の影響をできる限り回避するためには、飼料乾物中の脂肪含量は5%を大きく超えないように

● 表2 　全飼料中および粗飼料由来NDF含量の下限値(TMR給与)

NDF含量(乾物中%)	
粗飼料由来	飼料中
19	25
18	27
17	29
16	31
15	33

NRC(2001)

すべきである。

泌乳期における飼料給与上のポイント

● 粗飼料の切断長

飼料の物理性を確保するうえで、粗飼料はある一定以上の切断長が必要である。一方、切断長が長すぎても飼料の選択採食を助長し、生産性に悪影響を及ぼす場合がある。

ParkとOkamotoはTMRの選択採食の指標として、採食の時間経過に伴うTMR飼料片の粒度分布の推移を検討した。泌乳牛が微細な飼料片を選択採食していると疑われたトウモロコシサイレージと牧草サイレージを用いたTMRについて、採食に伴う飼料片粒度分布の変化を、一定サイズの目開きを持つ篩(ペンシルバニア・パーティクルセパレータ)で、給餌直後から経時的に測定した。その後、TMRに混合する牧草サイレージの切断長を短く変更し、その時の飼料片粒度分布の経時変化をそれ以前と比較した。

その結果、切断長改善前のTMRでは、直径19 mmの穴のある篩上に残った大粒子の割合が給餌前ですでに40%程度あったが、給餌後3時間以内に約70%にまで増加し、その後の増加は緩やかであった。このことは、給餌後の早い段階で選択採食が起こったことを表している。一

●表3 牧草サイレージの切断長改善前後のTMRにおける飼料給与後経過時間に伴う飼料片粒度割合の変化

	給与後経過時間				
	0	1	3	7	23
切断長の長いサイレージのTMR	(%)				
19 mm以上	40.3	56.5	69.7	71.7	82.8
6.9 mm以上 19mm未満	29.2	20.3	13.7	13.8	8.8
6.9 mm未満	30.5	23.2	16.6	14.5	8.4
切断長の短いサイレージのTMR	(%)				
19 mm以上	16.0	16.2	17.0	24.2	60.4
6.9 mm以上 19 mm未満	39.4	39.5	38.7	35.4	16.8
6.9 mm未満	44.6	44.3	44.3	40.4	22.8

Park & Okamoto(2008)

●表4 牧草サイレージの切断長改善前後のTMRを給与した乳牛の泌乳成績

泌乳成績		TMRのサイレージ切断長		有意性
		長い	短い	
乳量(kg／日)		29.1	28.4	NS
4％FCM[1]量(kg／日)		26.9	29.9	$p<0.01$
乳成分(%)	脂肪	3.50	4.36	$p<0.01$
	タンパク質	3.28	3.34	$p<0.05$
	無脂固形分	8.88	8.96	NS

1)脂肪補正乳，NS：有意差なし

Park & Okamoto(2008)

方，サイレージ切断長を短く改善したTMRでは，給餌直後の大粒子の割合は20％以下であり，また，採食に伴う粒度の変化は緩慢で，大粒子の割合が50％に達するまでに12時間以上を要した(**表3**)。

サイレージ切断長の改善前後の泌乳成績をみると，乳量に有意な差はなかったが，乳脂率はサイレージ切断長を短く改善することにより，改善前から有意に向上し($p<0.01$)，4％脂肪補正乳(FCM)量も有意に増加した($p<0.01$)(**表4**)。このことは，TMR粒度の改善後，選択採食が抑制され，1日を通じて十分量の物理的有効繊維(peNDF)が供給されたためと考察している。

これらの結果から，実用上問題とならない程度の水準まで選択採食を抑制するためには，TMRの大粒子(≧19 mm)割合を20％以下にする必要があろう。

●給与回数

TMRであっても，一般的には1日量を何回かに分けて給与することが重要である。一度に大量に給与すると，牛による飼料の跳ね飛ばしが多くなり，そのための餌寄せ作業回数が多く必要となる。また，混合状態が不適切なTMRの場合には，選択採食の量的および時間的な機会を牛に与えることにもなる。給与回数を増やすことは，これらマイナス要因を軽減させる効果があるとともに，いわゆる「給餌刺激」による採食量アップも期待できるかもしれない。

一方で，期待通りにならない場合もある。Mäntysaariらは，泌乳牛に対するTMR給与回数を1日1回および5回の2群に分け，行動および泌乳成績を比較検討した(**表5**)。1日5回給与は1回給与に比べDMIが低かったが($p<0.05$)，乳量および乳成分は同様であった。一方，牛の1日の行動時間割合をみると，採食お

●表5　1日のTMR給与回数の違いが乳牛の行動，飼料摂取量および泌乳成績に及ぼす影響

		TMR給与回数		有意性
		1回	5回	
行動時間割合(%)	採食	20.0	21.4	NS
	横臥	48.1	42.2	$p<0.01$
	反芻	23.2	21.8	NS
	休息	24.9	20.5	$p<0.01$
	立位	20.5	21.7	NS
	反芻	4.0	4.8	NS
	休息	16.5	16.8	NS
乾物摂取量(kg/日)		20.9	19.9	$p<0.05$
乳量(kg/日)		31.8	31.8	NS
乳成分(%)	脂肪	4.14	4.12	NS
	タンパク質	3.42	3.42	NS
	乳糖	4.91	4.94	NS

NS：有意差なし　　　　　　　　　　　　Mantysaari, et al (2006)

よび反芻時間の割合は給与回数の違いにかかわらず同様であった。しかし，反芻をせずに横臥休息している時間および総横臥時間の割合は5回給与が有意に短くなっていた（$p<0.01$）。これは，飼料給与が本来刺激すべき採食に影響せず，リラックスタイムである横臥休息を妨げ，DMIを減少させる大きな要因となったと考察されている。この試験では乳生産への悪影響はみられなかったが，このような状態が長期化すれば，乳量低下に至ることは容易に推測できるであろう。

過度の給与回数の増加は，管理者の労働が過重になることもさることながら，本来期待すべき牛群の安定と生産性に悪影響を及ぼす場合があることも知っておく必要がある。

より精密な栄養管理を目指すために

定期的に粗飼料分析を行い，飼養標準に基づいた飼料設計をして毎日の飼料給与を行うこと＝「正しい栄養管理」かといえば，必ずしもそうではない。すなわち，飼料給与量＝飼料摂取量ではない。

日頃の牛群の観察が重要である。給餌前に飼槽を掃除する時，何をどのくらい残したのか，採食状況を把握する。放し飼いであれば給与した粗飼料の品質を反映するであろうし，繋ぎ飼いであれば個体ごとの健康状態のチェックにもなる。また，TMRであれば粗飼料片の長さをチェックする。給与時よりも長いものが残っていれば，選択採食をした証拠であり，設定切断長が長いことが分かる。

乳牛の栄養管理に，牛群検定成績や代謝プロファイル・テストの成績など，乳牛の生産に関するデータを大いに活用すべきである。さらに，それらに加え，牛群の健康状態や飼料の摂取状況など，日常の観察結果も考慮し，飼料設計の微調整を行うことが，より精密な栄養管理を目指すための重要な方策である。

農家指導のPOINT

1．エネルギー摂取量に対してタンパク質摂取量が過剰な場合の問題が大きい
・飼料の窒素利用効率のみならず，エネルギー利用効率も低下し，特に泌乳初期での負のエネルギーバランスを加速させる。
・生殖器内のアンモニア濃度も上昇し，繁殖成績が低下する。

2．高泌乳時（日乳量 50 kg）の飼料乾物中 NDF 含量は 35％程度が最適である
・食品製造粕や穀実由来のNDF源を用いる場合は，繊維の物理性を表現する指標（RVIやeNDF）も加味して考える。

3．飼料乾物中脂肪含量は5％を大きく超えないようにする
・ルーメン微生物の増殖と繊維質分解能に悪影響を与えず小腸に達する，保護脂肪（バイパス脂肪）の形で給与する。

4．粗飼料は適切な長さに切断する
・飼料の物理性を確保するうえで，ある一定以上の長さが必要であるが，一方，切断長が長すぎてもよくない。小粒子飼料片の選択採食を助長し，特に乳脂率の低下など，生産性に悪影響を及ぼす場合がある。

5．過度の給与回数の増加は，本来期待すべき牛群の安定と生産性に悪影響を及ぼす
・飼料給与が本来刺激すべき採食に影響せず，横臥休息を妨げ，逆に DMI が減少する。

6．より精密な栄養管理を目指す
・牛群検定成績や代謝プロファイル・テストの成績などに加え，牛群の健康状態や飼料の摂取状況など，日常の観察結果も考慮し，飼料設計の微調整を行う。

1-6
乾乳期・分娩移行期の栄養管理

Advice

　乾乳期は，泌乳期に酷使された乳腺組織の再生やルーメン機能の回復，胎子への栄養供給などを行うための大切な期間である。また，移行期は牛にとって，乾乳期から分娩を介して泌乳期へと生理状態が劇的に変化する激動の時期である。この時期の栄養管理上の不備は，ケトーシス，脂肪肝，乳熱など代謝障害の発症原因となり，乳量の低下，乳房炎の発生，繁殖成績の低下などを引き起こす。それらの影響は移行期にとどまらず，その牛の年間を通しての生産性を低下させることになる。すなわち，移行期の栄養管理の良し悪しが酪農経営を左右するといっても過言ではない。
　そこで本節では，移行期における乳牛の生理状態の特徴を理解するとともに，それらを踏まえた栄養管理上のポイントについて解説する。

乾乳期の意義と栄養管理上のポイント

　乾乳期は，泌乳期に酷使された乳腺組織の再生やルーメン機能の回復，胎子への栄養供給などを行うための大切な期間である。乳牛の生理状態は乾乳期から分娩を介して泌乳期へと劇的に変化するため，代謝障害などの疾病が起こりやすい。これらの疾病は乾乳期の適切な飼養管理によって防ぐことが可能であり，分娩後の生産性アップへとつながる。乾乳期は泌乳期の終わりではなく，次回泌乳のはじまりと捉えるべきである。

　約2カ月（8週間）の乾乳期間のなかでも，時期によって乳牛の生理状態が異なるため，乾乳前期（分娩8週前〜4週前）と乾乳後期（分娩3週前〜分娩）に分け，それぞれの状況に合わせた栄養管理を考える必要がある。

　乾乳前期は，酷使された乳腺組織やルーメンを休息・回復させる時期である。この時期の養分要求量は高くはないため，過肥にならないように粗飼料主体の飼料給与としてボディコンディションを維持する栄養管理が基本である。

　一方で乾乳後期は，分娩後の飼料給与を見据えた栄養管理が基本である。すなわち，分娩後の穀類を多く含む飼料給与にスムーズな対応ができるように，濃厚飼料を徐々に増給してルーメンの絨毛組織を回復させるとともにルーメン微生物の馴致を行うことが重要である。また，この時期は胎子の急激な成長に伴う消化管の圧迫や，体内でのホルモンバランスの崩れによる食欲減退などにより，著しい乾物摂取量（DMI）の低下が起こる。このことからも濃厚飼料を増給する必要があり，飼料の栄養濃度を高め，DMIの減少による養分摂取不足を補う栄養管理が重要である。

移行期とは？

　分娩前後の乳牛の生理状態は，乾乳期から分娩を介して泌乳期へと劇的に変化する。この期間を「周産期」と表現することがあるが，これ

● 図1 乳牛の泌乳期および乾乳期を通じての乳量，乾物摂取量，体重およびBCSの推移（模式図）

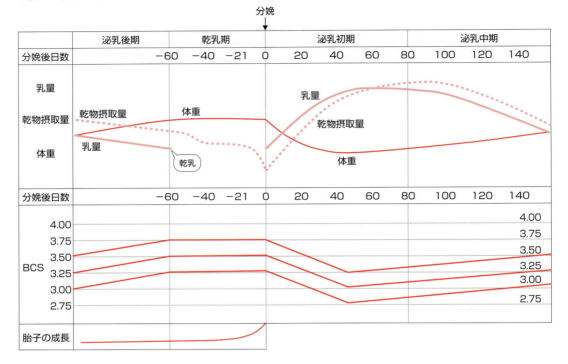

は必ずしも適切ではない。「周産期」は，ヒトにおける妊娠後期から出産を介した新生児早期までの時期を一括した概念であり，世界保健機関（WHO）の「疾病及び関連保健問題の国際統計分類（ICD-10）」で，妊娠満22週～生後1週未満までの期間と定義されている。

一方，乳牛の世界では，この期間を移行期（Transition Period）という。必ずしも期間の定義は明確ではないが，分娩3週間前のクロースアップ期（Close-up Period）と呼ばれる乾乳後期から，フレッシュ期（Fresh Period）と呼ばれる分娩後3週間の計6週間を指すことが多いようである。

 移行期における乳牛の生理状態の特徴と栄養管理上のポイント

現在の乳牛は遺伝的な泌乳能力が高く，栄養要求量が以前に比べ格段に高くなっており，そ

の要求量に見合う栄養摂取を確実に実現することは容易ではない。特に飼料摂取量の回復が乳量の上昇に追いつかない分娩直後のフレッシュ期は非常に神経を使う。フレッシュ期での体脂肪動員が著しく，エネルギーバランス（EB）が負の状態が長く続くとケトーシスや脂肪肝などの代謝障害を引き起こし，この健康状態の悪化が乳量を低下させるとともに乳房炎の発生，さらには繁殖成績を低下させる大きな原因となる。すなわち，移行期での栄養管理の良し悪しが，乳牛が持つ遺伝的能力を一乳期を通じて最大限に発揮できるか否かを決定するといっても過言ではない。

以下，考慮すべき栄養管理上のポイントについて述べる。

●ボディコンディションの調整

図1に，乳牛の泌乳期および乾乳期を通じて

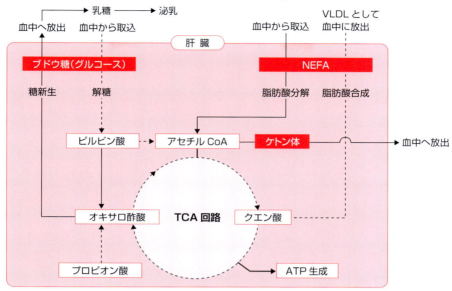

●図2　乳牛の肝臓を中心とした糖質および脂質の代謝経路

雪印種苗㈱HP 畜産技術情報ゆきたねネットより一部改変

の乳量、DMI、体重およびボディコンディションスコア(BCS)の典型的な推移を模式的に示した。

　一般的に、乳牛の分娩直後であるフレッシュ期のDMIは低く、乳量の急激な上昇に摂取量が追いつかず、EBが負になりやすい。すなわち、体重が減少しBCSも低下する。これには分娩直後のフレッシュ期の栄養管理もさることながら、分娩時の栄養状態が大きく関わる。EBの過剰なマイナスを防ぐためには分娩時の牛を適切な栄養状態に仕上げなければならない。太りすぎ、痩せすぎのいずれもよくない。

　分娩時のBCSは3.5程度が最適といわれている。3.75以上では太りすぎで、飼料コストがかかるばかりでなく、分娩時の事故や分娩後のDMIの回復が遅れる。クロースアップ期では分娩や泌乳の準備によりホルモンバランスが不安定になることや、胎子や子宮の急激な成長、さらに過肥牛では内臓脂肪も加わり、消化管が圧迫されてDMIが低下しやすい。そのような状態で分娩を迎えると、フレッシュ期でのEBの急激な低下が起こる。そこで乳牛は蓄積された体脂肪を遊離脂肪酸(NEFA)に分解する。それらは血流によって肝臓に運ばれ、アセチルCoAを経てTCA回路に入り、エネルギーとして利用される(**図2**)。この時、ルーメンから吸収されるプロピオン酸や血中のグルコースが不足していると正常な代謝が行われず、アセチルCoAはケトン体として血中に放出される。このようなケトン体の血中濃度が異常に高まるのがケトーシスと呼ばれる代謝障害であり、採食量が低下し乳量が激減する。

　また、肝臓に取り込まれたNEFAの一部は再び脂肪(トリグリセリド)に合成される。トリグリセリドが蓄積すると肝機能が低下するため、肝臓は脂肪をVLDL(リポタンパク質の一種)の形で肝臓外に放出する(**図2**)。しかし、乳牛の肝臓でのVLDL産生能力は豚などの単胃家畜に比べ低いため、過剰なNEFAが送り込まれるとVLDLに取り込まれなかったトリグリセ

●表1　摂取代謝エネルギー(MEI)の体蓄積(ER)への正味転換効率

	泌乳期	乾乳期
⊿ER/⊿MEI(%)	72.6	58.7

Moeら(1970)

●表2　分娩時BCSおよびその後のBCS変化と繁殖成績の関係

分娩時BCS	分娩後のBCS低下幅	初回授精日数	授精回数	初回授精受胎率(%)	空胎日数
3.00以下	0〜0.5	76	1.7	53	100
3.25〜3.75	0〜0.5	69	1.7	54	94
	0.75以上	67	1.9	50	101
4.00以上	0〜0.5	67	1.5	50	82
	0.75以上	81	2.5	0	126

根釧農試(1997)

リドが肝臓内に蓄積しはじめる。これが顕著になった状態が脂肪肝であり，肝機能障害を引き起こす。この肝機能の低下は肝臓でのエネルギー代謝不全を加速することから，脂肪肝はケトーシス発症のリスクを高める。

一方，BCSが3.0以下では痩せすぎで，牛の泌乳能力を最大限に引き出すための十分な体蓄積を持たずに分娩を迎えることとなる。

分娩時の栄養状態を適切にするためには，移行期である乾乳後期のクロースアップ期の栄養管理のみでは不十分である。すなわち，BCSの調整は泌乳後期までに行い，乾乳時のBCSを分娩時まで維持する栄養管理が重要である(**図1**)。乾乳期間中にBCSの調節を行うことは望ましくない。というよりBCSのコントロールは泌乳期に比べて難しい。その理由は，泌乳期と乾乳期における摂取飼料エネルギーの体蓄積への転換効率の違いに起因する。摂取代謝エネルギー(⊿MEI)の体蓄積(⊿ER)への正味転換効率(⊿ER/⊿MEI)は泌乳期に比べ乾乳期が低い(**表1**)。すなわち，このことは，泌乳期に比べ乾乳期では飼料を増給しても太りにくいこと，逆にダイエットさせようと思っても痩せにくいことを表している。さらに，先に示したように，ダイエットで減らした体脂肪は体外には出て行かず，結局のところ肝臓に蓄積される。乾乳中のダイエットはあえて脂肪肝のリスクを高めていることになり，本末転倒であることを十分認識すべきである。

分娩時の栄養状態は繁殖成績にも影響する。BCSと繁殖成績の関係については，分娩時のBCS水準そのものより，その後のフレッシュ期でのBCSの低下幅が繁殖成績に大きく影響すると考えられている(**表2**)。BCS低下幅が大きいほど初回授精での受胎率が低く，空胎日数が長く，受胎までの授精回数も増加する傾向にあった。特に，分娩時のBCSが4.00以上で分娩後0.75ポイント以上のBCS低下がみられた個体では，初回の種付けで受胎したものはなかった。また，分娩時のBCSが高い個体ほど分娩後のBCSの低下幅が大きく，回復に要する時間も長いとされている。

これらのことから，分娩時の過肥(BCS4.0以上)は，牛の健康，乳生産および繁殖などすべての面において悪影響があることが明らかであり，移行期の栄養管理上避けるべき最も重要な事項のひとつと考えられる。

● ミネラルバランス

　移行期の栄養管理のうち，特にミネラル栄養と関連する代謝障害として低カルシウム血症がある。分娩後，急激な乳量の上昇によって大量のカルシウムが体外に放出されるため，血液中のカルシウム濃度が低下する。カルシウムは筋肉を動かすのに必要であるので，その濃度が下がりすぎると起立不能の状態になる。これがいわゆる「乳熱」である。乾乳中は乳生産がないため，泌乳中に比べカルシウム要求量は非常に低い。したがって，飼料中に十分なカルシウムがあれば，骨からカルシウムを動員する必要はほとんどない。そのような"休眠状態"が2カ月間続いた後分娩を迎え，大量のカルシウムが一挙に乳中に放出されたとしても，骨からのカルシウム動員を急に活発にすることは難しい。この場合，血中のカルシウム濃度は消化管からのカルシウム吸収に大きく依存することになる。しかし，消化管運動の低下によりカルシウムの吸収効率も低下することがいわれており，これらのことが乳熱発生の原因となる。また，カルシウムは分娩後の子宮修復にも欠かせないものであり，カルシウム吸収量の低下は発情回帰と受胎に悪影響を及ぼす。

　乳熱予防のため，乾乳後期のクロースアップ期にカルシウム給与を制限して骨からのカルシウム動員を活発に保ち，分娩後の事態に対応できる準備をしておくことが，従前より行われてきている。日本飼養標準・乳牛（2006年版）では，飼料乾物中カルシウムは0.5％以下，およびリンは0.3％以下に抑えるべきとしている。

　乳熱を予防するもう1つの方法として，カチオン・アニオンバランス（DCAD）の概念の応用がある。DCADは，飼料中ミネラルのうち，カリウム（K），ナトリウム（Na），カルシウム（Ca），マグネシウム（Mg）などのカチオン（陽イオン）とイオウ（S），塩素（Cl），リン（P）などのアニオン（陰イオン）との差をみるものであるが，一般に乳熱予防では，（Na＋K）−（Cl＋S）を飼料乾物100g当たりのミリ当量（mEq/100 gDM）で示した式が使われている。通常の血液は弱アルカリ性であるが，クロースアップ期のDCADをマイナスにして血液を酸性化することにより，それを中和するために消化管からのカルシウム吸収量や骨からのカルシウム動員を活発にしようという考え方である。カリウムの過剰摂取がカルシウムの利用率を低下させるのはこの仕組みによるものである。

　カリウムの過剰摂取（乾物中3％以上）は乳牛のカルシウムのみならずマグネシウムの利用率を低下させ，低マグネシウム血症（グラステタニー）の発生要因となるとされている。糞尿を大量に施用された草地から収穫した牧草はカリウムが過剰に蓄積されている場合あり，給与に当たっては飼料分析などで確認が必要である。上記の式において，カリウム含量が2％以下の粗飼料を用いるだけでDCADをゼロ近くまで低下させることができる。したがって，カリウム含量の低い粗飼料を調製しクロースアップ期の牛に利用することが，第一の基本である。やむなくカリウム含量の高い粗飼料を用いなければならない場合には，硫酸カルシウムや塩化マグネシウムなどDCAD調整剤の利用も考慮すべきである。しかし，これら調整剤は嗜好性の悪いものが多く，DMIの低下に十分気を配りつつ慎重に使用する必要がある。

　微量ミネラルでは，セレンが繁殖機能と関連があるとされている。乳中へのセレン分泌は比較的多いため，フレッシュ期から泌乳最盛期にかけてセレンが不足する場合がある。血中セレン濃度が高い牛は血中プロジェステロン濃度も高い。さらにその効果はビタミンEが多い場

合に大きいとされており，胎盤停滞が多発している牛群に対し，クロースアップ期にセレンとビタミンEの製剤を投与すると胎盤停滞発生率が低下したとの事例報告もある。

●ビタミンの補給

　分娩前後は免疫機能が低下し乳房炎や感染症のリスクが高まる時期であることから，クロースアップ期ではビタミンAおよびEを十分に給与する必要がある。これらは脂溶性ビタミンであり，活性酸素の酸化ストレスに対する抗酸化作用を持つ。すなわち，抗酸化剤としてのこれらビタミンの給与は，移行期の栄養管理上，非常に重要である。

　ビタミンAは，皮膚，消化器官や繁殖器官などの粘膜を保護し，免疫機能を維持する働きを担っている。牛が摂取する植物にはビタミンAは含まれておらず，黄色色素であるβ-カロテンの形で存在する。摂取されたβ-カロテンは，小腸で吸収される時にビタミンAに変換される。生草のβ-カロテン含量は高いが，乾草やサイレージへの調製過程で分解され，その含量は低くなる。また，硝酸態窒素はビタミンAを破壊し，それによる着床障害を引き起こすとされている。したがって，低品質な粗飼料を用いる場合，および硝酸態窒素の高い粗飼料を給与しなければならない場合には，ビタミンA不足が発生する。

　β-カロテンは，ビタミンAの働きと同様に免疫機能を維持し，乳房炎，胎盤停滞などの疾病発生を防ぐ役割があるが，さらにβ-カロテン単独で卵巣機能へ作用することも明らかになってきている。クロースアップ期にβ-カロテンを経口投与（500 mg／日）することで，分娩後最初の主席卵胞（排卵前卵胞として唯一残った卵胞）が排卵した牛の割合が増加した（非投与群20％ vs. 投与群80％）との報告がある。これは，分娩前のβ-カロテン投与が分娩後の卵巣機能回復に効果的である可能性を示唆している。

　ビタミンEは，セレンとともに生体膜の脂質酸化の防止や免疫機能の維持に加え，繁殖機能の維持に重要な役割を果たしている。別名はトコフェロールであり，植物中には8種類存在するが，なかでもα-トコフェロールが最も生理活性が強く抗酸化能が高い。ビタミンEは穀類や牧草に多く含まれているが，長期貯蔵や加工処理で破壊されやすいので，乳牛において不足しやすいビタミンのひとつである。

　これらのことから，クロースアップ期にビタミンA，Eおよびβ-カロテンなどのサプリメントの添加を考慮する，あるいはその添加量を増加させることが，乳牛の健康を改善し繁殖機能を高めるうえで最も重要な事項のひとつと考えられる。

農家指導のPOINT

1．乾乳前期は過肥にならないように
・粗飼料主体の飼料給与としてボディコンディションを維持する。
・泌乳期に酷使された乳腺組織やルーメンを休息・回復させる時期である。

2．乾乳後期は濃厚飼料を増給する
・飼料の栄養濃度を高め，DMIの低下による養分摂取不足を補う。
・胎子の急激な成長に伴う消化管の圧迫や，体内でのホルモンバランスの崩れによる食欲減退な

どにより，著しい DMI の低下が起こる。
- 分娩後の穀類を多く含む飼料給与にスムーズな対応ができるように，ルーメンの絨毛組織を回復させルーメン微生物の馴致を行うことが重要である。

3．分娩時の BCS は 3.5 程度が適切である
- 過肥（BCS4.0 以上）の場合，フレッシュ期で EB の急激な低下がみられ，ケトーシス発症の危険が高まる。

4．乾乳期にダイエットをしない
- BCS の調整は泌乳後期までに行い，乾乳時の BCS を分娩時まで維持する。
- 乾乳期の無理なダイエットは脂肪肝を助長し，分娩後のケトーシス発症のリスクを高める。

5．分娩時の BCS 水準以上に，その後の低下幅が繁殖成績に大きく影響する
- 特に過肥牛で，分娩後大幅に BCS が低下した牛の初回授精受胎率は大幅に低下する。

6．クロースアップ期のミネラルバランスを整える
- 飼料乾物中のカルシウムは 0.5%以下，リンは 0.3%以下に抑える。
- クロースアップ期の飼料中 DCAD の低減化を図る。DCAD をマイナスにして血液を酸性化し，骨からのカルシウム動員や消化管からのカルシウム吸収を活発にする。
- クロースアップ期はカリウム含量の低い（乾物中 2%以下）粗飼料を給与する。
- カリウムの過剰摂取はカルシウムおよびマグネシウムの吸収を阻害し，乳熱およびグラステタニーの発生原因となる。
- 低カリウム含量の粗飼料を用いるだけで DCAD をゼロ近くまで低くできる。
- クロースアップ期のセレン（ビタミン E 併用）製剤投与は胎盤停滞発生を低減する可能性がある。

7．クロースアップ期にビタミン A および E を十分に給与する
- 抗酸化作用を持ち，皮膚，消化管および生殖器などの粘膜を保護し，免疫機能および繁殖機能を維持する。
- クロースアップ期の β-カロテン投与は分娩後の卵巣機能回復に効果的である可能性がある。

1-7
肉牛の新生子牛・育成牛の栄養管理

Advice

　新生獣の管理は難しい。特に，黒毛和種の子牛はホルスタイン種より（病気に）弱いと言われており，そのことは事実だと思われるが，それは生時の体重（あるいは体格）が小さいことにも起因する。子牛を死なせないで（あるいは病気をさせないで）管理するためにまず必要なことは，牛がどの程度の大きさで生まれてくるのかを明確に認識することである。

　「人」は牛の管理者であって奉仕者ではないが，牛の欲求を満たさないと異常行動が引き起こされ，生産性の低下につながる。牛が欲していることを理解せず，人間の都合だけで管理することは避けなければならない。

　育成期は体格をつくり，消化管を丈夫で大きなものに「育てる」時期である。離乳までの発育がしっかりしている子牛は，その後の育成期に粗飼料の食い込みもよくなるケースが多い。

　以上のことから，本節では主に子牛の生時体重を知る，子牛の欲求を理解する，離乳までの発育の大切さを認識する，の3つについて考えてみることにしたい。

 ## 新生子牛の大きさ（黒毛和種）

　生まれたばかりの黒毛和種の子牛はホルスタイン種のそれより体格が小さい。物体は，小さいものほど体積に対する表面積の割合が高くなる。物体からの熱放散は表面積に比例することから，体格の小さな牛ほど体温を奪われやすい。これは，子牛を育てる時に，特に注意を要することで，小格な黒毛和種を育てる難しさでもある。

　改良によって大型化は進められてはいるが，実際に現在の黒毛和種がどの程度の大きさで生まれてくるのか，バラツキの大きさはどの程度なのか，どんな分布をしているのか，ということについて見てみることにしよう。一般の生産農場で生時の体重や体格を測定することはまずないので，いわゆるフィールドデータは存在しない。そこで，北海道立総合研究機構 畜産試験場（道総研畜試）で蓄積されているデータを用いて示すことにする。

　黒毛和種の生時体重分布を性別にヒストグラムとして図1に示した。データには，2008年から2013年にかけて，道総研畜試で生まれた黒毛和種622頭（雄子牛268頭，雌子牛354頭）の記録を用いた。平均値は，36.2 kg（雄）および33.4 kg（雌）で，標準偏差はそれぞれ4.9 kgと5.1 kgであった。45 kgを超えて生まれてくるホルスタイン種と比較すると，やはり黒毛和種の子牛は小さい。この調査結果から，大部分（95％）の雄子牛は生時体重が28～44 kgの間に，雌子牛は25～42 kgの間に含まれることが示される。言い換えると，28 kg未満や44 kgを超える雄子牛が生まれること，また25 kg未満や42 kgを超える雌子牛が生まれる確率は非常に低い。

●図1　黒毛和種における生時体重の分布

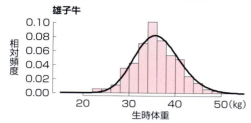
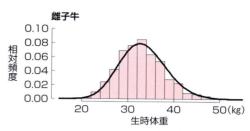

データ提供：道総研畜試

栄養成分から見た初乳の特徴

出生後間もない子牛に対する主たる栄養源は初乳であり，母牛の初乳は新生子牛が必要とする栄養素と免疫付与物質を含んでいる。真に「初乳」と呼べるのは，分娩後初めて分泌される乳汁だけといわれている。初乳摂取の重要性は，この免疫付与物質獲得の側面から強調されることが多い。しかし，初乳は生まれたばかりの子牛が必要とする栄養分を含む特別な乳汁であり，成分組成も常乳とは異なる。乳牛の初乳には，全固形分が常乳の2倍，カルシウムは2～3倍，タンパク質も5倍の濃度で含まれている。

肉用牛（黒毛和種）でも，初乳は乳タンパク質率が高く，特にIgGやラクトフェリンなどの免疫機能を持つタンパク質が多く含まれている。北海道立畜産試験場（道立畜試，現・道総研畜試）の研究では，黒毛和種の初乳はホルスタイン種と比較して，乳量は少ないがIgG1濃度が高く，子牛への免疫付与の効果が高いと報告されている（**表1**）。また，一般に，初乳中の乳タンパク質率はきわめて高いことが知られている。黒毛和種の初乳中タンパク質率は，新宮らが11.4%，木伏らが約20%の値を報告している。**表1**に示した道立畜試の研究でも16.7%という値が示されている。黒毛和種における常乳の乳タンパク質率が約4%であることから，初乳で

●表1　初乳の成分組成における品種間差

項目	黒毛和種	ホルスタイン種
乳量（kg）	1.3±0.7	9.9±4.5
乳脂肪率（%）	5.1±2.4	6.2±2.4
無脂固形分率（%）	19.6±1.8	17.1±2.9
タンパク質率（%）	16.7±2.0	13.7±3.4
乳糖率（%）	2.0±0.5	2.4±0.7
IgG1（mg/mL）	160.1±52.2	73.1±27.9

道立畜試（2005）

はその3～5倍の割合で含まれていることになろう。免疫付与物質だけではなく，初乳は生まれたばかりの子牛にとって，タンパク質・脂溶性ビタミン・鉄分の摂取に最適な栄養源である。

初乳には，ビタミンAも常乳の10倍以上含まれている。出生直後の子牛の血中ビタミンA濃度はきわめて低い（**図2**）。成牛では，血中ビタミンA濃度が30 IU/dLを下回ると欠乏状態にあるといわれているが，出生直後の子牛はこの値をはるかに下回っており10 IU/dLにすぎない。初乳は，このビタミンA不足を補給する役割もある。ビタミンAは，正常な発育・繁殖機能の獲得・粘膜上皮組織の維持・骨格の伸長などに欠くことのできない栄養素である。健常な免疫機構を維持するともいわれている。母牛の血中カロテン濃度と子牛の下痢に対する抵抗性との間には関連性があるといい，出生直後に200万単位のビタミンAを経口投与すること

を勧める研究者もいる。子牛の血中ビタミンA濃度は，成長に伴って徐々に上昇する（**図2**）。これは，哺乳や飼料摂取によってビタミンA（またはその前駆物質）を摂取して体蓄積量が増加するためである。

🐄 乳は「飲む」ものではなく「吸う」もの

　肉用牛，特に和牛では，母子同居で自然哺乳による育成が一般的であった。古くは6～7カ月齢まで哺乳させていたが，最近では2～3カ月齢でのいわゆる早期離乳が広まってきた。しかし，母乳への依存度が高い自然哺乳では，乳量の個体差が子牛の発育を左右することが多く，斉一性の高い素牛を生産することが難しい。そこで近年では，和牛でも人工哺乳を導入する農場が多くなってきた。人工哺育の子牛では，人手による哺乳が1日に2～3回行われる。一般的に，ニップル付きバケツや哺乳瓶を用いて代用乳が与えられるが，普通のバケツを用いることもある。しかし，母乳を飲んでいる子牛は，授乳の際に母牛の乳首を吸う。牛だけではなく，ヒトも含めて哺乳動物の幼獣は乳首を吸って乳が与えられるのである。ここでは，子牛が乳首を吸うことの意義について考えてみたい。

　子牛は，「乳首（ニップル）を吸う」ことによって食道溝反射が起こる。食道溝は，飲んだ代用乳が速やかに第四胃へ流れるように，第一胃と第二胃をバイパスさせる役割を果たしている。食道溝が正常に閉じないと第一胃に漏れる。第一胃は消化酵素を分泌しないため腐敗や異常発酵を引き起こすこともある。この食道溝反射が起こるのは，通常およそ12週齢までだといわれている。ニップルを吸うという行為は，単に乳汁を口に入れるためだけに行われているのではなく，摂取した乳を正常に消化・吸収するプロ

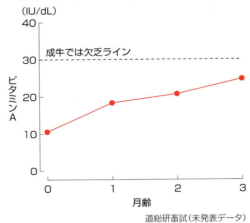

●図2　子牛の血中ビタミンA含量

道総研畜試（未発表データ）

セスの1つだといえよう。

　子牛にとっては，「吸う」という行動そのものも重要である。子牛には「吸う」欲求があり，その欲求が満たされないと異常行動を発現することが知られている。この異常行動はcross-suckingと呼ばれるもので，ほかの子牛の耳や臍あるいは尾に吸い付いて，乳首を吸うような動作をする。JensenとBuddeが，ニップル付きバケツと普通のバケツを用いて子牛に哺乳する実験を行ったところ，ニップル付きバケツを用いた方がcross-suckingは減少したという。また，このcross-suckingは，母乳を飲んでいる子牛より人工哺育の子牛で特に顕著にみられる。したがって，群で子牛を哺育するような場合には，cross-suckingを避けるために，ニップルの付いた哺乳瓶やバケツを用いることを勧めたい。なお，吸っても出にくいニップル（「穴が小さい」など）だと飲むのに時間を要するが，cross-suckingは減るといわれている。これは，同じ量の乳を飲むのにより長く「吸う」必要があることから，その欲求を満たす効果が高いためだと思われる。人工哺乳を行う場合には，人間の都合あるいは作業効率の側面からだけではなく，子牛が「乳首を吸う」という行動の重要

性にも目を向けたい。

子牛の消化機能

　反芻動物の胃は4つに分けられる（第一胃〜第四胃）が，消化液を分泌するのは第四胃だけである。第一胃や第二胃はいわば発酵タンクで，生息する微生物による食物分解が行われている。発酵産物としては，揮発性脂肪酸やアンモニアが生成され，これらは胃壁から吸収されて宿主の養分として利用される。しかし，生まれたばかりの子牛は反芻胃が未発達で，機能としては単胃動物とあまり変わらない。成長するにつれて反芻胃（第一胃や第二胃）の容積が大きくなり，機能も成牛に近づいていく。出生直後の反芻胃内は無菌状態で，反芻胃に生息する微生物は生まれてから経口で取り込まれる。

　反芻胃の発達は，子牛が水と固形飼料，特にスターターを摂取することを契機にはじまる。子牛が小さいうちは乾草を給与すべきではないという議論もあるが，良質な乾草を，できれば食べやすいように細切して与えた方がよいと考える。正常な生理的欲求を制限すべきではないし，粗飼料を求める子牛にその給与を制限すると，不潔な敷料を口にして病原微生物の侵入を許す可能性を高める。

　第一胃内はきわめて嫌気的状態で，ガス相の酸素濃度は0.6%に過ぎない。飼料摂取などに伴って流入する酸素は，摂取した飼料や第一胃粘膜に付着する好気性菌によって直ちに消費される。pHは5.3〜7.5といわれるが，濃厚飼料を多給すると一時的に5を下回ることもある。しかし，第一胃内容液のpHが6以下の状態が長く続くと，胃壁粘膜の損傷や第一胃炎，肝膿瘍および蹄葉炎などの，いわゆる代謝病の原因となる。

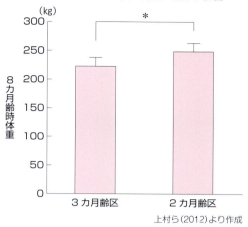

●図3　離乳月齢がその後の発育に及ぼす影響

上村ら（2012）より作成

離乳までの発育

　黒毛和種の場合，母子同居で自然哺乳している子牛では体重で95〜115 kgが離乳の目安だといわれている。月齢では3カ月齢に相当する。しかし最近，上村らはそのストレスを軽減するために，離乳や飼料の切り替えを3週間かけることにより，2カ月齢で離乳してもその後の発育に悪影響はないと報告した。むしろ，3カ月齢で離乳した子牛より発育が高まるとしている（図3）。そして，2カ月齢で離乳する目安としては以下の2点を挙げている。①0.7 kg以上の人工乳を3日間連続で摂取できるようになっていること，②体重が80 kg以上になっていること。この2条件は，人工哺乳での離乳の目安とほぼ同じであり，自然哺乳の子牛にも当てはまることが実験的に示された。

　人工哺乳では，スターターの摂取量で700〜1,000 gを目安とする報告が多い。しかし，代用乳定量給与下で子牛を人工哺乳する実験では，スターターの摂取量は体重に依存することが示唆されている。また，杉本は，離乳可能な固形飼料を摂取できる子牛の体重を50 kg以上と報

●表2　胸囲・体重換算早見表

胸囲(cm)	体重(kg)		胸囲(cm)	体重(kg)		胸囲(cm)	体重(kg)	
	去勢	雌		去勢	雌		去勢	雌
60	18.9	18.5	94	68.8	67.5	128	173.5	170.2
62	20.6	20.2	96	73.3	71.9	130	181.5	178.1
64	22.5	22.1	98	78.0	76.6	132	189.7	186.1
66	24.5	24.0	100	82.9	81.4	134	198.1	194.3
68	26.6	26.1	102	88.1	86.4	136	206.7	202.7
70	28.9	28.3	104	93.4	91.7	138	215.4	211.3
72	31.3	30.7	106	98.9	97.1	140	224.3	220.1
74	33.8	33.2	108	104.7	102.7	142	233.4	229.0
76	36.5	35.9	110	110.6	108.5	144	242.7	238.1
78	39.4	38.7	112	116.8	114.6	146	252.2	247.4
80	42.5	41.7	114	123.2	120.9	148	261.8	256.8
82	45.7	44.8	116	129.8	127.3	150	271.6	266.4
84	49.1	48.1	118	136.5	133.9	152	281.5	276.2
86	52.6	51.6	120	143.6	140.9	154	291.6	286.1
88	56.4	55.3	122	150.8	147.9	156	301.8	296.1
90	60.3	59.2	124	158.2	155.2	158	312.2	306.3
92	64.5	63.2	126	165.8	162.7	160	328.1	316.6

去勢：体重＝exp（−0.5407＋0.07248×胸囲−0.0002706×胸囲^2＋0.0000003979×胸囲^3＋0.01915）
雌：体重＝exp（−0.5407＋0.07248×胸囲−0.0002706×胸囲^2＋0.0000003979×胸囲^3）

杉本ら（2012）より抜粋

●図4　黒毛和種子牛の体重推定メジャー（試作版）

 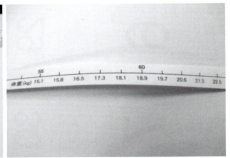

写真提供：道総研畜試

告している。

　子牛の発育には，母牛の授乳能力はもとより，生時体重の影響も強い。また，前述したように，離乳の目安も体重から求められる場合が多い。生時を含めて，子牛の体重を測定することは，適切な飼養管理を行ううえできわめて重要な要素であるが，牛の体重計を備える繁殖農場はまず見られない。牛の体重は体尺値から予測できることが古くから知られている。杉本らは，黒毛和種子牛の胸囲から体重を推定する回帰式を開発し，胸囲から体重に換算する早見表も作成した（表2）。道総研畜試ではそれを基にした体重推定メジャーを試作し（図4），生産現場への応用を目指す研究を行っている。

 強化哺育

　哺育期に代用乳を多量に与える「強化哺育

（intensified nursing）」と呼ばれる哺育技術に2000年頃から研究者が関心を寄せるようになった。強化哺育とは、高タンパク・低脂肪の代用乳を多量に与えて哺育する技術である。もともとはコーネル大学で研究・開発された技術で、国内への導入と適用に力が注がれてきた。Inada らは、F1子牛（黒毛和種×ホルスタイン種）を用いて慣行の人工哺育と強化哺育を行い、発育を比較する実験を行った。その結果、強化哺育された子牛では、肝臓におけるインスリン様成長因子（IGF-1）の合成が高まり、骨格の発達が促進されたと報告している。ほかにも、代用乳の多給による発育向上は、ホルスタイン種や黒毛和種でも報告されている。

強化哺育を行う場合、通常の代用乳を多量給与すると、増体速度は向上するが体組織に占める脂肪の割合が増える（太った牛に育ってしまう）ことが指摘されている。給与する代用乳の成分組成は子牛の発育に影響を与えるが、Bloom らは、代用乳の粗タンパク質（CP）含量を16％から26％へ段階的に高めると増体量が直線的に高まったと報告している。しかし、摂取したタンパク質の利用は、エネルギー摂取量にも影響を受けることから、Bartlett らは CP 含量の異なる4種類の代用乳（14, 18, 22, 26％ CP）を用い、給与量を2段階（体重比1.25％と1.75％）に設定して子牛に与える実験を行った。その結果、いずれの給与レベルでも代用乳の CP 含量を高めることによって増体速度は向上するが、代用乳給与水準を体重比1.25％とした時より、1.75％と設定した時の方が増体レベルは高いことを示した（**図5**）。すなわち、給与量が多いほど高タンパク代用乳の給与効果は高いことが分かる。また、エネルギー含量は等しいが脂肪と炭水化物の比率が異なる代用乳を給与した子牛の体重増加は、試験区間で差はなかっ

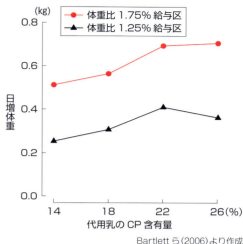

● 図5　代用乳の給与水準および CP 含量と発育との関係

Bartlett ら（2006）より作成

たものの、粗脂肪（Fat）含量の高い代用乳を与えた子牛の方が、体組成中の脂肪割合が高いという実験結果もある。

子牛の時期は、骨格や筋肉の発達を促し、いたずらに太らせないように育成したい。哺乳量を高めて体重は大きくなっても、単に太った牛を育成したのでは後の生産性に負の影響を及ぼす可能性もある。強化哺育を行う場合には、用いる代用乳の成分組成もそれ専用のものを用意する必要がある。先に触れた Inada らの実験では、強化哺育区に CP29％・Fat19％の代用乳を最大2kg／日給与、慣行哺育区では CP26％・Fat24％の代用乳を最大0.5kg／日給与するものであった。強化哺育試験に用いた代用乳は、慣行哺育区のものより CP 含量は3ポイント高く、粗脂肪含量は5ポイント低いものであった。齋藤の報告でも、強化哺育に用いる代用乳は CP が28％で Fat が18％のものがよいとしている。また、多量の代用乳を一度に与えると飲みきれない個体が出たり、食餌性の下痢を誘発したりすることも懸念されることから、哺乳回数を分けた方がよい。そのためには、自動哺乳

機の活用も推奨されている。

　代用乳を多量給与すると固形飼料の摂取は抑制される。離乳までに固形飼料を十分摂取できるように消化管の発達を促すためには，代用乳やスターターの給与プログラムにも工夫する必要がある。強化哺育を活用した肉用牛生産技術について体系的にとりまとめた磯崎らなどの報告では，CP28%・Fat18%の代用乳を用いて7日齢から強化哺育を開始し，給与量を7〜13日齢で0.75kg/日から1.2kg/日へと漸増し，41日齢までその量を維持，42日齢以降63日齢にかけて漸減させて離乳するという給与プログラムで，スターターを離乳までに2kg以上摂取させることができたとしている。

 離乳体重と育成期の発育

　離乳時の体重は，その後の発育に影響する。図6は3カ月齢で離乳した去勢牛の離乳体重と9カ月齢体重の関係を示したものである。離乳体重が95〜115kgの子牛であれば9カ月齢体重を270〜300kgは期待できる。しかし，55kgの子牛を離乳して育成した場合，9カ月齢で200kg前後までにしか発育していない。離乳体重に影響する要因は様々で，遺伝的な影響も大きい。しかし，遺伝的相違が小さい半兄弟でも，離乳までに順調な発育をした子牛は，その後の成長においても良好であるケースは多く見られる。

 育成期の飼料給与

　スターターをある程度摂取できるようになると，離乳して濃厚飼料と粗飼料で育成することになる。去勢牛の場合，離乳月齢が2〜3カ月，その後約6カ月間育成し，約8〜9カ月齢で肥

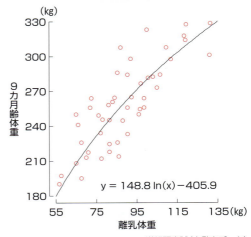

●図6　去勢牛の離乳体重と9カ月齢体重との関係

道総研畜試（未発表データ）

育素牛の完成となる。和牛の場合，育成期に与えられる粗飼料は乾草であることが多い。育成期には消化管の発達を促し，肥育効率の高い素牛を生産するため，十分な乾草を摂取させる必要がある。そして，十分な乾草を食い込ませるためには，タンパク質含量の高い良質なものを給与する必要がある。離乳直後の子牛は，発育が旺盛なのでタンパク質の要求量が高い。粗飼料中のタンパク質含量に十分注意するとともに，濃厚飼料からのタンパク質供給にも考慮することが望ましい。粗飼料として良質の乾草を用いると粗タンパク質(CP)が10〜15%程度含まれる。5〜6カ月齢までは濃厚飼料としてスターターまたはそれと同程度のCP含量のものを用いる。育成用配合飼料を用いる場合，CP含量が低いようなら別に補給することを考慮するのがよいであろう。その場合，大豆粕やルーピンなど，ルーメン内における分解性の高い原料を用いるより，加熱大豆粕のようなバイパス性の高い原料を用いる方がよいと考えられている。これは，分解性の高いタンパク質源の多給は，尿への窒素排泄量を高めて無駄になることと，子牛の軟便につながることが多いためである。

育成期から濃厚飼料を多給すると，いわゆる過肥の素牛に仕上がり，その後の肥育効率がよくない。崎田と宮園は，育成期の濃厚飼料給与水準を体重比 0.6％，1.2％，2.4％の3水準で比較試験を行ったところ，肥育期間の飼料摂取量や増体で 1.2％区が最も優れていたと報告している。また，動物の養分要求量は代謝体重に比例することから，育成牛への濃厚飼料給与量を代謝体重当たり乾物で 50 g（原物に換算すると 60 g）に設定するのがよいと杉本らは述べている。これを 300 kg の牛に当てはめると約 4.3 kg と算出される。ただし，粗飼料の品質が低いと濃厚飼料への依存度が高まるので，5 kg を超えて給与しなければ十分な発育が得られない場合もあるだろう。しかし，濃厚飼料の主原料である穀類など，非繊維性炭水化物（NFC；デンプンなど）を多く含む飼料を多給すると，粗飼料の消化率および反芻胃からの通過速度が低下し，粗飼料摂取の減少につながる。そして，低質粗飼料より良質粗飼料の方が NFC による影響を受けやすく，摂取量低下の程度も大きくなる。飼養者は，早く大きくしようと濃厚飼料を多く与えがちになる。1日に 7 kg も 8 kg も配合飼料を給与する例も珍しくはない。しかし，崎田と宮園も示しているように，育成期にある程度の粗飼料を与えられていない牛は，肥育しても効率よく枝肉を生産できない。食い止まりが早く起こる。大きく育たないでコンパクトに仕上がってしまう。皮下脂肪ばかり厚くなってロース芯が小さくなる。そういうのは，育成期に太らされた牛によく見られる例である。そうならないためには，何より育成期の濃厚飼料給与に対する飼養管理者の抑制心が必要だと思う。

牧草サイレージで育成する

育成牛に給与する粗飼料には通常乾草が用いられる。しかし，乾草を調製する時期に必要な日数の晴天が続く保証はなく，むしろ雨の多い時季と重なるのではないだろうか。「育成牛には良質粗飼料を」と望んでも乾草作りが天候に左右される現状は努力で何とかなる問題ではない。雨天が続くあまり刈り遅れによる品質低下を余儀なくされたり，ベール直前まで乾燥した牧草がにわか雨にあたって養分溶脱を受けるなどということは，乾草調製に携わった人間なら幾度も経験しているだろう。

牧草サイレージは，乾草より天候の影響を受けにくい。乾草を調製するためには，気温にもよるが連続して4～5日の晴天が必要であるのに対して，牧草サイレージなら半日～1日で予乾できる。乳用種育成牛では，牧草サイレージを給与して発育や摂取量が高まることが示されており，その技術も広く普及している。しかし，軟便やビタミンA蓄積量への影響が明らかでなかったことから，肥育素牛育成への牧草サイレージ利用は進んでこなかった。

道総研畜試で実施された最新の研究によれば，牧草サイレージの給与による育成牛の乾物摂取量（DMI）の低下はみられず，給与開始月齢の違いによる増体や血中ビタミンA濃度の差はみられなかったという結果が得られている。また，牧草サイレージ給与によって育成前期に糞便が軟らかくなったが，DMI および増体の低下はみられないことも示された。気になる肥育成績については，育成期に牧草サイレージを給与しても，肥育前期に乾草，中後期に麦稈を給与することでビタミンA濃度を適正範囲にコントロールすることが可能であった。肥育成

績にも処理間で差はなく，枝肉脂肪の黄色化は生じない。この研究によれば，牧草サイレージの給与は4カ月齢から可能だと結論している。使い方は，乾物比で1：1に混合して自由採食させる。ただし，乾草からサイレージへの切り替えは10日ほどかけて徐々に行う方がよいであろう。ルーメン内容物の攪乱を避けるためエサの切り替えは慎重にしたい。

　肉牛に対する牧草サイレージの利用が広がることによって粗飼料の品質は向上し，濃厚飼料からの養分供給量も減らせるだろう。個々の経営にとっては購入飼料費の低減に寄与するであろうし，飼料自給率の向上にもつながっていくことを期待したい。

農家指導のPOINT

1．子牛の体重を把握する
・体重計を備える繁殖農場は少ない。それに，体重を正確に知る必要はないだろう。飼料給与や出荷の目安にするだけなら，ある程度の目安が分かれば十分である。胸囲から体重を推定し，管理の目安にしたい。

2．人工哺乳にはニップルのある器具を使う
・子牛の「吸う」欲求を満たすことによって「耳吸い」や「臍吸い」を減らし，事故の予防につなげる。
・洗うのが面倒でも，人工哺乳する際の器具は普通バケツではなく，ニップル付きの哺乳瓶またはニップル付きのバケツを使うようにしたい。

3．スターターの摂取状況をよく観察する
・離乳前にスターターを食い込んでいない子牛は，ルーメンの発達が弱い。食べていない子牛には，口のなかに入れてやる，濡れた鼻に砕いたスターターの粉をつけて味を覚えさせるなど，スターターに対する認知を高める工夫も重要である。

4．育成牛に配合飼料を与えすぎない
・非常におおざっぱな言い方をすると，配合飼料の給与量は「月齢の半分」を目安にして欲しい（6カ月齢なら3kg，8カ月齢なら4kg）。
・近年は和牛も改良が進んで大型化しており，血統によってはこの給与量では不足気味になる場合もあるかもしれない。その場合は1〜1.5kg程度プラスして与える必要も出てくるだろう。しかし，6カ月齢や7カ月齢の子牛に7kgも8kgもの配合飼料を給与するのは明らかに多すぎるということは心に留めておきたい。

5．十分な乾草を摂取させる
・乾草は細切して給与することを勧めたい。これは，ロスになる（敷料と化してしまう）量を減らす意味でとても重要なことである。
・質のよい乾草を大量に確保することは，調製の難易（天候に左右される）や経済的な面から負担が大きい。
・ロスが減ると子牛用に準備する乾草の量が減り，それだけ良質乾草確保のハードルが下がる。
・気象的に良質乾草の確保が困難な地域では，牧草サイレージの利用も検討すべきである。

1-8
肥育牛（肥育前期〜後期）の栄養管理

Advice

　泌乳牛は牛乳を毎日生産するが，肉牛は肥育終了まで生産物が得られない。黒毛和種では肥育終了が約30ヵ月齢なので，生まれてから2年6ヵ月を要することになる。8〜10ヵ月齢で育成を終了し，その後30ヵ月齢まで約20数ヵ月間の肥育を行う。その間に肥育管理を失敗して発育不全につながったり，代謝病を引き起こして斃死に至ることもある。そうすると生産物は得られないことになり，経営的には大きな損失となる。出荷まで肥育を無事終えることができても，生産物の評価次第では販売額が生産費を下回る場合もでてくる。牛肉の価値がどのように評価されるのかということも知っておくべきであり，それを左右する要素にも目を向けるようにしたい。
　本節では，「肥育」とは何か，牛を肥育する時に注意しないといけないことは何か，「牛」が「牛肉」になったらどのように評価されるかの3点を中心に話を進める。

「肥育」とその間の飼料給与

　「肥育」とは，家畜の肉量を増やし，肉質を向上させる飼育法のことを指す。このことは，牛でも豚でも羊でも同じである。牛は，豚や羊と比べて肥育期間が長く，黒毛和種の去勢牛では（血統や体格によって若干の違いはあるものの）28〜32ヵ月齢になるまで肥育が行われる。肥育開始は，だいたい9〜10ヵ月齢なので，肥育期間は約20ヵ月を要していることになる。

　肥育の前半（前期）では，体格を大きくし，かつ筋肉量を増やすことによって「肉量」を増大させ，後半（中後期）では肉質を高めるために脂肪の蓄積量を増加させる。したがって，肥育前期では粗飼料割合が高く，比較的高タンパクの飼料を給与し，後期はエネルギー含量の高い濃厚飼料の割合が増加する。**図1**は北海道立総合研究機構 畜産試験場（道総研畜試）が作成した去勢肥育牛の飼料給与基準である。

　肥育前期は，徐々に配合飼料の給与量を増やしていく時期に当たる。この飼料の増給を失敗すると，肥育中期以降の食い込みが伸びず，十分な肉量・肉質を得ることはできない。**図1**の給与基準では，1ヵ月間隔（4週間隔でも可）で1kgずつ増やすように設定されている。この時期は，「すぐに食べ終わってしまうから」とか「（牛が）もっと食べたそうだから」というような理由で食べたいだけ食べさせるようなことは避けるべきであろう。そういう時は，むしろ粗飼料を十分に食い込ませるべきである。1ヵ月に1kgずつ増やすというのも，5kg給与していたのをある日を境に急に6kgに増やすというような増給方法は望ましくない。最低でも3日，できれば1週間ぐらいかけて様子を見ながら増やしていくことが望ましい。この数日間の増給期間に0.3〜0.5kgずつ増やしながら，最終的に1kg増にするという方法がよいだろう。特に自由採食量（およそ10〜11kgでそうなる）に達する直前は注意が必要で，完食している牛に1kg

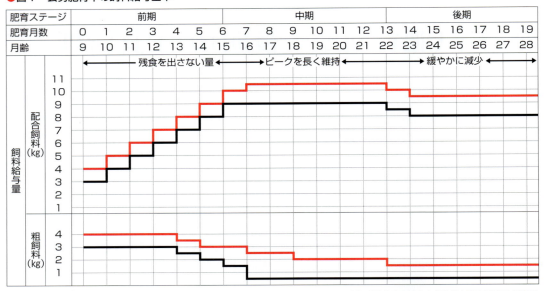

●図1　去勢肥育牛の飼料給与基準

北海道酪農畜産協会と北海道立畜産試験場（2007）

　増やして給与したら2kgの残食が出たというようなことが起こる場合も珍しくない。そうなると、摂取量が元に戻るまで1週間以上かかることもあり、注意が必要である。

　図1の給与基準では、粗飼料の給与量を徐々に減らすような設定になっているが、これは「食べさせない」ということではなく、配合飼料の給与量が増えるに従って粗飼料の摂取量が減ってくるのでそれに合わせて給与量を下げることを意味している。あくまで粗飼料は自由採食させることが基本である。

　肥育中期は配合飼料が自由採食量に達する時期で、粗飼料の摂取は多くて1kg前後まで低下する。しかし、配合飼料の摂取量を安定的に高く維持するためには、粗飼料の給与にも気を遣うようにして欲しい。ルーメン内の発酵や運動機能を正常に維持するためには、一定の繊維質を与えることはきわめて重要である。「残食を毎日取り除き常に新しい粗飼料を与える」あるいは「細切して食べやすくする」などの工夫を

し、できるだけ食い込みを維持する管理が望ましい。また、肥育中期は、給与粗飼料を乾草から稲わらや麦稈に切り替える時期でもあるが、一度に切り替えると摂取量が急減するため、1週間ぐらいかけて徐々に置き換えていくようにしたい。反芻動物は、摂取する飼料が急変するとルーメン内での発酵バランスが崩れてしまうため、それが安定を取り戻すまで十分な量を食べられなくなるのである。

　配合飼料は「自由採食量」と書いたが、どの程度の目安で給与すればよいのだろうか。数字で書くと「給与した5％程度の残食が出る量（単飼の場合）」なのだが、生産現場で給与量や残食量を正確に計測することはできないので「前日給与した配合飼料が、翌朝飼槽にわずかに残っている状態」を目安にする。飼槽のなかを舐め回して完食している状態では、給与量が不足で自由採食になっていない。一方、飼槽内にドッサリ残っているようでも自由採食量になっていない可能性が高い。試しに、朝の給与前に

飼槽内を掃除してみてほしい。残食を手ぼうきで軽く掃き集め，ちり取りで捨てられるようなら合格，スコップですくい取らなければ捨てられないようなら多過ぎで，掃除が不要なぐらい飼槽をきれいに舐め回して完食していれば給与量不足である。いずれも飼料給与管理に改善の余地ありといえよう。

肥育後期になってくると配合飼料の摂取量が低下してくる。残食が多くなったり少なくなったりと，日によって摂取量に波が出ることもある。そして粗飼料の摂取量が再び増加し，1kgあるいはそれ以下しか食べなかったワラなどを1.5～2kgぐらい食べる牛も出てくる。これを見て，配合飼料の食い込みを再び高めようと，粗飼料の給与を制限する管理者もあるといわれるが，これは逆効果になるので注意が必要である。「ワラで腹一杯になるからエサを食べなくなる」という思い込みが原因だと思われるが，繊維質の摂取を人為的に制限すると配合飼料の摂取も不自然に低下する。

配合飼料の摂取量がピーク時の半分近く（6kg程度）まで漸減するような時期になり，背中が平らで左右両足の幅も広くなって見えるようになったら出荷が近付いてきた目安になる。いつ出荷するかは，牛の仕上がり状態のほか，枝肉の市場相場や牛舎の回転など，経営的な要素も加味して決められることになると思うが，いたずらに延長することはコストがかさむだけではなく，事故の原因にもなるので注意が必要である。

飼料の栄養素とその利用

飼料の栄養素は，タンパク質・脂質・炭水化物・ミネラル・ビタミンの5種類に分けられ，これを5大栄養素と呼んでいる。牛が生きていくために必要なこれら栄養素を供給するのが「飼料」で，給与する飼料の栄養価値やその特徴の評価は，化学成分組成を分析して行う。飼料の一般成分は，乾物（DM）・粗タンパク質（CP）・粗脂肪（EE）・可溶性無窒素物（NFE）・粗繊維（CF）・有機物（OM）の6種類に分けられる。

DMは，飼料から水分を除いたものを指し，実際に牛が摂取した固形分をあらわす。例えば，乾草5kgと牧草サイレージ5kgでは，同じ5kgでも水分含量が異なるため，DM摂取量は同じにはならない。飼料の量的な見方はDMで考えるべきである。

「タンパク質」ではなく「粗タンパク質」と呼ぶのは，タンパク質のほかに「非タンパク態窒素化合物」も含んでいるためである。飼料中のCP含量は，全窒素含量を分析し，それに6.25を乗じて求める。これは，タンパク質中に含まれる窒素含量が平均して16％であることから100/16＝6.25を乗じることになっている。

炭水化物は，繊維性炭水化物と非繊維性炭水化物に大別される。前者は植物体細胞壁構成成分で，飼料分析では粗繊維として定量される。粗繊維にはセルロースと難溶性リグニンが含まれている。現在では，粗繊維の代わりに中性デタージェント繊維（NDF）や酸性デタージェント繊維（ADF）を分析することが多い。また，近年では，酵素法による繊維分画（Oa, Obなど）の考え方も普及してきている。Oaは，繊維のなかでセルラーゼ可溶すなわち消化しやすい分画を，Obはセルラーゼに不溶な難消化分画を指す。非繊維性炭水化物はデンプンや可溶性糖類を指す。飼料成分としては，可溶性無窒素物（Nitrogen free extract：NFE）と呼ばれる。NFEは，その含量（単位は％）は分析しないで「OM－CP－EE－CF」と計算して求める。EEは，ジエチルエーテルで抽出した成分を指しており，脂肪のほかに色素など，ジエチルエーテ

ルに溶出する成分すべてが含まれている。

肥育牛におけるルーメン内の飼料消化

　動物は，消化酵素としてセルラーゼを持っていないため非繊維性炭水化物しか利用できないが，ルーメン微生物は非繊維性炭水化物だけではなく繊維性炭水化物も分解することができる。分解産物として揮発性脂肪酸(VFA：酢酸やプロピオン酸など炭素数6以下の短鎖脂肪酸)を産生し，これが宿主である反芻動物のエネルギー源として利用される。ヒトが利用できないセルロースを生命維持のためのエネルギーとして利用できるということが，反芻動物の大きな特徴である。

　VFAで最も多いのは酢酸で，プロピオン酸・酪酸と続く。酢酸とプロピオン酸の比(A/P比)は飼料構成，特に粗濃比による影響を強く受けるため，給与飼料の構成を考えるうえで1つの判断目安となる。飼料給与直後は微生物による分解が盛んで，VFAが大量に産生されるためルーメン内pHが低下する。濃厚飼料を多給する肥育牛では，飼料中のデンプン含量が高いため，繊維質(セルロースやヘミセルロース)を多く含む飼料より分解速度が速く，pHの低下も激しい。主要なルーメン細菌の至適pHは6.1～6.7といわれる。セルロース分解菌は低pHに弱く，pH6.0以下では発育速度が急激に低下し，溶菌するものもあるという。すなわち，著しいpHの低下はセルロースの分解を抑制し，繊維質飼料の消化率を低下させる。

　実際の肥育牛ではどうなっているのであろうか。濃厚飼料割合80％の肥育飼料を黒毛和種肥育牛に自由採食させ，朝の飼料給与(9：00)から2時間おきに10時間目(19：00)までルーメン内容液のpHを測定した結果を図2に示し

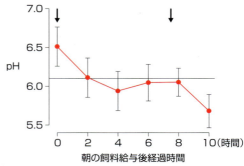

● 図2　肥育牛のルーメン内pHの変動

データ提供：道総研畜試

ている。図2中の下向き矢印(↓)が飼料給与の時刻を指し，黒のラインはpH6.1である。朝の飼料給与時では，ルーメン内容液のpHは平均で6.5であり至適レベルにあった。しかし，飼料給与後pHは徐々に低下し，4時間後に最低を示した。この時の数値は，ルーメン内の細菌増殖には低すぎるといわれる6.0を割っている。夕方の飼料給与後も低下し，朝の飼料給与から10時間後では5.7まで下がっている。夕方の給与から翌日朝の給与まで16時間半は，ルーメン内に飼料が入ってこないのでその間にpHは上昇し6.5まで戻るのであろうが，日中は常に6.1を下回っていることが分かる。つまり，肥育牛のルーメン内環境は非常に厳しく，いわば綱渡りの状態にあり，ちょっとした飼料構成の変化や給与量の増加でバランスを崩すと消化機能が低下し，エサを食い込めない状態に陥ることがこの結果からも伺われよう。

　反芻動物は摂取したタンパク質を直接消化吸収するわけではない。一部を残してルーメン微生物が取り込んで増殖し，それが下部消化管で消化吸収されて宿主が必要とするタンパク質が賄われている。宿主が摂取するのは草や大豆からの植物性タンパク質だが，それをルーメン内で良質の動物性タンパク質に換えて利用するというすばらしい仕組みで生きている。ルーメン

● 表1　平成24年に全国でと畜された黒毛和種去勢牛の格付結果

肉質等級	肉質等級	頭数	割合（％）
A	1	17	0.0†
	2	18,022	6.9
	3	66,437	25.3
	4	102,980	39.3
	5	53,770	20.5
B	1	59	0.0†
	2	5,115	1.9
	3	9,290	3.5
	4	5,853	2.2
	5	731	0.3
C	1	0	0
	2	21	0.0†
	3	25	0.0†
	4	22	0.0†
	5	0	0
計		262,342	100

†：正確には0.0％ではないが，きわめて小さい値という意味　　　日本食肉格付協会〈http://www.jmga.or.jp/〉

微生物は，宿主が摂取したタンパク質をアミノ酸あるいはアンモニアにまで分解し，それを取り込んで増殖する。この仕組みのおかげで反芻動物は，純粋なタンパク質だけではなく尿素のような非タンパク態窒素化合物もタンパク質の原料として利用することができる。尿素は，ルーメン微生物が持つウレアーゼによって速やかにアンモニアに分解されるが，ルーメン微生物はこのアンモニアを利用して増殖することができる。反芻動物以外では，アンモニアは有害なため体から速やかに除去（排泄）される必要がある。しかし，反芻動物のルーメン内では，微生物が安定的に増殖することができるように，一定のアンモニア濃度が維持されなければならない。ルーメン内のアンモニアの至適濃度域は5～10 mg/dLで，それ以上の濃度では，ルーメン壁からの吸収量が高まり尿中への窒素損失量が増える。一方，5 mg/dL以下になると微生物の増殖が抑制されるといわれている。

枝肉の評価（格付）

と畜後，牛は枝肉となり，量と品質の両面から評価を受け「格付」される。この格付は，通常，（公社）日本食肉格付協会の格付員によって行われる。格付は肉の歩留まりと肉質を等級づける。歩留まりは，次の回帰式で「歩留基準値」を算出し，その基準値が72以上を「A」等級，69～72を「B」等級，69未満を「C」等級と区分する。

歩留基準値＝67.37 ＋ ｛0.130×胸最長筋面積(cm²)｝
　　　　　＋　｛0.667×ばら部厚(cm)｝
　　　　　－　｛0.025×左半丸枝肉重量(kg)｝
　　　　　－　｛0.896×皮下脂肪厚(cm)｝
　　　　　＋　2.049（肉用種の場合）

肉質等級は「脂肪交雑」「肉の色沢」「肉の締まりおよびきめ」「脂肪の色沢と質」の4項目について評価・判定し，5段階で格付を行う。1が「劣るもの」で，5が「かなりよいもの」となる。歩留まりと肉質で最も低い格付が「C1」で最も高い格付は「A5」となる。平成24年に全国でと畜された黒毛和種去勢牛は約26万頭であった。その格付結果を**表1**に示した。最も多いのがA4で次にA3である。この2つ

で約65％を占めている。これにA5を加えれば85％以上になる。すなわち，黒毛和種去勢牛では，ほとんどの牛がA3～A5に格付けされているということが分かる。

では，格付によって販売する時の金額はどの程度違うのだろうか。2017年5月26日付東京食肉市場の牛枝肉相場（http://www.tmmc.co.jp/trader/market/cattle/）を見ると，和牛去勢A5の平均で2,826円/kg，A4で2,370円/kg，A3で2,136円/kgであった。A5とA3では約690円の差がある。枝肉重量が550kgとすると，A5とA3では約38万円違うという計算になる。

🐄 肉質とビタミン

ビタミンは牛の発育や肉質を左右する重要な栄養素で，特にビタミンAと脂肪交雑との関係には関心が持たれている。肥育牛の血中ビタミンAと脂肪交雑の程度には負の相関があり，ビタミンAの給与を制限すると肉質がよくなるといわれている。しかし，行き過ぎたビタミンA給与制限は欠乏症を引き起こす。主なビタミンA欠乏症は，関節やバラ部の浮腫あるいは夜盲症が挙げられる。初期の兆候としては飼料摂取量の低下が見られ，血中ビタミンA濃度が30 IU/dL以下になると増体が停滞し，20 IU/dLでは欠乏状態にあるといわれる。ビタミンAには過剰症もあるが，通常の飼育条件下では問題になることはない。

ビタミンAは，レチノール・レチノイン酸・レチナールと呼ばれる化学物質の総称であるが，動物の体内では主としてレチノールとして存在する。ビタミンAは動物にだけ存在し，植物体に含まれているのはビタミンAの前駆物質であるプロビタミンAである。このプロビタミンAもα-，β-，γ-カロテンやクリプトキサンチンといった化学物質の総称である。牧草などの緑色植物はβ-カロテンを豊富に含むため，飼料成分として家畜の体内に取り入れられるのはβ-カロテンが多い。

脂肪交雑は，枝肉の経済価値を決定づける主たる形質であるため，ビタミンAと脂肪組織形成との関係についても盛んに研究が行われている。脂肪組織は脂肪細胞の集まったもので，脂肪細胞のなかに脂肪滴（トリアシルグリセロール）が蓄えられている。脂肪細胞の形成過程は，脂肪前駆細胞の増殖，脂肪前駆細胞から脂肪細胞への分化，そして脂肪細胞の成熟からなっている。ビタミンAは，この脂肪前駆細胞の分化を抑制することが知られている。すなわち，ビタミンAの制限は脂肪前駆細胞の分化を高めて脂肪細胞の数を増やし，脂肪組織形成を促進することを意味する。脂肪交雑の程度は，脂肪細胞の大きさより脂肪細胞の数との関係が深いといわれている。すなわち，脂肪細胞の数が増えることは，脂肪交雑が高まることにつながる。また，ビタミンAの給与を制限した牛では，脂肪交雑だけではなく，皮下脂肪も厚くなることが報告されている。しかし一方，欠乏症とまでいかなくてもビタミンAの不足は肝機能の低下や増体の抑制につながるため，上手にコントロールしないと生産性を下げる結果となるので細心の注意が必要である。

🐄 肥育におけるトウモロコシサイレージの利用

肥育期にトウモロコシサイレージを用いると，粗飼料からのエネルギー供給量が増加するため，配合飼料の消費量が少なくてすむ。道総研畜試の研究では，トウモロコシサイレージを給与して肥育した牛は，肥育期間の乾物摂取量（DMI）も高く，増体も良好であったことが示さ

れている。慣行の肥育をした対照区より胸囲や腹囲は大きいことから肋張りに優れた牛に仕上がっていることが伺える。血中ビタミンA濃度は，総じて対照区より高く推移するものの，肥育中期の17カ月齢以降で60 IU/dLまで低下することが示された。肥育後期でも40～60 IU/dLに維持されており，20 IU/dLを下回るような欠乏状態に至らない分，稲わらや麦稈よりむしろコントロールに過度な心配をする必要がないようである。注意としては，黄熟期以降の熟期に刈り取ったサイレージを使うこととされている。そうしないと，ビタミンAのコントロールがうまくいかない。

枝肉成績もほとんど変わらなかった(**表2**)。

● 表2　枝肉成績

	対照区	試験区
枝肉重量(kg)	489	481
BMS	7.1	6.6
BCS	3.3	3.6
BFS	3.0	3.6

試験区はトウモロコシサイレージを給与

飼料給与は，トウモロコシサイレージを自由採食させるほか，肥育用配合飼料を日量2.4 kgからはじめて，最大給与量を6 kgとし，半年かけて徐々に給与量を増やしていく。1カ月に0.6 kgずつ増給すると設定通りの給与量になるであろう。

農家指導のPOINT

1. 肥育は前期が重要。配合飼料の増給を失敗しないように
- 配合飼料の増給はとにかく気を遣う。前日まで食べきっていた量に1 kgプラスすると食べきれなくなって残してしまうことがある。それも，1 kg増給すると1.5 kgの残食が出て，結果として摂取量を減らしてしまうこともある。一度にたくさん増やさないことである。

2. 飼料を切り替える時や増やす時は数日かけてゆっくりと
- 牛の飼料摂取や体内での消化・利用には，ルーメン内発酵の安定がきわめて重要である。
- 飼料の種類を切り替えたり，配合飼料を増給するとその安定が一時的に崩れることになる。その不安定な状態を少しでも小さく抑えるためには，少しずつ時間をかけてということが重要だと考えたい。

3. 中期以降は，残食の量に注意する。多すぎても少なすぎてもだめ
- 常に飼槽にエサがいっぱい入っている状態は避けたい。これは，飼料費の無駄にもつながるし，牛の摂取量を抑制している可能性もある。翌朝には手ぼうきで掃き集められるぐらいを目安に給与量を加減したい。

4. 粗飼料の給与制限は御法度
- 「配合飼料を食い込まないのは粗飼料を食べ過ぎるからだ」は間違いである。
- 粗飼料は，ルーメンの正常な働きを維持するうえで非常に重要な役割を果たしているので，それを制限すると配合飼料の摂取も抑制される。

1-9
繁殖牛の飼養管理

Advice

　繁殖素牛を育成するのは難しい。栄養過多は過肥になり栄養不良は発育遅延を引き起こす。どちらも繁殖成績にはマイナスとなる。具体的にはいつまでにどのぐらいの体重あるいは体格になればよいのか。そしてそれはどうしてなのか。どのように育てた繁殖牛の生涯生産性が高いのか，ということについて考えてみたい。

　分娩には常にリスクが伴い，場合によっては母子ともに生命の危険に曝されることもある。冬季ならなおさらであるが，分娩時の事故を回避できないと素牛の生産ができない。分娩時の管理として，清潔な出産場所を準備したり，必要であれば介助をするにしても，いつ生まれるかを予測することはとても重要だと思われる。

　肉牛は太るように育種されているため，自由にエサを食べられる状態にあると，エサの品質にもよるが，太りすぎてしまうケースが多い。量的には意外と少ないと感じるだろうが，繁殖牛が体を維持するにはどの程度の飼料給与が適切なのか知っておく必要がある。

　以上のような観点から，本節では，繁殖素牛を育てるポイントを振り返る，黒毛和種の妊娠期間を知り分娩月日を予測する，繁殖牛の栄養管理を確認する，の3点についてまとめる。

繁殖素牛の育成と性成熟

　繁殖牛の生涯生産性を最大にするためには，2歳（24カ月齢）で初産分娩することが重要だといわれている。しかし現実には，平均的な初産分娩月齢は27カ月齢に近い。そこで，平成23年3月に策定された北海道家畜改良増殖計画では，繁殖牛の初産分娩月齢を26.8カ月齢から24.0カ月齢に早める目標数値が設定された。24カ月齢で初回分娩させるためには，逆算して考えると12カ月齢程度で性成熟を迎える必要がある。実現のためには雌子牛の育成期における飼養管理が重要で，この間の栄養不足は性成熟を遅らせる結果に結びつく。

　性成熟は，長い過程を経て発達する繁殖機能の到達点で，その出発点は生時までさかのぼる。牛の場合，典型的なケースでは12～14カ月齢で性成熟を迎えるが，到達月齢のバラツキは比較的大きい。バラツキが大きい原因は，遺伝的要因だけではなく環境的な影響も受けていることが知られている。性成熟は，日齢よりもある一定の体重に依存するといわれている。おそらく体脂肪の量または体脂肪率が大きく影響しているのではないだろうか。出産や授乳に必要なエネルギーが体に蓄えられるのを待って，妊娠準備完了ということであろう。性成熟に到達する体重は品種にもよるが，交雑種（黒毛和種×ホルスタイン種）雌牛では300kg前後の値が報告されている。

　育成期の栄養不足は性成熟を遅らせるといわれているが，一方では，育成期における過度の脂肪蓄積は，その後の繁殖成績にとってマイナスであることも指摘されている。「出荷が近く

● 図1　牛品種による妊娠期間の違い

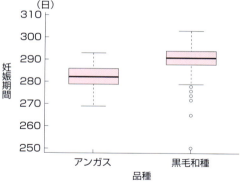

データ：道総研 畜産試験場

● 図2　黒毛和種の妊娠期間

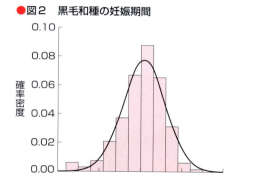

データ：道総研 畜産試験場

なった」時期や「そろそろ性成熟（交配）」の時期になると，体を大きくしておこうとして，どうしても飼料を多く与えがちになる。これが過剰な脂肪蓄積の原因になる場合もあるので注意したい。また，重要な点として，発育が性成熟日齢に影響を及ぼしている時期は，私たちが考えているよりもっと早いステージだということである。Wiltbankは，離乳（約200日齢）前の平均日増体量と離乳後の平均日増体量が性成熟日齢に及ぼす影響を検討したところ，離乳前の発育の方が性成熟日齢に及ぼす影響は強かったと報告している。

初回分娩月齢24カ月を目標とすると，15カ月齢までには受胎させたい。1回で必ず受胎するとは限らないので初回交配は13～14カ月齢で行うことになる。それまでに必要な体をつくっておく必要がある。Gasserは，初回交配までに成熟体重の65％に到達していることが望ましいと述べている。成熟体重が550kgとすると約360kgが目安となろう。

肉牛の妊娠期間

牛の妊娠期間を知ることは，繁殖牛管理の1つとして分娩日を予測するために重要である。

「牛の妊娠期間は285日」といわれるが，ヒトも含めて動物の妊娠期間というのは一定の値ではない。すなわち「定数」ではなくおよそ285～290日前後を中心にバラつく「確率変数」である。285日より多少前後にずれたからといってそれらがすべて異常出産というわけではない。したがって，分娩に対する備えは予定日の前から準備しておく必要がある。

品種によっても妊娠期間分布の位置パラメーターは異なることが知られており，上述した「285日」というのはホルスタインの平均的な妊娠期間である。肉用牛であるアンガスと黒毛和種を比較してみると，アンガスの方が黒毛和種より1週間程度短い（図1）。黒毛和種では実際にはどのような分布をしているのだろうか。

平成23年1月から平成26年2月までの間に北海道立総合研究機構 畜産試験場（道総研畜試）で分娩した黒毛和種雌牛224頭について，妊娠期間を調べた結果を図2に示した。ここには「死産」や「生後直死」といった分娩事故のデータも含んでいる。そういうケースも含めて，人工授精（AI）から何日目に分娩がはじまるのかを示したかったからである。

図2に示したデータによると，妊娠期間の最小値は274日で，最大値は303日であった。平

均値は290.8日，また中央値は291.0日であったことから，分娩予定日はAIの日からおよそ291日前後と予定するのがよいだろう。また，95％の牛が278.5～299.0日で出産している。したがって，AIから278日以降，すなわち分娩予定日の約2週間前になったら分娩場所の確保・準備をするとか観察頻度を高めるなど，管理を強化することが出産時の事故を防ぐことに効果的であろう。

分娩間隔については，「1年1産」とよく言われる。しかし，すべての牛が365日間隔で出産するわけではなく，分娩間隔が365日以上の牛もたくさんいる。もちろんそれ以下のサイクルで繁殖する牛も少なくない。ここで少し「1年1産」の意味について考えてみよう。目指すべき「分娩間隔365日」は平均的な値で，それを中心にバラついているということを認識する必要がある。それから，「平均分娩間隔」という言葉にも落とし穴があって，分娩間隔は正規分布しないので，平均値は後ろに引っ張られ長めに算出される。平均的な分娩間隔は，算術平均ではなく中央値で評価するべきである。分娩間隔の算術平均を365日以内にするということは，おそらく困難な目標ではないかと思う。そのうえで，毎回2度も3度もAIしないと受胎できない繁殖牛は淘汰・更新の対象にしながら牛群全体の繁殖性の向上を管理していく必要があるだろう。

栄養条件と繁殖機能

分娩間隔は，分娩後の繁殖機能の回復能力や受胎性など遺伝的に影響を受けている面もあるが飼養管理の影響が大きい。繁殖能力の遺伝的影響（遺伝率）は非常に低いともいわれている。分娩間隔の遺伝率は0.02～0.13で，脂肪交雑の遺伝率が0.37～0.79であることからみても，遺伝的関与が相当に低い。それだけ飼養管理の重要度が高い形質だといえよう。

肥育牛はもちろん，販売用に育成している素牛などは給与する飼料の質や量に比較的高い関心が持てる。効果のほどは別として，安くはない飼料添加剤を独自に工夫して使っている場合もあるかもしれない。しかしその一方で，繁殖牛に対しては「ドカン」とロールベール乾草やサイレージを与えておくだけという例を目にすることはないだろうか。これは誤りで，栄養管理は繁殖成績に影響を及ぼす最も重要な要因であることが指摘されている。

繁殖牛の栄養管理について，特に初産牛では母牛自身がまだ発育途中であることから，自分の成長と授乳の両方について必要な栄養を摂取しなければならない。Ciccioliらは肉用種の初産牛を用い，分娩時のボディコンディションスコア（BCS）が異なる牛群2グループ（BCS4の牛群とBCS5の牛群）を，さらにそれぞれ2つに分け，低栄養区（0.45 kg日増体させる飼料給与）と高栄養区（0.90 kg日増体させる飼料給与）を設けてその後の繁殖性を調べる実験を行った。この実験の目的は，分娩後の繁殖性に対して，分娩までに蓄えた養分量の影響と，分娩後の養分摂取量の影響を明らかにすることである。この結果，分娩後の飼料給与として0.9 kg日増体させる高栄養区の方が，その後の繁殖性（発情回帰，排卵，受胎率など）が高くなることが明らかとなった。また，傍島は，黒毛和種雌子牛の育成期における栄養水準と繁殖性について調査している。雌子牛を子牛市場から導入後，粗飼料のみで育成し，飼料タンパク質水準として飼養標準に対して粗タンパク質（CP）充足率80％の区（A区）と充足率100％区（B区）の2処理を設け，実験を行った。その結果，分娩後初回発情

日数と産子90日の一日増体量(DG)において，B区の方が有意($p<0.05$)に優ったと報告している。また，A区B区ともほぼ「1年1産」(A区369±25，B区354±24)したことから，黒毛和種繁殖雌牛の育成が粗飼料のみの給与でも可能であるとも結論している。

栄養管理が不十分で分娩後の泌乳期間に体重減少が大きい牛は，受胎までの日数が長くなることが報告されている。また，分娩前の栄養管理の重要性を指摘した研究もあって，Oliveiraらは交雑種の繁殖牛を用い，粗飼料のほかはミネラルサプリメントだけを給与する群(CG)，分娩前に日量4kgの濃厚飼料(可消化養分総量：TDN85.4％，CP16.0％)を与える群(PREG)，同じ濃厚飼料を分娩後に与える群(POSG)を設けて分娩後の血液代謝像や繁殖機能の回復を観察している。その結果，PREG群では分娩後の血中コレステロール含量が高く，分娩から排卵までの期間も最も短かった。これは，エネルギー摂取量と繁殖機能の回復が密接に関係していることを表している。

Oliveriaらが報告しているように，分娩時に適切なBCSに保持していることがその後の卵胞の発育や排卵によい影響を与える。岩堀らの実験でも，栄養度(体重／体高)が4.5(高栄養区)，4.0(中栄養区)，3.5(低栄養区)の3水準設けて繁殖成績に及ぼす影響を検討した結果，栄養度3.5～4.5の間で飼料設計すれば繁殖性に及ぼす影響は少なかった。

分娩後の授乳期は，エネルギー要求量の高まる時期であるが，この期間の飼料給与が適切でない場合，BCSが低下し繁殖性に負の影響を与えることも報告されている。また，エネルギーだけではなくタンパク質の不足も繁殖性に影響を及ぼすことが知られている。Sasserらは，分娩した繁殖牛に対して放牧中に与えるタンパク質飼料を制限すると分娩後の発情回帰や受胎までの日数が長くなると報告している。また，Watanabeらは，タンパク質摂取量が不足していて，血中BUN濃度が正常範囲以下であった牛群の飼料構成を適切にする処置を行ったところ，空胎期間が短縮し繁殖成績が向上したと報告している。

以上のことから，繁殖牛の栄養管理はBCSを適切に維持(3.5～4.5)することを基本に，エネルギーとタンパク質をバランスよく給与するとともに必要なビタミンやミネラルに過不足が生じないような飼料給与を考えることが重要である。具体的な飼料給与については次項でもう少し見てみることにしたい。

 繁殖牛の飼料給与

●育成期

雌牛の育成期における飼料給与の目安を**表1**に示した。繁殖後継牛として育成する場合，市場出荷を目的とする牛ほど脂をつける必要はないので10カ月で250kgをスタートとしている。日増体はおよそ0.5～0.6kgで発育するように考えられている。これを見ると肥育牛や肥育素牛とは飼料構成がまったく異なることがよく分かる。あくまで粗飼料(ここでは乾草)を中心にメニューがつくられている。妊娠以降はタンパク質を補給する目的でアルファルファヘイキューブが追加されている。これは，大豆粕で置き換えることもできるだろう。その場合，大豆粕のタンパク質含量はヘイキューブより高いことから給与量を調節する必要がある。配合飼料の給与量は，BCSを見ながら加減するようにするとよい。「目安」はあくまで目安であって，血統や個体によって給与飼料に対する反応は少しずつ異なってくるものである。

● 表1　繁殖後継用雌牛の育成期における飼料給与の目安

項目／月齢	10	11	12	13	14	15	16	17	18	19	20	21	22	23	24
体重(kg)	250	268	286	305	323	341	356	372	387	402	417	432	448	466	484
繁殖サイクル	性成熟期			AI開始時期			妊娠期							分娩前	
育成用配合飼料(kg／日)	2.5	2.0	2.0	1.0	1.0										
繁殖牛用配合飼料(kg／日)						1.0	1.0	1.0	1.0	1.0	1.0	1.0	1.0	1.0	1.0
乾草(kg／日)	4.5	5.5	6.0	7.0	7.5	7.5	7.5	7.5	7.5	8.0	8.0	8.5	9.0	10	10
ヘイキューブ(kg／日)							0.5	0.5	0.5	0.5	0.5	0.5	0.5	0.5	0.5

「繁殖管理と育成技術のワンランクアップ」(一社)北海道酪農畜産協会を参考に作成

● 表2　繁殖牛に対する飼料給与の目安

飼料種類／ステージ	分娩前		分娩後			離乳後	栄養価の目安
	2カ月前	1カ月前	1カ月目	2カ月目	3カ月目		
乾草(kg／日)	8	8	9	9	9	6.5	TDN40〜50%として
繁殖牛用配合飼料(kg／日)	1〜2	1〜2	2.5	2	1.5		TDN70%, CP17%程度

「繁殖管理と育成技術のワンランクアップ」(一社)北海道酪農畜産協会を参考に作成

● 妊娠期・授乳期

　妊娠末期の繁殖牛は，自分自身の体を維持するだけではなく胎子の発育に必要な栄養分も摂取しなければならない。日本飼養標準・肉用牛(2008年版)では，分娩2カ月前から胎子の発育に必要な栄養分としてTDNで830gを増給するよう推奨されている。TDN70%の配合飼料に換算すると約1.2kgに相当する。したがって，分娩2カ月前から繁殖牛用配合飼料として1〜2kg給与するのを目安にするとよいだろう(表2)。乾草(または牧草サイレージ)は自由採食になるかもしれないが，できればBCSを見ながらコントロールする方がよい。特に品質がよい牧草は食べ過ぎて過肥になるおそれがある。ただし，この粗飼料の採食コントロールを分娩前に急に行うことは避けたい。普段から「朝・夕だけ」とか「日中は断食」という習慣にするのが望ましい。

　分娩後は，授乳と繁殖機能の回復が待っている。特に授乳は非常に多くの栄養分を必要とする。黒毛和種の授乳量は，1〜4週目で約7kg，8週で6kg，16週で5kgといわれている。乳量1kg当たりTDNで360g，CPで100gを要求することから，表2のように乾草と配合飼料を給与するようにしたい。離乳後は母牛の維持分だけでよい。乾草6〜7kgというとずいぶん少ない量だが，品質によってはタンパク質が不足するかもしれないので若干の配合飼料(200〜300g程度)を補給するとよいだろう。一握りの大豆粕でもよい。

　北海道の土壌にはセレンが乏しいといわれている。セレンは体の過酸化物を消去する役割を担っている酵素グルタチオンペルオキシダーゼの構成元素であり必須のミクロミネラルと考えられている。ウシのセレン要求量は飼料中含量で0.1mg／kgであり，低セレンの粗飼料(0.02〜0.05mg／kg)を与え続けると欠乏症になるといわれている。したがって，繁殖牛にはセレンを含んだミネラル固形塩を不断に与えることが推奨されている。

農家指導のPOINT

1．分娩事故を減らす
- 難産が事故につながるので，体格の小さい初産牛には大型の種雄牛を交配しない。また，予定日はAIの日から291日目とし，その2週間前になったら分娩に備える。
- 分娩房にWebカメラを設置すると観察に便利である。

2．繁殖牛は太りやすい
- 肉牛は太るように育種改良されている。ボディコンディションの維持に注意を払うようにしたい。体側に肋骨2〜3本がうっすらと見える程度がちょうどよい。

3．無理な栄養制限は禁物
- 過肥は繁殖成績のマイナス要因だが，太ってしまっても無理に痩せさせようとするとかえって繁殖成績が落ちる場合がある。あくまで維持を心掛けるように栄養管理したい。

4．繁殖牛のエサは何でもよいわけではない
- 分娩前後を除き，エネルギーは多く必要としないがタンパク質とビタミン・ミネラルの不足に注意する。

References

● 1-1 発育の考え方と目標設定および発育曲線の利用

- Abeni F, et al.：*J Dairy Sci*, 83(7), 1468〜1478(2000)
- 独立行政法人 農業・食品産業技術総合研究機構編：日本飼養標準・乳牛(2006年版), 46〜49, 中央畜産会, 東京(2007)
- Ettema JF, Santos JE：*J Dairy Sci*, 87(8), 2730〜2742(2004)
- Gill GS, Allaire FR：*J Dairy Sci*, 59(6), 1131〜1139(1976)
- Hoffman PCJ：*Anim Sci*, 75, 836〜845(1998)
- Kertz AF, et al.：*J Dairy Sci*, 81(5), 1479〜1482(1998)
- Krpálková L, et al.：*J Dairy Sci*, 97(5), 3017〜3027(2014)
- Mohd NN, et al.：*J Dairy Sci*, 96(2), 981〜992(2013)
- NRC：*Nutrient requirements of beef cattle seventh revised edition*, National Academy Press, Washington DC(1996)
- NRC：*Nutrient requirements of dairy cattle seventh revised edition*, National Academy Press, Washington DC(2001)
- (社)日本ホルスタイン登録協会：ホルスタイン種雌牛の標準発育値(1995)
- 乳用牛群検定全国協議会：乳用牛群能力検定成績のまとめ, 46(2012)
- Pirlo G, et al.：*J Dairy Sci*, 83(3), 603〜608(2000)
- Van Amburgh ME, et al.：*J Dairy Sci*, 81(2), 527〜538(1998)

● 1-2 出生から初乳給与までの子牛管理と初乳給与の留意点

- Abel Francisco SF, Quigley Ⅲ JD：*Am J Vet Res*, 54(7), 1051〜1054(1993)
- Besser TE, et al.：*J Am Vet Med Assoc*, 198(3), 419〜422(1991)
- Hopkins BA, Quigley Ⅲ JD：*J Dairy Sci*, 80(5), 979〜983(1997)
- Morin DE, et al.：*J Dairy Sci*, 80(4), 747〜753(1997)
- National Animal Health Monitoring System. Ft. Collins(CO)：USDA-APHIS Veterinary Service(1993)
- NRC：*Nutrient requirements of dairy cattle seventh revised edition*, National Academy Press, Washington DC(2001)
- Okamoto M, et al.：*Can J Anim Sci*, 66(4), 937〜944(1986)
- Osaka I, et al.：*J Dairy Sci*, 97(10), 6608〜6612(2014)
- Pritchett LC, et al.：*J Dairy Sci*, 74(4), 2336〜2341(1991)

- Rajara P, Casteren H：*J Dairy Sci*, 78(12), 2737～2744(1995)
- Stott GH, et al.：*J Dairy Sci*, 62(11), 1766～1773(1979)

● 1-3　哺乳期から3カ月齢までの栄養管理
- Anderson KL, et al.：*J Dairy Sci*, 70(5), 1000～1005(1987)
- Anderson KL, et al.：*J Anim Sci*, 64(4), 1215～1226(1987)
- Coverdale JA, et al.：*J Dairy Sci*, 87(8), 2554～2562(2004)
- 独立行政法人　農業・食品産業技術総合研究機構編：日本飼養標準・乳牛(2006年版), 46～49, 中央畜産会, 東京(2007)
- Heinrichs AJ, GL Hargrove：*J Dairy Sci*, 70(3), 653～660(1987)
- Kuehn CS, et al.：*J Dairy Sci*, 77(9), 2621～2629(1994)
- NRC：*Nutrient requirements of dairy cattle seventh revised edition*, National Academy Press, Washington DC(2001)
- 小野寺 良次：新ルーメンの世界, 農村漁村文化協会, 東京(2004)
- 大谷 滋：子牛における第一胃の発達に関する飼養学的研究, 北海道大学学位論文(1981)
- Pollock JM, et al.：*Br J Nutr*, 71(2), 239～248(1994)
- Shamay A, et al.：*J Dairy Sci*, 88(4), 1460～1469(2005)
- Tamate H, et al.：*J Dairy Sci*, 45(3), 408～420(1962)

● 1-4　3カ月齢から分娩までの栄養管理
- 独立行政法人　農業・食品産業技術総合研究機構編：日本飼養標準・乳牛(2006年版), 46～49, 中央畜産会, 東京(2007)
- 猪 貴義ら：動物の成長と発育, 朝倉書店, 東京(1987)
- Little W, Kay RM：*Anim Prod*, 29, 131～142(1979)
- NRC：*Nutrient requirements of dairy cattle seventh revised edition*, National Academy Press, Washington DC(2001)
- Preston RL：*J Nutr*, 90(2), 157～160(1966)
- Sinha YN, Tucker HA：*J Dairy Sci*, 52(4), 507～512(1969)
- Sejrsen K, et al.：*J Dairy Sci*, 65(5), 793～800(1982)
- Van Amburgh ME, et al.：*J Dairy Sci*, 81(2), 527～538(1998)

● 1-5　泌乳牛の栄養管理
- 独立行政法人　農業・食品産業技術総合研究機構編：日本飼養標準・乳牛(2006年版), 112～113, 中央畜産会, 東京(2007)
- NRC：*Nutrient requirements of dairy cattle seventh revised edition*, 192～193, National Academy Press, Washington DC(2001)
- Park S, Okamoto M：*Animal Behaviour and Management*, 44(2), 166～170(2008)
- Mäntysaari P, et al.：*J Dairy Sci*, 89(11), 4312～4320(2006)

● 1-6　乾乳期・分娩移行期の栄養管理
- 独立行政法人　農業・食品産業技術総合研究機構編：日本飼養標準・乳牛(2006年版), 112～113, 中央畜産会, 東京(2007)
- 北海道立根釧農業試験場：平成8年度北海道農業試験会議(成績会議)資料(1997)
- 川島千帆：グリーンテクノ情報, 4(2), 30～36(2008)
- 熊本県農業研究センター　畜産研究所　大家畜部：農業の新しい技術PDFファイル版(熊本県農業技術情報システム), No.199(平成5年3月), 分類コード0813, 熊本県農政部(1993)
- Moe PW, et al.：*Proc 4th Symp Energy Metab*, EAAP Publ, 13:65(1970)
- National Research Council：*Nutrient requirements of dairy cattle seventh revised edition*, 192～193, National Academy Press, Washington DC.(2001)

● 1-7　肉牛の新生子牛・育成牛の栄養管理
- Abdelsamei AH, et al.：*J Anim Sci*, 83(4), 940～947(2005)
- Amaral-Phillips DM, et al.：Feeding and Managing Baby Calves from Birth to 3 Months of Age. University of Kentucky, Collage of Agriculture(2005) 〈https://www.uky.edu/Ag/AnimalSciences/pubs/asc161.pdf〉2017年2月9日参照
- Bartlett KS, et al.：*J Anim Sci*, 84(6), 1454～1467(2006)
- Bloom RM, et al.：*J Anim Sci*, 81(6), 1641～1655(2003)
- Bowman JGP, Sanson DW：*Proceedings of the 3rd Grazing livestock nutrition conference*, 118～132(1996)
- Branton C, Salisbury GW：*J Dairy Sci*, 29(3), 141～143(1946)
- Brookes AJ, Harrington G：*J Agric Sci*, 55, 207～213(1960)
- Currie WB：*Structure and function of domestic animals*, 227～267, CRC Press(1988)

- 遠藤 洋：子牛の科学（日本家畜臨床感染症研究会 編），78〜81，チクサン出版社，東京（2009）
- Foley JA, Otterby DE：*J Dairy Sci*, 61（8），1033〜1060（1978）
- Gratte E：*Effects of restricted suckling on abnormal behaviour, feed intake and weight gain in dairy calves, and udder health and milk let-down in dairy cows*. 10〜11, Skara, Sweden（2004）
- Heinrichs AJ, Jones CM：*Feeding the Newborn Dairy Calf*. 1〜24（2003）
- 北海道立総合研究機構 畜産試験場：平成26年度北海道農業試験会議（成績会議）資料，北海道（2015）
- 北海道立畜産試験場：黒毛和種牛の初乳成分と子牛への給与法，平成17年度北海道農業試験会議（成績会議）資料（2005）
- Ishikawa H, et al.：*Anim Sci Technol（Jpn）*, 63（11），1153〜1156（1992）
- Inada S, et al.：*J Anim Vet Adv*, 9（6），1037〜1047（2010）
- 磯崎良寛：日本暖地畜産学会報，56，131〜136（2013）
- 磯崎良寛ら：西日本畜産学会報，51，89〜92（2008）
- 板橋久雄：ルミノロジーの基礎と応用（小原嘉昭 編），25〜32，農山漁村文化協会，東京（2006）
- Jarrige R, et al.：*J Anim Sci*, 63（6），1737〜1758（1986）
- Jensen MB, Budde M：*J Dairy Sci*, 89（12），4778〜4783（2006）
- Kamiya M, et al.：*JWARAS*, 54（1），107〜116（2011）
- 川島良治：繁殖牛の飼い方（羽生義孝 編），肉用種和牛全講 増訂改版，249〜266，養賢堂，東京（1973）
- 木伏雅彦ら：兵庫農研報，37，20〜24（2001）
- Logerg J, Lidfors L：*Appl Anim Behav Sci*, 72（3），189〜199（2001）
- 松本信助ら：長崎県畜試研報，5，22〜27（1996）
- 新宮博行ら：東北農試研報，100，61〜66（2002）
- 錦織 美智子ら：島根畜技セ研報，41，6〜10（2010）
- 農林水産省農林水産技術会議事務局：日本飼養標準肉用牛（2000年版），中央畜産会，東京（2000）
- NRC：*Nutrient requirements of beef cattle update 2000, National Research Council*, Washington DC.（2000）
- Ørskov ER：*S Afr J Anim Sci*, 2, 169〜176（1972）
- 齋藤 昭：家畜感染症学会誌，1（2），37〜47（2012）
- 崎田昭三，宮園歴造：長崎県畜試研報，5，12〜21（1996）
- 杉本昌仁ら：子牛の科学（日本家畜臨床感染症研究会 編），181〜188，チクサン出版社，東京（2009）
- 杉本昌仁ら：道立新得畜試研報，23，1〜9（2000）
- 杉本昌仁ら：肉用牛研究会報，92，18〜22（2012）
- Tikofsky JN, et al.：*J Anim Sci*, 79（9），2260〜2267（2001）
- 上村圭一ら：香川県畜試報告，47，1〜8（2012）
- Von Bothmer G, Budde H：*Kälberaufzucht für Milch und Mast*, 42〜43, DLG-Verlag, Frankfurt（1992）

● 1-8　肥育牛（肥育前期〜後期）の栄養管理
- Cianzio DS, et al.：*J Anim Sci*, 60（4），970〜976（1985）
- 北海道立総合研究機構 畜産試験場：平成27年度北海道農業試験会議（成績会議）資料，北海道（2016）
- 板橋久雄：ルミノロジーの基礎と応用（小原嘉昭 編），25〜54，農山漁村文化協会，東京（2006）
- 岩本英治，岡 章生：兵庫県農技総セ研報，44，24〜29（2008）
- NRC：*Nutrient requirements of Beef Cattle, Seventh Revised Edition, Update 2000*, 75〜84, National Academy Press, Washington DC（2000）
- Oka A, et al.：*Anim Sci Technol（Jpn）*, 69（2），90〜99（1998）
- Oka A, et al.：*Meat Science*, 48（1-2），159〜167（1998）
- 奥村純市：動物栄養学（奥村純市，田中桂一 編），49〜58，朝倉書店，東京（1999）
- Satter LD, Slyter LL：*Br J Nutr*, 32（2），199〜208（1974）
- ㈳北海道酪農畜産協会，北海道立畜産試験場：新黒毛和種肥育の手引き（2007）
- 畜産技術協会：ビタミンAのコントロールを用いた効率的肥育技術 Q & A Vol.2（2005）
- 矢野秀雄：動物栄養学（奥村純市，田中桂一 編），214〜226，朝倉書店，東京（1999）

● 1-9　繁殖牛の飼養管理
- 浅川征男ら：日本土壌肥料学雑誌，48（7・8），287〜292（1977）
- Bagley CP：*J Anim Sci*, 71（11），3155〜3163（1993）
- Burris MJ, Blunn CT：*J Anim Sci*, 11, 34〜41（1952）
- Ciccioli NH, et al.：*J Anim Sci*, 81（12），3107〜3120（2003）
- 独立行政法人 農業・食品産業技術総合研究機構 編：日本飼養標準・肉用牛（2008年版），35，中央畜産会，東京（2009）
- Gasser CL：*J Anim Sci*, 91（3），1336〜1340（2013）

- 北海道家畜改良増殖計画，3〜5，北海道(2011)
- 岩堀剛彦ら：静岡県畜試研報，18，26〜30(1992)
- 家畜改良センター十勝牧場：交雑種肉用牛に関する調査報告(1993)
- Maeta Y, Mizuno N：*J Japan Grassl Sci*, 39, 147〜154(1993)
- NRC：*Nutrient Requirements of Beef Cattle, Seventh Revised Edition*, 40〜53, National Academy Press, Washington DC(1996)
- Oliveira Filho BD, et al.：*Anim Reprod Sci*, 121(1-2), 39〜45(2010)
- Patterson DJ, Perry RC, Kiracofe GH, et al.：*J Anim Sci*, 70(12), 4018〜4035(1992)
- Sasser RG, et al.：*J Anim Sci*, 66, 3033〜3039(1988)
- ㈳北海道酪農畜産協会：繁殖管理と育成技術のワンランクアップ，93〜98(2010)
- ㈳全国和牛登録協会：これからの和牛の育種と改良，21〜31(1998)
- 傍島英雄，松野 弘，加藤誠二ら：岐阜県畜産研報，3，37〜51(2003)
- 杉本昌仁ら：北農，62(3)，65〜69(1995)
- 鈴木 修ら：草地試研報，8，33〜41(1985)
- Watanabe U, et al.：*Anim Sci J*, 84(5), 389〜394(2013)
- Westwood CT, et al.：*J Dairy Sci*, 85(12), 3225〜3237(2002)
- Wiltbank JN, et al.：*J Anim Sci*, 25(3), 744〜751(1966)

Chapter 2

行動管理

2-1
牛と人(飼育者および獣医師)との関係

Advice

　管理される側の牛と管理する側である飼育者や獣医師との心理的関係は，日頃のちょっとした気配りの有無で良くもなれば悪くもなる。また，その良し悪しは日常管理作業や獣医療の処置のしやすさや安全性のみならず生産性にも影響する。
　本節では，牛と人との心理的関係を少しでも良くするためのポイントについて，関連する研究成果を紹介しながら，日常的な飼育管理作業との関係に焦点を当てて概説する。

牛との関係の良し悪しによる乳生産への影響

　酪農は，飼育者である人と牛との距離が近く，搾乳など日常管理作業を通じてお互いが接触する機会も多い。したがって，両者の心理的関係の良し悪しが，牛にとってのウェルフェアはもちろんのこと，飼育者の安全や乳生産にも影響する。飼育者との心理的関係が良好な牛は安全で，搾乳などの日常管理作業時に扱いやすい。また，搾乳時に軽く牛の体に触れたり，声をかけたり，牛に対して優しく接している農場の乳量は相対的に高い。一方で牛に対する嫌悪的な扱いが多く，牛との関係が良くない農場では，牛は対人恐怖性が高く，急性あるいは慢性的にストレスを感じており，乳房内残乳量の増加による乳量低下のみならず，乳脂肪および乳タンパク質といった乳成分量の減少など，泌乳成績全体に悪影響が及ぶことが確認されている(図1)。

出生後の子牛のストレス抵抗性に対する妊娠後期における母牛の胎教の重要性

　妊娠中に母親の胎盤内で受けるストレスは，胎子の神経内分泌系の形態的・機能的発達に影響し，出生後における子のストレス応答(行動的および神経内分泌的ストレス対処反応)にも影響する。牛においても，妊娠後期における暑熱ストレス負荷が，子の胎子期の成長および出生後離乳までの免疫機能に悪影響を及ぼすことが報告されている。出生前後における母牛と新生子牛の血中および初乳中コルチゾール濃度を測定した植竹らの調査では，分娩予定7日前における母牛の血中ストレスレベルが，出生直後(出生6時間後)における新生子牛の血中ストレスレベルを決定づけることを確認している(図2)。これらのデータは，妊娠後期の母牛に対しても胎教を考え，できるだけストレスをかけないように，分娩房などの出産施設の環境整備に配慮することの重要性を示唆している。

早期母子分離と哺育方式による対人反応への影響

　酪農では，新生子牛を出生直後に母牛から分離し，カーフハッチなどで単飼養しながら，代用乳を用いて人工哺乳するのが一般的な哺育方式となっている。Duveらは，単飼養あるいはペア飼い(2頭同居)での人工哺乳および母牛と

●図1　牛と人の心理的関係は泌乳成績にも影響を及ぼす

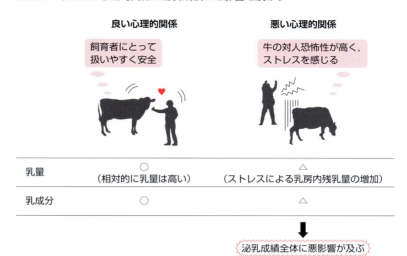

の同居（自然哺乳）という社会的3条件で，頸静脈からの採血時の対人反応を比較している。すると，単飼養された子牛では，採血時の人に対する接触潜時（接近して来て接触するまでの時間）がペア飼いおよび母牛と同居の子牛よりも短く，人に接触（作業の邪魔となる，衣服への吸い付きや頭突き）している時間が最も長かったという。さらに，採血時のもがき（嫌がり）頻度も，単飼養子牛が母牛同居子牛よりも多く，ペア飼いの子牛は両者の中間であったという。反対に，母牛と同居している子牛では，人から離れたところにいる（3m以上の距離をとっている）時間が単飼養子牛よりも長く，ペア飼いの子牛では両者の中間であったという。

これらの結果は，単飼養された子牛では社会的欲求が強く，それが異種動物である人に対しても向けられたことに起因すると解釈できる。また，臨床的には，子牛を治療する際などには，対象牛を精神的に落ち着かせる意味でも，1頭で同種仲間から隔離するのではなく，近くに母牛あるいは群仲間の子牛を同伴させることが有効であることを示唆しているといえる。

●図2　新生子牛の血漿コルチゾール濃度に対する影響の関係

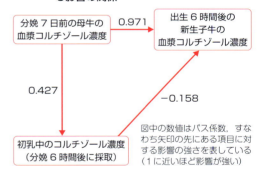

哺育期間における人に対する社会化とその効果

出生直後は，子牛が母牛に対して愛着を形成するいわゆる感受期であることから，子牛との良好な心理的関係，すなわち社会化を促進するうえで，有効な時期である。そこで，Krohnらは，子牛を生後4日間単飼養して，その間にハンドリング（1日3回6分間ずつ，撫でたり語りかけたりしながらニップル付きバケツで哺乳）する群としない群，あるいは隣のペンに母牛が居る状態でハンドリングする群としない群，さら

には生後4日間母牛と同居させた後，4日間単飼養してハンドリングする群をつくり，その後の子牛の対人反応を比較している。すると，生後4日間単飼養・ハンドリングした群と生後4日間母牛同居後・4日間単飼養・ハンドリングした群では，ほかの3群に比べて，人に対する接触潜時が短く，人の近くにいる割合と人の方に顔を向けている割合が多かったという。

このことから，生後1週間程度は，子牛に対してハンドリングを施すことで，子牛の人に対する社会化を促進できることが伺える(**図3**)。ただし，ハンドリングの際に母牛が近くに居ると，その効果は打ち消され，人に対する愛着形成は遮られてしまうようである。

関連して，農場における日常管理作業時間と人に対する反応性(馴染みのない見知らぬ人が接近した際に牛が逃げはじめる逃避距離)との関連を調べた植竹らの調査でも，哺育期に牛に直接触れなくても，ニップル付きの哺乳瓶や哺乳バケツで哺乳作業を行うといった「牛の近くで牛に対して行う作業」時間が長い農場ほど，成牛になってからの人に対する逃避距離が短くなることを確認している。また，自動哺乳機を用いて群飼養・機械哺乳した子牛でも，飼育者が人手での哺乳作業にかけていた時間を，子牛の健康観察などでペンのなかに入って子牛のすぐ近くで行う作業の時間に割り当てることで，カーフハッチで単飼養・人工哺乳した子牛よりも，牛同士の社会性が高まり，さらに輸送などで人に扱われた際のストレス抵抗性も高くなることを見出している。

過度な親和関係による人に対する模擬闘争行動

人との親和関係が高まると，激しい頭突きや過度な頭の擦り付けといった模擬的な闘争行動

●図3　ハンドリングにより子牛の人に対する社会化を促進する

を起こす牛がいる。牛は，物理的に我々の制御困難な体格に成長するため，飼養管理上問題となってしまう。人の意図に従い牛たちを移動させるには，ある程度の人への怯えが必要である(108ページ参照)。人との距離を適度に保ち，成長した牛の人への「じゃれつき」を防ぐために，適正な人と牛の親和関係を確保すべきである。

将来にわたり「適正な親和関係」を確保するための牛への接し方は，経験的に語られることが多い。牛を手なづけようと思っている人は，実は，「人は人らしく振る舞うように」牛に手なづけられているのかもしれない。どちらがどちらを手なづけているか，どの程度の親和関係が必要なのかは，将来の牛が飼養管理される酪農場の生産システムによっても異なるため，明確にすることは困難である。

しかし，牛と人の間に適正な心理的関係(互いに相手の存在のみで怯えることはない関係)が構築されれば，牛の意図をそのサインから読み取り，人間の意図を適切な指示(扱い方)で牛が読み取ることで，さらに適切な関係が構築される。

日常飼育者の存在による牛の急性ストレス軽減効果

前述のように，牛との心理的関係が良くない

場合には，それが乳量に響いてしまう一方で，両者の関係が良好であれば，顔なじみの日常飼育者の存在が，ストレス状況下に置かれた時の牛に対する影響を軽減する効果があるとの報告がある。例えば，Rushenらは，いつもの場所での搾乳，新奇な場所で隔離しての搾乳，新奇な場所に隔離するが顔なじみの人がブラッシングしながらの搾乳の3条件で乳量などを比較している。すると，顔なじみの人の存在により，新奇な場所での隔離によるストレスに伴う乳量やオキシトシン分泌量の低下は抑制できなかったものの，牛のステップ数や心拍数，血漿コルチゾール濃度に対しては，それらの増加あるいは上昇をある程度抑制できたという。

この事例は搾乳場面であったけれども，獣医師などが治療や人工授精などを行う場合にも，日常飼育者に立ち会ってもらい，対象牛の傍らに寄り添ってもらうことが，牛のストレス軽減と作業中の事故を防止するうえで有効であるといえる。

派生的に，牛が人を見分ける際に利用している手がかりは何であろうか。この問いに対して，Rybarczykらは，3週齢未満の子牛であっても，餌をくれる人とくれない人を，服装の色で見分けられることを例証している。また，実験に用いた6頭の子牛のなかの1頭では，服装の色以外の手がかりも人の見分けに使っていたという。したがって，獣医師が痛みを伴う治療をする際に着ていた白衣などの色を牛は覚えており，次回も同じ服装で訪問したならば，治療経験牛は獣医師に対して逃避反応を示すなど嫌悪的に身構えることになる。牛の嫌悪反応を軽減するためには，可能であれば，作業着の色を変えるなどの配慮が必要である。

農家指導のPOINT

1．牛には我々人間と同様に感受性がある
・日常的な牛への接し方が実は乳生産（乳量，乳成分の両方）にも影響することを，科学的エビデンスに基づいて正しく認識する。

2．母牛の胎教も重要である
・胎子期から出生直後の新生子牛のストレスレベルは，妊娠後期の母牛へのストレス負荷によって決まり，それが後の子牛のストレス応答や免疫機能に影響する。出生前から環境，すなわち分娩房など母牛の出産施設の環境に配慮する。

3．同居牛のいる哺乳子牛の方が扱いやすい
・単飼養哺乳子牛は社会的欲求が強い分，獣医療などの処置の際にかえって扱いにくい。処置の際に，母牛や仲間の牛を同伴させることで扱いやすくなる。

4．哺乳子牛のハンドリングは社会化を促進する
・特に生後1週間の間に，子牛に対して親和的に接することで，人に対する社会化を促進できる。また哺育期に，直接触れなくても，健康観察などで子牛の近傍に居る時間を長くすることで，その対人恐怖反応を軽減することができる。

5．顔なじみの人間の存在が牛のストレスを軽減する
・牛は人を作業服の色などで見分けており，親和的な飼育者と嫌悪的な処置をする獣医師などで反応を変化させる。獣医療などの嫌悪的作業をする際には，日常飼育者に立ち会ってもらうことで，牛のストレスを軽減することができる。

2-2
哺乳子牛の行動

Advice

哺乳期はその後の一生を左右する重要な時期であり，感染症にも弱く，十分な観察と早期の対応が必要となる。牛体の観察や糞性状のチェック以外にも観察すべき事柄は多い。本節では単飼養および群飼養時の哺乳子牛の行動を理解し，適切な飼養管理を考えたい。

 ■ 出生直後の子牛への対応

　新生子牛では，出生を機に呼吸および体温調節が開始され胎子期から大きな変化が起こる。自発的呼吸は分娩後直ちに開始されるが，これは子牛自身の生理的変化とともに，母牛による舐め行動あるいは管理者によるマッサージなどで促される。出生直後の子牛は体表面が羊水で濡れており，自然呼吸開始に伴う気道表面からの蒸散により，熱放散量が多くなる。また，体の小さな子牛は，体重に対する体表面積が大きいため，成牛に比較して多くの熱が放散される。さらに下の臨界温度（代謝を変化させずに寒冷に対応しうる最低温度）が成牛に比べて高く，そのうえ子牛が蓄積しているエネルギー量には限界があるため，エネルギー摂取をすぐに行えない場合には寒冷の影響が直ちに現れるので対応が必要である。

　子牛は被毛のある状態で出生するが，この被毛が空気を包含することで断熱効果を生み出し，寒冷環境に対応できるようになっている。体からの熱の放出は，蒸散，伝導，対流により変化する。これらは子牛が収容される施設を工夫することでも対応できる。隙間の外の風（一般的に感じる風速）に比べ，隙間から噴出される風はより速くなる。牛は壁を背に横臥することが多く，この習性は子牛でも認められる。壁に空いた隙間からの風が子牛に直接吹き付けられてしまうことがあり，このことが，子牛の体からの熱放散を増すこととなる。このため，子牛は，すきま風のない乾いた施設にて，被毛を乾かし収容することで寒冷への対応を行う必要がある。

　出生直後の子牛は，母牛と同居していれば母親の乳頭から，母親と分離されていれば管理者により哺乳を受ける。初乳の効果については他編でも詳細に記載されているため重複は避けるが，母牛との同居であっても初乳摂取の確認は必要である。子牛によっては吸い付きの悪い個体もおり，そうした場合は管理者によって強制的に投与する必要がある。

 ■ 哺育牛の行動

　子牛は繋留せず飼養し，子牛が環境に合わせた適切な居住位置を選ぶことができ，十分な運動量を確保し，必要とする養分量を摂取できることが，哺育牛飼育の基本である。生まれてすぐに母牛と離され人工哺乳される乳用子牛や，肉用子牛でも母牛と分離飼育のものでは，子牛

同士の感染の拡大を防止したり，採食量の確認などの個別管理が必要であり，常に新鮮な空気を供給するカーフハッチでの個別飼育が広く行われている。給与する液状飼料には，自然哺乳では母乳が，分離飼育している場合には適切な濃度に溶解した代用乳溶液が用いられる。固形飼料は第一胃の発達に重要な役割を担い，嗜好性のよい人工乳が用いられる。乾草は細切して適量を給与され，水は自由飲水とするのが一般的である。

　出生当初はわずかであった人工乳（固形飼料）の採食は，3週齢あたりから本格的になり，採食量の増加量も大きくなる。反芻は生後14日頃から開始され，人工乳や乾草の採食量増加とともに反芻時間が延長する。採食行動や反芻の発現は，子牛ごとの発育を知るきわめて重要な情報であるが，管理者にも一定の飼養管理作業が課せられているため，必ず把握できるわけではない。人工乳や乾草の残飼料量確認は，採食量の把握とともに採食状況の日々の確認に役立つ。残飼料量の確認や新しい飼料の給与は，代用乳の給与のタイミングに合わせ1日2回程度行うため，採食行動や反芻状況を継続して確認する機会は必ずしも多くない。このように継続した採食状況の確認が困難であっても，別の哺育子牛に対する作業の途中で，給与直後の人工乳や乾草に対する子牛の「食いつき」を確認することは可能である。幼齢子牛における人工乳の採食開始時期は，その後の人工乳の採食に重要な意味を持つ。このため，人工乳採食が遅い子牛には，哺乳時に一掴みの人工乳を口腔内に強制的に給与することもある。

　子牛の代用乳溶液吸乳速度は成長とともに上昇するが，その増加量は哺育期初期で大きく，哺育期後期で小さい。子牛での吸乳速度は0.9～2.1 L/分であり，子牛ごとの差が大きく，子牛

●図1　哺乳直後に見られる柵舐め行動

吸乳欲求を満たすための行動である

の体調による変動があるとされている。乳首付きバケツでの哺乳であれば，各牛の吸乳リズムを音で判断することもできる。人工哺乳する場合，乳頭からの吸乳行動を行わせない「がぶ飲み」では，食道溝反射が起こらず代用乳は最初に第一胃に流入してしまう。また，吸乳欲求への不足がより顕著になり，他個体との相互吸引や，柵などを長期間舐めたりする葛藤・異常行動（図1）が強く誘発される。

　母牛と同居している子牛の吸乳時間は，母牛の泌乳能力と関係するといわれている。1日3回15分間の制限哺乳では，吸乳時間は1日当たり12～37分程度であり，個体による違いが大きいことが示されている。また，吸乳時間は平均40分/日，1日の吸乳回数は平均4回程度で，成長に伴う大きな変化はなかったとの報告もある。このように人工哺乳に比べ自然哺乳では，母牛からの吸乳に長い時間を費やすが，吸乳欲求に伴う行動は発現しない。ただし，母牛と同居の場合に子牛の吸乳量の正確な把握はできず，子牛の栄養管理は困難となる。

哺育牛の群飼養

　肉牛での自然哺乳では，哺育牛の群飼育が一般的である。また，自動哺乳機の普及に伴い，

● 図2 自動哺乳機利用で群飼養される乳牛

● 図3 自動哺乳機利用の待機行動を中心とした行動推移

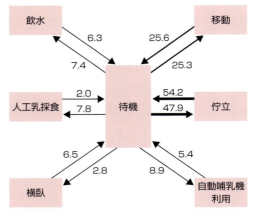

図中の数字は，待機行動から，あるいは待機行動へ行動推移する割合（％）を示す。待機を行うが自動哺乳機を利用できず，人工乳採食を行う場合が約8％と高い割合である
杉田ら（1998）の図を改編

当初1週間程度は単管理するものの，乳用種子牛の哺育牛を群飼養する例も認められるようになった（図2）。自動哺乳機を利用した哺乳子牛の群飼養は，哺乳作業の省力化となるものの，個体同士の接触による疾病感染の拡大や損傷が懸念されている。すでに記述したように，吸乳欲求が満たされなければ子牛同士の激しい舐め合い（臍帯，尻尾など）が発生することもある。

一方で，群飼養とすることで人工乳の採食時期が早まったり，採食量が多くなるといった報告も多い。これらには，社会的学習（ほかの牛が利用しているのを見て，自分が利用する方法を学習する）や人工乳採食の社会的促進（ほかの牛が採食していると，すでに自分は採食したのにまた採食したくなる）が関与している。さらに，自動哺乳機の利用を待機している子牛が，自動哺乳機が空くのを待ちきれず，人工乳採食に移行するといった行動推移が，人工乳採食量の多さに関与している可能性が指摘されている（図3）。

哺育子牛を群飼養することにより，子牛の移動距離は延長する。例えば，1頭当たりの面積が同じでも，群飼養されている子牛が利用できる面積は単飼養されている子牛の頭数倍に増大する。また，代用乳摂取は自動哺乳機で，人工乳採食は飼槽で，飲水は水槽で，横臥休息は壁側で行われることが多く，収容施設内での移動距離は単飼養に比べきわめて長くなる。事実，カーフハッチ（飼育面積4.1㎡/頭，単飼）で飼育された子牛と，群飼養された子牛（2.3㎡/頭，26頭群飼）での1日当たりの移動距離は，約140mと約390mと圧倒的に群飼養で長いことが示されている。この程度の移動距離の差は，移動のためのエネルギー消費として大きな損失とはならない。むしろ群飼養子牛での豊富な運動量は，子牛の健康状態に良好な効果をもたらすものと考えられる。

除角時期の選択と実施

角は，肉牛の飼養においては繋留の際に用いられることもあって取り除かないこともあるが，群飼養時の牛同士，また人間への危害を防止できることから，除角するのが一般的である。除角はストレスの少ない焼きゴテ法で2カ月齢以内に実施されることが推奨されている。子牛の成長に伴う角形状変化は，角底部の太さと角の高さの側面から検討され，一般的な焼きゴテ

による除角を行う場合，この時期までに適切な疼痛コントロールのうえで実施されるべきとの結論が得られている。

単飼養で飼養されている子牛でも，およそ2カ月齢での離乳後，しばらくすると群飼養される。群飼養時には優劣関係を決定するために角突きを行う。優劣関係は角の存在が影響することが知られており，優劣関係の構築の途中での除角は，こうした社会的関係の構築に影響を及ぼすことがある。このことからも，除角は単飼養期間である2カ月齢までに実施することが望ましい。

除角によるストレスは，実施方法が適切であれば一過性であることが知られている。むしろこの時期に合わせて行われる離乳や群飼養開始による子牛へのストレスを軽減する方法が模索されている。

農家指導のPOINT

1．初乳摂取の有無を確認する
・出生直後の子牛に初乳給与は必要であり，初乳摂取の有無の確認は，母子同居であっても必要である。

2．人工乳への「食いつき」や吸乳の様子を確認する
・人工乳採食は3週齢頃から本格的になる。給与直後の「食いつき」を確認するとよい。子牛の吸乳速度は個体ごとの差があるが，体調によっても変動する。
・子牛の吸乳欲求は強く，「がぶ飲み」ではストレスに伴う葛藤・異常行動を強く誘発する。

3．群飼養での子牛の行動を観察する
・群飼養で子牛の吸乳欲求が制限されると，子牛同士の舐め合いが発生し，肉体的損傷を引き起こすことがある。一方で，社会的学習により人工乳摂取が早まったり，社会的促進により人工乳摂取量が増加する。

4．除角は2カ月齢以内に行う
・除角は2カ月齢以内に行うことが推奨されている。子牛にとってこの時期は，離乳や群飼養開始と重なる時期であり，適切な時期を選択すべきである。

2-3
育成牛の行動と飼育施設

Advice

　育成期は長く，体重の変化や生理的変化が大きい期間である。哺育期間中に単飼養していた牛も育成期以降は群飼養となる。牛群内に本格的に社会が構築される時期でもあり，社会的に安定したなかで目標にかなう成長を達成するには，十分な観察が必要である。牛群内での育成牛の社会性は，採食や休息など牛の生活すべての場面で影響を及ぼすことから，管理者が用意する施設や設備の工夫が必要である。本節では，牛群にみられる社会性を理解し，育成牛の採食行動と飼槽構造について説明する。

 育成牛の飼育環境

　育成期は，乳用牛あるいは繁殖用肉用雌牛であれば，哺育期終了後，初産分娩までの期間を指す。繁殖用以外の肉用牛であれば，離乳後，肥育期開始までの期間である。いずれの場合も期間は長く，体重の変化や生理的変化が大きい期間である。

　もちろん，これら変化に富んだ牛群を一群で飼養することはできず，成長ステージに応じて牛群を分けて飼養する。哺育期間に単飼養であった場合は，育成期が群飼養を初めて経験する期間であるし，哺育期に群飼養を経験した場合でも，本格的な社会的順位の確立が育成期にみられることから，育成期における牛群編成（管理者が用意する同居牛）は特に重要となる。あわせて，社会行動は採食や休息など牛の生活すべての場面で影響を及ぼすことから，管理者が用意する施設や設備が大切になり，管理者による観察も重要となる。

　乳用牛を例にとれば，哺育期間に単飼養であった子牛は，離乳後にはスーパーカーフハッチと呼ばれる6頭程度の群で飼養される。屋内飼育をする場合には，6カ月齢程度まではこうした少頭数での群飼養が推奨される（移行期，社会性の構築）。その後，15カ月齢頃の初回受胎という目標に向け成長を管理する。この期間，育成牛の群飼養頭数は増加し，1頭当たりの飼養面積も増加して，初産分娩（24カ月齢頃）前には20頭程度の牛群で飼養されることになる。

　各成長段階で頭数がそろわなくとも，月齢の離れた牛を同居させることは，社会行動的にも施設・設備の利用の面からも避けなければならない。牛群間での移動を考えれば，可動式のゲートにより区切られた牛舎での飼養が効率的である。ある牛群への新規牛の導入は，社会的に安定していた牛群を不安定化させる。成長が活発な育成牛では，成長に伴い牛群が変更されるが，日常的飼養場所がゲートなどで仕切られていても，互いに見える環境とすることでこうした群移行時の課題は少なくなる。

　踏み込み式（いわゆるフリーバーン）の収容場所で育成牛を使用する場合には，1頭当たりの飼養面積に留意する。過密や敷料不足での飼養は，横臥時間を十分確保できなかったり，牛体

の汚れにつながる。育成牛の1頭当たりの飼養面積は，3〜5カ月齢で3.65㎡/頭，9〜12カ月齢で3.95㎡/頭，16〜24カ月齢で5.50㎡/頭であるとされている（草地開発整備事業設計基準）。

休息場所と採食場所を分けることで，牛体を清潔にして，敷料の使用量を軽減させることができる。6カ月齢以降の乳牛は，フリーストール牛舎で飼養されることも多い。特に将来，フリーストール牛舎で使用される乳用育成牛では，この時期に適切でない牛床利用が見られれば矯正する必要がある。育成牛のストール寸法（長さ，幅，ネックレールの位置や高さ）は，月齢区分ごとに設定されているため，これを参考に適正な配置と牛群の構成が必要である。

育成牛の社会行動

育成期の初期は，社会性の構築時期である。2頭の牛が同時に存在すれば，2頭間での優劣関係が形成される。優劣とは強い牛と弱い牛という意味であり，それを判断するために敵対行動を観察する。2頭間に接触のある敵対行動（物理的敵対行動）に，「頭突き」や「押しのけ」などがある（**図1**）。こうした行動は，管理者にとって，とても観察がしやすく，また勝ち負けの理解がしやすいため，高い頻度で認めることができる。ただし，敵対行動はこうした直接接触のある行動のみではなく，「威嚇」や「服従」という序列的表現や，「通路優先」や「回避」といった動作的表現で示される，2頭間に接触のない敵対行動（非物理的敵対行動）も多数発生する。

一般に，敵対行動は牛群の安定化に伴い，物理的敵対行動から非物理的敵対行動へと移行することが知られている。牛群にとっての適正な飼育スペースは，優劣関係に基づき回避行動が

●図1　2頭間での接触のある敵対行動（物理的敵対行動，押しのけ）

取れるものである。飼育面積が低下すると不十分な回避行動しかできなくなり，敵対行動は非物理的な行動に移行できない。袋小路のような相手の進路を回避できない空間をつくることも，面積の低下と同様に不適切である。

接触の有無にかかわらず，こうした行動は2頭間の関係に基づいている。接触の有無によらず，いずれの行動を通しても対戦ごとに両者の優劣が決定される。ただし，牛における優劣関係は，一方向的（単方向的），すなわち優位な個体が常に勝つわけではなく，「勝ったり負けたり」するような双方向的関係も含まれている。したがって，一見した敵対行動のみでどちらが優位な個体なのかを判断すると，優劣関係を見誤る場合がある。

こうした2頭間の優劣関係に基づき社会的順位が決定されるが，同居する牛の増加により，必ずしも対戦の可能性のあるすべての組み合わせで対戦が観察されるとは限らない。そこで，対戦相手によらず，劣位個体の数による優位度を求め，その値から社会的順位が決定される。こうして求めた社会的順位は牛群の社会性を知る際の指標となるが，2頭間の優劣関係と必ずしも一致しない。いわゆる「逆転」や「3すくみ」を生じることもあり，牛群の敵対行動に基

● 図2　牛群の敵対行動に基づく優劣関係の例

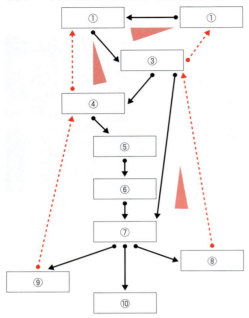

酪農学園大学牛舎で調査した10頭の牛個体（四角囲み）ごとの，優位度より求めた社会的順位（丸囲み数値）と2頭間の優劣関係（矢印）の一例
①が最も順位が高く，⑩が最も低い。観察された優劣関係は40組となり，全組み合わせに（$_{10}C_2=45$）に対する割合は89％となった。特徴的な優劣関係を矢印で表した。矢先は2頭間での劣位を示している。実線は社会的順位どおりの優劣関係だが，点線は優劣関係の「逆転」を表している。逆転にあわせ，3すくみ関係（三角形）ができることが多い

● 図3　相手を舐め2頭間で親和関係を形成する社会的舐め行動

牛群内では頻繁に行われている

づく社会は複雑である（**図2**）。

　相手を舐める親和行動（**図3**）は，敵対行動とともに育成期における牛同士の社会性の構築に必要な行動であり，社会的関係についても様々な研究が行われている。親和関係は，ソーシャルネットワーク解析により可視化する研究から，牛群内での各個体の役割が明らかになりつつある。また，放牧地やフリーストール牛舎での横臥位置には，互いの社会的関係が反映することが知られており，放牧地から牛舎への移動順序やパーラーへの進入順序のような関係は，社会空間行動として定義されている。さらに，育成牛は成長の過程で，施設の利用や管理者の飼養管理への対応など，多くのことを学び，慣れる必要がある。すでに物事を経験した牛と同居し，その行動を模倣することで学習は促進する。これは社会的学習と呼ばれ，育成牛がその農場ごとの飼養管理に適応しやすくし，将来にわたり管理者の作業を軽減するために，牛群の構成を工夫するなどして積極的に利用すべき学習形態である。

育成牛における採食行動と飼槽構造

　育成牛はほかの牛と群で飼養されることが多く，個体別の採食量の把握が困難であるため，粗飼料を自由採食とする場合が多い。育成期の放牧の活用により省力的管理が図れるとともに育成牛の運動機能発達を期待できる。もちろん粗飼料だけでは目標とする成長を踏まえた栄養要求量を確保できない場合は，補助飼料としての配合飼料給与が必要となる。この結果，飼料を給与する飼槽の状況によっては，敵対行動の頻度増加や採食量の低下が懸念される。中西らは，黒毛和種育成牛の飼料への接近順位を調べ，順位確立が14～17カ月齢であり，1頭当たり飼槽幅が90cmの条件では，最下位牛であっても最上位牛の73％の採食時間を確保できたと報告している。

　泌乳牛による研究ではあるが，放し飼い牛舎

においてポスト・レール型飼槽柵に比べセルフロックスタンチョン型の飼槽柵で敵対行動は減少するが，1頭当たりの飼槽幅が狭い条件（飼槽数の少ない条件）では，むしろ敵対行動のレベルが高まり，家畜福祉の観点から推奨できないとされている。このように1頭当たりの飼槽幅とともに，飼槽柵の形状は敵対行動に影響を及ぼす。各牛群内の育成牛構成に応じ，できる限り敵対行動を増加させないような施設の配置と飼養管理が大切である。

畜舎内で育成牛に乾草を給与する場合には，細切しない場合が多い。放し飼い牛舎でよく用いられるポスト・レール型飼槽柵での長い乾草の給与では，乾草の引き出し量が多くなる。この飼料は無駄になるとともに，飼槽手前が優位個体の休息場所となり，劣位個体が飼槽に近づけないこともある。こうした状況を解決するために，斜めパイプ型の柵が利用される。PetcheyとAbdulkaderは，斜めパイプ型飼槽柵を用いることで，育成牛による乾草の引き出し量が少なくなることを示した。また，採食時に育成牛が届く範囲が広くなることも示している。飼槽柵の構造により，その内部で飼養できる育成牛の体格は決定される。斜めパイプ飼槽柵は，ポ

●図4　斜めパイプ型の飼槽

育成牛に幅広く対応でき，乾草の引き出し量を少なくできるため，斜めパイプ型の飼槽柵が育成牛群ではよく利用されている

スト・レール型飼槽柵や垂直パイプ型飼槽柵に比べ，体格差の大きい個体同士を同時に飼養することが可能であり，この特徴も併せて考えれば育成牛用の飼槽柵に適している（図4）。

また，10〜15カ月齢頃の発情発見や，それに伴う人工授精などの措置が必要な育成牛群には，個別に保定できるセルフロック・スタンチョンの設置が望ましいように，必要とする飼養管理との関係で適切な飼槽柵を選択する。あわせて，育成牛群ごとに飼槽壁の高さや，飼槽の高さについては，詳細に数値の提示がなされている。

農家指導のPOINT

1．密飼いを避け，適正な収容頭数を心掛ける
・適正な育成牛の群編成（月齢範囲と一群の頭数）を行い，過密な飼育環境は避ける。

2．群間移動をしすぎない
・物理的敵対行動から非物理的敵対行動への移行が十分行われれば，安定した牛群となる。回避などができない飼育環境は改善を要する。育成牛の頻繁な群間移動も牛群の不安定化の要因になる。

3．飼槽構造が適切かを確認する
・飼槽構造（飼槽柵）は飼養施設内でも重要な要素であり，給与する飼料の種類や必要とする飼養管理とマッチしているかを確認する。

2-4
分娩前後の(採食)状況

Advice

　遺伝的改良の成功や飼養管理技術の発展により，過去数十年間で乳牛1頭当たりの乳量は飛躍的に増加したが，一方で受胎率は低下，繁殖障害による除籍頭数も増加しており，深刻な問題になっている。安定的な酪農経営を行うには受胎率向上が必須であり，繁殖生理の理解や授精技術向上は重要であるが，それらに加え，根本的に乳牛の健康状態を改善する必要がある。そのためには分娩を無事に乗り切り，分娩直後からの高い乳生産に対応するための分娩前後の飼育管理が鍵となる。
　本節では，現在の高泌乳牛の分娩前後の生理的変化を解説し，それらを踏まえ生産現場で使える管理ポイントを提案する。

分娩後の負のエネルギーバランス改善には分娩前から対処を

　乳牛において，分娩後の疾病発生や乳生産，繁殖機能回復，早期受胎などに悪影響を及ぼす要因の1つとして，分娩後の負のエネルギーバランス(NEB)が挙げられ，NEBが過度になることが問題であるという論文や記事は多く見られる。本来，エネルギーバランスとは，正味エネルギー消費量から正味エネルギー要求量を差し引いた値であり，一般的には分娩後約1～2週目に最低値になり，その後次第に回復するという変動をみせる。
　しかし近年では，分娩後の体重やボディコンディションスコア(BCS)が減少していることをNEBに陥っているというように概念的に使われることもある。そして，NEBの程度と分娩後の卵巣機能回復や子宮修復との関係がいくつか報告されており，それらはその後の受胎に直結する。したがって乳牛の繁殖成績改善には，分娩後のエネルギーバランスを良好に保つことが重要となる。しかし，分娩後の過度なNEBは，分娩時の事故や分娩後の飼料設計の失敗などの分娩後の明らかな問題を除き，分娩前のエネルギー状態や栄養代謝状態に起因しているというのが最近の研究で明らかにされはじめており，エネルギー含量の高いエサを分娩前に給与すると分娩後の初回排卵が早まるが，分娩後に給与しても卵巣機能回復に影響はないとの報告もある。また，分娩後の初回排卵が遅い牛では，早い牛に比べて，ホルモン産生や糖新生などの生理的機能に差はないが，分娩前の採食量は少ないことが報告されている。以上より，乳牛の繁殖成績改善にとって"乾乳期にいかに食えるか"が重要であることは明らかである。そこで次に分娩前の一般的な変化について述べる。

乳牛における一般的な分娩前の変化

　分娩前は次の乳生産に向けた乳腺細胞の更新，初乳の合成，胎子の成長がある。しかし，分娩前1カ月間で胎子の体重は2倍になるほど急成長するため，物理的に消化管が圧迫され採食量は減少する。このような状況でも胎子や初

乳合成にエネルギーを向けるため，エネルギーを自身の体に蓄積しやすい体質（同化）から消費しやすい体質（異化）に変化する。また分娩が近づくと，より異化代謝を促進させるため，末梢組織でのインスリン受容体数減少などにより，インスリン感受性が低下しその作用が弱くなるインスリン抵抗性を持つようになる。さらに分娩直前には妊娠を維持していたホルモンが急激に減少し，胎子や母牛自身から分娩に向けて様々なホルモンが通常の分泌量とは比較にならないほど大量につくられる。

これらの生理的な変化に加え，飼育管理上の変化を伴うことも多い。一般的には乾乳舎から分娩房，分娩後には分娩房から搾乳舎への牛の移動や，各牛舎で牛のステージに合わせた飼料の変更が行われる。そして，飼育場所の変更は牛へのストレス，飼料の切り替えはルーメンへのストレスにつながる。乳牛のライフサイクルを考えると，周産期という短期間に起こるこれらの劇的な変化は，疾病発生や受胎率低下につながる可能性が高い。

分娩前の採食量の把握

前述したように，乳牛の分娩前の避けられない変化，そして分娩後のエネルギー状態改善には，乾乳期にいかに食わせられるかが重要であることは理解していただけたと思う。そこで次に採食量の把握方法について述べる。一般の農場で採食量を測定することは不可能に近いため，採食量と同等の指標を用いることになる。血液中の代謝物濃度からエネルギー状態を把握することは精度が高いが，採血の技術や手間だけでなく費用や時間がかかり，生産現場で常に用いることはできない。視覚的に牛のエネルギー状態を把握できるBCSは，慣れれば手軽に

行えるが，採食量の変化が反映されるまでにタイムラグがあり，リアルタイムな採食状況を知ることは難しい。そこで着目するのがルーメンフィルスコア（RFS）である。RFSとは，左腹部の膁部の凹み具合により，採食不十分の「1」から採食十分の「5」までの5段階で評価し，その時の採食状況を診断する方法で，採食量との関連性も報告されている。そして，搾乳牛ではスコア3〜4，乾乳牛ではスコア4〜5がよいとされている（**図1**）。川島らは，RFSの変化が血液中の代謝産物および代謝ホルモン濃度から診断されるエネルギー状態や栄養代謝状態と一致することを確認している。

そこで，川島らはさらに分娩前のRFSによる採食状況が分娩後の卵巣機能回復や受胎と関連があるのか，調査を行った。実験牛は1日1回給餌される制限量の乾乳牛用TMR以外は乾草を自由摂取できるように飼育されており，TMR給餌の2時間前にRFSを測定した。その結果，初回授精で受胎した牛では分娩前のRFSに変化はなかったが，不受胎だった牛では分娩3週間前から分娩に向けてRFSが徐々に低下，すなわち採食量が減っていることを示した（**図2**）。また，不受胎牛には分娩後の卵巣周期が再開した後に再び卵巣が静止状態になる牛や，初回授精までに無排卵だった牛も確認された。これらの結果から，RFSは採食状況，エネルギーおよび栄養代謝状態の把握に有用な指標であること，そして分娩前のRFSをモニタリングしながら採食量低下への対策をとることで，分娩後の正常な卵巣周期再開と初回授精での受胎につながることが考えられる。

ただし，RFSは測定のタイミングでスコアに強く影響を与える要因が異なることに注意が必要である。採食中やその直後に測定する場合では，ルーメンの運動により膁部が膨らみ，正確

● 図1　ルーメンフィルスコア測定部位とスコア3～5の左膁部

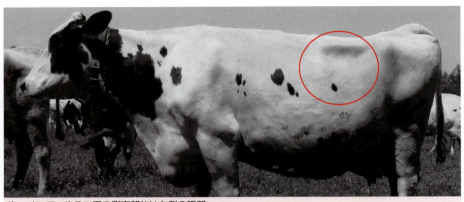

ルーメンフィルスコアの測定部位は左側の膁部
搾乳牛はスコア3～4，乾乳牛はスコア4～5が理想とされている（下図参照）

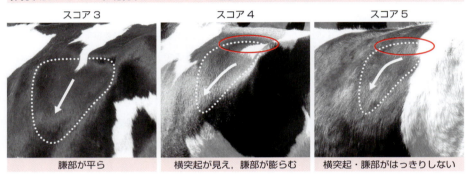

スコア3　膁部が平ら
スコア4　横突起が見え，膁部が膨らむ
スコア5　横突起・膁部がはっきりしない

に把握することが困難である。給餌や餌寄せ直後は，採食行動が刺激されることも留意すべきである。このように多くの牛が採食意欲を見せ，ルーメンも充満するであろう条件下では，スコアが大きくなりやすいため，よほど問題のある牛以外は適切といわれるスコア，搾乳牛では3以上，乾乳牛では4以上を示していることが一般的である。この時，適切なスコアに至らない牛がいた場合は大きな問題があると考えるべきだ。牛群に数頭いる場合には個々の牛に採食できない理由（肢蹄病や代謝障害など）があると考え，牛群全体が適切なスコアに至らない場合は給餌した飼料の品質などに問題があると考え，必要に応じた改善をすべきである。

次に給餌前に測定する場合について述べるが，一般的に搾乳牛は飽食できるよう管理されるため，乾乳牛に対する測定意義として捉えていただきたい。もちろん，乾乳牛でも採食時に測定する場合のポイントは前述したとおりである。制限給餌下での給餌前測定は，採食行動の刺激がないタイミングであり，この時のRFSは潜在的な採食意欲を示しているといえる。潜在的な採食意欲に違いが出る要因を特定することは難しいが，分娩間近や肢蹄に問題があるなど原因が明確な場合を除き，前述したインスリン抵抗性のような分娩に向けた生理的な変化が強く影響しているのかもしれない。理由はどうあれ，このタイミングで測定した場合，採食量が少しでも落ちた牛を特定しやすく早期に対処できるだろう。もちろん牛群全体のスコアが低い場合は，常時採食できる飼料の品質などに問題がないか目を向けるべきだろう。そして，い

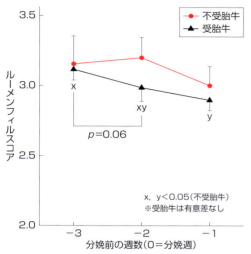

●図2 分娩後の初回授精の受胎および不受胎牛の分娩前のRFSの推移

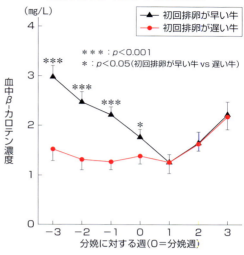

●図3 分娩後の初回排卵の早い牛と遅い牛の分娩前の血中β-カロテン濃度の推移

ずれのタイミングでも日々同じ時間帯で測定することが、牛の採食状況の変化を把握するためには有益である。

エネルギー重視で不足するβ-カロテン

分娩前後のエネルギーの充足はとても重要であるが、エネルギーを重視すると不足するものもある。その1つがβ-カロテンである。β-カロテンはビタミンAの前駆物質として知られ、主にビタミンAと同様の働きを持つが、ビタミンAとは体内の輸送形態が異なるため、β-カロテンは特異的な役割を担っている。牛において、β-カロテンは主に高密度リポタンパク（HDL）で輸送される。HDLは分子量が小さいため、卵胞の顆粒層細胞に入ることができ、そこでビタミンAに変換されエストラジオール産生を高めることが報告されている。このほかにもβ-カロテンは古くから繁殖機能に効果があると言われている。

しかし多くの研究は20～30年前に行われたものであり、乳牛の遺伝的能力も飼養管理方法

も現在とは異なる部分がある。β-カロテンは生草や良質な高水分の牧草サイレージに多く含まれているが、現在の乳牛にとって不可欠な配合飼料やトウモロコシサイレージ、そして乾草にはあまり含まれていない。そこで、分娩後早期の初回排卵の有無における分娩前後の血中β-カロテン濃度の推移を調査した。この調査対象の乾乳牛には牧草サイレージとトウモロコシサイレージ、乾乳牛用の配合飼料が給与されていた。その結果、分娩後の初回排卵が遅い牛は、分娩3週間前ですでに分娩後と同じくらいの低値を示していた（図3）。このβ-カロテンの変化はNEBに似ている。

前述したようにβ-カロテンはほぼ牧草由来と考えられるため、初回排卵が遅い牛は早い牛に比べて、分娩前に採食量が低下していたことが推察される。では、分娩後の初回排卵が遅れた理由は、分娩前からの採食量低下によるエネルギー不足が原因なのか、それともβ-カロテン自体の不足なのか？

川島らは分娩前にβ-カロテンを給与し、分娩後の初回排卵への影響を調査した。β-カロテン

の給与量は乾乳牛が放牧草を飽食した場合に摂取すると想定される2,000 mg／日とした。その結果，分娩後の初回排卵が早かった牛の頭数は，β-カロテンを給与しなかった対照群では4/14頭，β-カロテン給与群では9/12頭であった。また，β-カロテンを給与しても初回排卵が遅れた牛は，血中ビタミンA濃度が低かったため，臨床的な症状は確認されなかったが，体内のどこかでβ-カロテン（ビタミンA）を消費する状況だったのではないかと考えられる。一方，対照群で初回排卵が遅れた牛は，慢性的な肝機能障害を示す血液中のGGT値が高かった。しかし，β-カロテンを給与すると同程度の肝機能障害を示す牛でも初回排卵が早まった。

以上より，乾乳期のβ-カロテン給与は肝機能障害の牛に対し有効であり，分娩後の卵巣機能回復を促進する可能性が考えられる。もちろん，放牧飼養や品質のよい高水分の牧草サイレージを十分給与される場合は別だが，トウモロコシサイレージや濃厚飼料の給与割合が多い牛群では，分娩後の卵巣機能回復の遅れの一要因として，β-カロテン不足を疑うことをお勧めする。ただ，β-カロテンはそもそも牛の飼料に含まれている物質（色素）であるため，エネルギー充足の点からも分娩前の採食量低下を防止する方が補助飼料として給与するよりもよいことは事実である。そこで最後に分娩前の採食量低下への対策について述べる。

分娩前の採食量低下の予防と対策

分娩前に限らず，エサを十分に食ってもらうには品質のよい粗飼料の給与が一番であることは言うまでもない。しかし，エサの品質は確実な指標ではあるが，エサの品質にかかわらず採食量が減少することもある。その場合は飼育スペースや行動にも気を配るべきである。牛の頭数に対して飼槽の数やバンクスペースが足りないと競争が起こり，飼槽に行く回数や採食時間を減少させ，結果として採食量が減少する。このような状況下では，採食時以外の起立時間が増加する。そして乾乳期間の起立時間，特に前肢のみ牛床に乗せて立つパーチングの長さは泌乳期の蹄病につながるとも報告されている。パーチング姿勢は牛床の長さが短いことや，ネックレールが低い場合など，ほかの要因でも見られるが，これまでに見られなかった場合には過密かどうかを疑うべきである。また，これらを防止するには飼育頭数に合った牛床数や飼槽の数，もしくは十分なバンクスペース（乾乳期には80～100 cmが理想）の確保が必要である。

では，採食量が減少した場合はどのような対処がよいのか？ 問題のある牛を単体飼育できれば一番だが，できない場合はグリセリン投与も有効な手段だと考える。グリセリンはルーメン内で即プロピオン酸にされる，もしくは小腸から直接吸収されることにより，肝臓でグルコースに変換されるためエネルギー補給の役割を果たす。さらに，グリセリン投与により採食量が増加したという報告もある。また，川島らは現在，分娩前にRFSから採食量が落ちた牛に1日500 mLのグリセリンを1週間投与し，その後の採食量ならびに血液性状や乳生産，分娩後の卵巣機能回復や子宮修復，受胎への効果を検証中である。その結果，分娩前に採食量が落ちた牛へのグリセリン投与で採食量が回復した例も確認されており，早期受胎にもつながっているため，まだ実験中であるが効果が期待できる。もちろん，この程度の量のグリセリンは健康な牛に与えてもまったく問題はない。そのため，予防として分娩予定3～2週間前に全頭投与してしまうのも1つの手段であると考える。

農家指導のPOINT

1．分娩後のNEB軽減は受胎率向上につながる
- ここ十数年間は繁殖障害による淘汰の割合が最も多い。
- 過度なNEBは分娩後の卵巣機能回復や子宮修復を遅延させ早期受胎を妨げる。
- 過度なNEBは分娩前からはじまっている。

2．分娩前の変化は避けられない
- 分娩が近づくにつれ胎子成長や初乳合成のため、代謝状態が同化から異化へシフトする。
- 移行期の牛舎や飼料の変更は避けられず、牛やルーメンにストレスがかかる。

3．分娩前の採食量把握にはRFSが有用
- 制限給餌下において、RFSは採食状況、エネルギーおよび栄養代謝状態を反映する。
- RFSは給餌時間の前に同じタイミング（1～2時間前など）で測定するのがよい。
- 分娩前のRFS低下は分娩後の正常な卵巣周期再開や受胎の遅れにつながる。

4．分娩前の採食量低下に対する予防と対策
- 適切な密度（頭数分の牛床と飼槽スペースの確保）で飼育し、採食量低下を予防する。
- 採食時以外の起立時間が増えた場合は過密飼育の可能性が大きい。
- 採食量が落ちた牛へはエネルギー補給で採食量を改善する。
- 分娩後の卵巣機能回復にはエネルギーだけでなくβ-カロテン不足にも注意する。

2-5
泌乳牛の行動

Advice

　泌乳牛の行動は飼養管理や飼育環境の良否を決める重要な指標である。特に，採食行動や休息行動，搾乳時および搾乳前後の行動は，乳牛の生産性とも深く関わるため，十分な観察が必要である。行動をとらえる場合に，短時間に完結する「活動」，日内の行動パターン(継続時間含む)，痕跡に見られる状況証拠(牛体および施設)から検討し，より正確な乳牛状況把握の方法を理解すべきである。

採食行動

　採食行動の強さは，採食を開始するまでの時間(潜伏時間)，摂食速度や持続時間などにより観察できる。また，1日内での採食行動が発現する時刻や，採食回数，採食の継続時間などを評価することで，飼養管理との関係を検討することができる。

●採食時の行動

　乳牛の採食行動は，「頭を下げて，舌を使い口腔に飼料を取り込み(喫食)，頭を上げて飼料を咀嚼・嚥下する」動作の連続である。喫食で舌を使うことから，細切飼料では，飼槽(あるいは飼料)に傾斜があると，口腔へ飼料を取り込みやすい。飼料を混合して乳牛に与えると，配合飼料を選別するため，飼料を攪拌したり撥ね上げたりする。こうした採食動作により，採食可能範囲内に飼料が不足し，混合されたはずの残存飼料は不均一化する(図1)。このような飼槽上の飼料形状変化は，乳牛の採食活動の状況証拠(サイン)となる(図2)。

　採食時の選択採食の様相は，採食する飼料のバランスの悪さにつながり，乳牛が採食する養分量は一定しないものとなる。また，選択採食により嗜好性の低い飼料原料が残れば，社会的順位の低い乳牛の栄養的充足が得られにくくなる。さらに採食可能範囲内における残存飼料が少ない状態が続けば，遠い飼料を無理に採食しようとする動作の繰り返しにより，乳牛の首の擦れが発生することもある。

　飼料位置や形状変化を是正するため，餌寄せ作業を行う。餌寄せ作業では，単に飼料を採食可能範囲内に戻すだけでなく，分離した飼料の再混合を行うよう心掛ける必要がある。餌寄せ作業自体が採食行動の刺激になることから，給飼直後も含め作業直後の乳牛ごとの採食開始の状況は，個体ごとの状況を把握するサインになる。

●採食時間の把握

　1日単位の採食時間の把握は通常の行動観察からは困難であり，観察時刻や観察結果の解釈の工夫で把握しようという試みは多い。一方で，センサー技術が発展した現代では，これらを利用して個体ごとの採食行動を把握する技術が開発され，実用に供されている。得られた情報を

●図1　乳牛採食に伴う位置ごとの粒度変化は飼料給与後の不均一化を招く

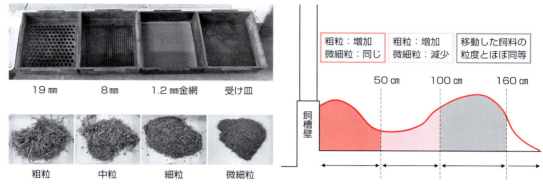

餌寄せ作業時には飼料の攪拌が必要となる

●図2　乳牛の採食により採食可能範囲外に集積した飼料

この状態になる前に餌寄せ作業が必要

●図3　採食行動特性＊の把握で乳牛の状況を判断できる

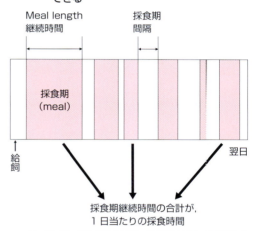

＊：採食期回数，採食期継続時間，採食期採食量，飼料給与後の採食行動開始までの時間（採食潜時），採食パターン

解析することで，採食動作の時間的まとまりである採食期や，採食期の1日内での発現時刻や回数，継続時間あるいは採食期間隔は，日内採食パターンとして行動を理解する指標となる（図3）。

　泌乳牛の日内採食パターンについて，DeVriesらは，放し飼い牛舎において飼槽での採食頭数は飼料給飼直後および搾乳終了時に多く，早朝の餌寄せ作業は乳牛の採食活動を活発にさせることはなかったと報告している。また，飼料給与直後の採食活動が1日の採食時間の長さの指標となる可能性がある。給飼直後の食いつきのよさは個体ごとの状況把握のポイントであるが，多くの牛で過度に食いつきがよいのは採食可能範囲内の飼料不足が懸念される。さらに，採食期回数の低下は「かため食い」と呼ばれ，栄養生理上，問題視されることがある。

●採食継続時間

　森田らは，1頭当たりの飼槽長と採食期継続時間との関係を示し，飼養密度の高い乳牛群は，1日当たりの採食時間が減少しなくとも，採食

時間確保のために採食行動を変化させ適応していることを示した。さらに彼らは，乳牛の配合飼料と粗飼料の採食順序による粗飼料採食時の採食期継続時間や採食期採食量の変化から，自動搾乳方式を用いた単方向移動型牛舎のレイアウトを提案した。あわせて，自動搾乳システムにおける配合飼料と粗飼料採食行動の関係が，こうした採食期に基づく採食行動の解析から検討されている。

DadoとAllenは，初産牛は経産牛に比べ採食量は少なく，採食期継続時間や採食期採食量が少ないことを示した。また，分娩後の採食量の増加が初産牛で遅い傾向にあることから，分娩直後の期間で初産牛は経産牛と分けて飼養するべきと推奨されてきた。さらに，彼らは初産牛を経産牛と分離して飼養することで，採食時間や採食期回数，サイレージ採食量が増加することを示した。一方，Bachらは，1日当たりの採食量や牛乳生産量に，初産牛を別群とするか経産牛と混群とするかの影響はないと結論した。しかし，1日当たりの採食時間や採食期回数，採食期採食量，採食期継続時間といった採食パターンに関わる行動指標は変化することを示し，初産牛単独飼養は，初産牛の牛舎内移動増加により，自動搾乳機での搾乳回数が経産牛との混群に比べ増加したと報告した。このような採食行動の詳細な理解は，放し飼い牛舎内での行動全体を通じ，より高度な洗練された飼養管理への応用が期待される。

採食パターンに関わる行動データの採取は容易ではなく，群飼養で継続して計測するためには個体識別計量器付き飼槽によるデータ採取が必要である。こうして得た行動データと実採食量データを比較し，乳量の変化や分娩後日数，産次数に伴う採食行動の変化を，泌乳牛における牛群構成との関連から検討しようとしている。

休息行動

乳牛の横臥休息時間は，1日9〜16時間（平均12時間）と言われ，行動的欲求としても，1日に占める割合が高く，重要な行動とされている。1日当たりの横臥時間は休息環境の評価に用いられることもあるが，通常の観察で1頭当たりの横臥時間を把握することは困難である。

●起立横臥動作

休息環境の評価には，動作解析から起立横臥動作のしやすさをチェックする方法が用いられる。乳牛は，前膝を一方ずつ折りたたみ接地し，次いで，左右いずれか一方の後肢を，もう一方の後肢に引き寄せ，引き寄せた側に後躯を落下させ，横臥姿勢をとる。起立動作では，基本的に横臥動作とは逆の順をたどる。

起立動作は，収容方式により異なる。例えば，フリーバーンのような動作を制限する構造物のない状態で，乳牛を繋留せずに飼養している場合には，両前肢とも，起立の際に前方に踏み出しながら伸長させる。この動作様式が牛にとって最も「自然」であり，動作所要時間も最も短い。

繋ぎ飼い牛舎での前肢の伸長は，1番目の前肢から前方に踏み出させないように制限しなければならない。フリーストール牛舎では，1番目の前肢を踏み出すが，2番目に伸長する前肢は踏み出さないように動作が制限される（図4）。こうした動作上の制限の程度は，ネックレールと呼ばれる水平パイプの前後位置と高さで決定されており，過度な制限，不十分な制限が見られた場合は，この位置を調整する。また両後肢伸長段階での「滑り」は，起立動作において危険である。こうした滑りは，表面の形状

●図4 フリーストール牛舎での乳牛の起立動作

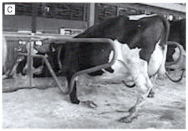

A：前膝を立て頭部を前方に伸ばす
B：両後肢を同時に伸長させる。Aの状態より4.9秒後
C：前膝で立っていた前肢を片方ずつ伸長させる。第一前肢は前方に踏み出す。Aの状態から6.5秒後
D：フリーストール牛舎ではネックレールにより牛体が後方に移動し、起立姿勢となる。Aから9.9秒後

よりも床の硬さと関連し、動作を直接確認するとともに、牛床にできた痕跡から判断することもできる。

●横臥姿勢

乳牛の横臥姿勢は、前躯が伏臥で、後躯が横臥となる四肢屈曲姿勢が多い。上側の後肢を伸長する姿勢も一般的であり、両姿勢を含め70％程度を占めている。上側の後肢の伸長に伴い、蹄が牛床後端外に位置し、排泄された糞尿で汚れることがある。この蹄の範囲は、牛床後端から20～30 cm程度に限られるため、牛舎内での管理作業の際には、簡単な糞寄せ作業を施すだけで、牛床の汚れは減少する。また、伸長した後肢の内側の擦れは、牛床後端で発生することがあり、そうした牛体の損傷を発見した際には、牛床の状況をチェックするとよい。一方で牛体の下に位置した状態の後躯には、下になった側に多くの荷重がかかり、牛床の状況によっては、飛節の外側に腫れ・出血が生じ、これを飛節スコアとして休息施設の評価や休息行動の評価に用いる。

乳牛は寝返りができず、1～2時間程度の横臥状態が継続すると起立する。1日当たりの横臥時間を確保するために、1日10回程度の横臥・起立動作を行っている。このため乳牛の快適な休息環境を定義する際には、横臥時の快適性が高い（牛床のクッション性がよい）とともに、起立・横臥動作がしやすいことの評価が必要となる。起立横臥動作の容易ではない牛床は、継続時間が延長し、飛節スコアが悪化することがある。

●排糞とストール長

また、人間の作業性や乳牛の衛生的環境確保の観点から、ストール上に糞を排泄させないことが必要である。横臥中の乳牛の尾が牛床後端外に落下しない内側すぎる横臥位置では、牛床上への排糞が増加する（図5）。一方で、多くの牛の尾が牛床後端外に落下し、上側の後肢が落下している外側すぎる横臥位置でも、牛体の汚染が著しい。こうした場合には、牛床の有効長調整のため、ネックレール位置やブリスケットボード位置を調整する。

● 図5　内側過ぎる横臥位置

牛床上への排泄が増加し、牛体の汚染につながる。伸張した上側の後肢の脱落や、尾の通路への落下がわずかに発生する程度が、適切な横臥位置である。横臥位置の調節には、ブリスケットボードやネックレールの位置調整が必要である

　断尾は牛体の清潔さとは関連性がないことがすでに明らかになっており、乳牛行動の観察やアニマルウェルフェアの視点からも行わない方がよい。横臥動作中の尾の挙動については、法則性があることが知られており、興味深い知見が得られている。

● 牛群の横臥率

　乳牛群の横臥の状況から、横臥時の快適性をチェックすることができる。硬い牛床における横臥継続時間は短く、選択性は低いが、クッション性のある牛床での横臥継続時間は長く、選択性は高い。しかし、この横臥継続時間を通常の観察から知ることは困難である。そこで、牛舎内作業中に横臥頭数や横臥率を継続的に確認して評価する。横臥率は、牛床利用牛頭数に対する横臥牛頭数の割合であり、牛床内で横臥する時間的割合が高まれば、高くなる。したがって、頻繁に起立・横臥を繰り返せば、数値は低くなり、起立動作が行いにくく、横臥継続時間が通常より長い場合には、横臥率は高くなる。一般的に80%以上の横臥率が推奨される。牛舎内位置により変化したり、観察する時刻によっても変化するから、横臥率をチェックする場合に、数頭の牛床利用牛をグループごとに判断すると、観察結果が早く分かり、牛舎内位置による違いなど、その牛舎の特徴も把握しやすい。

● 乳牛同士の関係

　横臥休息時の選択位置から乳牛個体間の親和的関係を知る試みは、かねてより行われている（最近接個体間距離）。フリーストール牛舎の牛床選択に関しても、乳牛相互の社会的関係が関与することが示唆されている。一方で、いずれの牛舎でも牛床列端の利用が、ほかの牛床の半分程度であるなどの共通した利用性の位置による相違や、各牛舎に特徴的な位置による利用性の違いが存在する。こうした乳牛の共通した休息場所選択の特徴や、その牛舎における特徴を知り、それとの相違が起こった場合の理由を考えることが、乳牛の休息行動を理解するポイントになる。

搾乳時および搾乳前後の泌乳牛の行動

　泌乳牛を管理するなかで、搾乳に関する作業は、作業者が泌乳牛の近傍で作業する時間が長く、個体ごとに対応するという特徴がある。搾乳時における泌乳牛の主な動作は、肢の踏みかえ（足踏み）、肢挙げおよび蹴りに分類される。これらの動作は、実際の搾乳時よりも前搾りや清拭時に多いことが知られている。また、前搾りや乳頭洗浄・清拭中に踏みかえ動作が静止している時間の約半数は10秒以内しかなく、すなわち、泌乳牛はほとんど静止することなく動いているとする調査結果もある。さらに、こうした搾乳中の動作の一部（特に、蹴り）は、管理者の存在によって減少するといわれている。

　これらの研究は、管理者が、泌乳牛にほぼ密着して作業する繋ぎ飼い牛舎で行われている。

● 図6 搾乳方式およびパーラー型式による管理者の乳牛に対する位置

繋ぎ飼い牛舎
アブレスト型

タンデム型(ピット内)

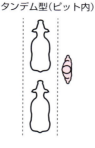

ヘリンボーン型(ピット内)

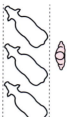

パラレル型(ピット内)

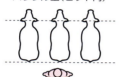

自動搾乳機

無人

放し飼い牛舎でのパーラー(搾乳室)でも，アブレスト型は構造的に繋ぎ飼い牛舎と同じであり，さらにタンデム型やヘリンボーン型なども，蹴りなどの課題を多く抱える構造である(図6)。つまり，搾乳作業中に泌乳牛は肢挙げや蹴りを行い，作業の妨げや作業者が危険に曝されないよう，搾乳時の泌乳牛ができるだけ穏やかであることを管理者は期待している。

● 乳汁排出反応

泌乳生理的には，乳頭洗浄や清拭といった物理的刺激が，脳下垂体後葉でのオキシトシン分泌を経て，乳腺内乳腺胞上の筋上皮細胞収縮を起こし，乳汁の排出が行われる(乳汁排出反応)。搾乳作業は，この乳汁排出反応を利用し，機械的に乳を得る作業とされる。物理的刺激から乳汁排出反応の開始までは約1分間であり，こうした時間で搾乳機械を装着することが望ましいとされる。

乳汁排出反応は，泌乳牛が怯えや痛みなどを感じると中断してしまう。反応の中断は，乳量減少につながるとともに，中断している時に搾乳機が装着され続ければ乳房炎の原因にもなる。搾乳中の泌乳牛の安定した気持ちを乱さないように，大声を出さない，牛を叩かない，金属音などを遮蔽するため音楽を流す(マスキング効果)などの手法が用いられることもある。乳汁排出反応は，ほかの刺激と組み合わされ，結果として乳頭への物理的刺激以前に発現する(パブロフ型条件付け)こともある。パーラーへの乳牛の移動時や，繋ぎ飼い牛舎での乳頭洗浄などの前に，漏乳(射乳)が起こるのはこのためである。

● 搾乳時の動作

自動搾乳機の馴致期間におけるストレス調査の1つとして，初産牛は2産以上の泌乳牛に比べ，ティートカップ装着の前後期間とも，踏みかえや蹴りの回数が多いことが報告されている。また，繋ぎ飼い牛舎で飼養していた泌乳牛を，自動搾乳方式へ移行した際の自動搾乳機への馴致のやりやすさや，馴致期間中の自動搾乳機内での肢挙げや蹴りなどの動作の頻度は，前の飼育場所である繋ぎ飼い牛舎での搾乳作業中の動作頻度とは関連性が低いとの研究報告もある(図7)。

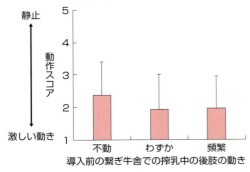

●図7 自動搾乳システム導入後の馴致期間における自動搾乳機での搾乳中の乳牛動作スコア

乳牛を導入前の搾乳時の蹴り回数にて分類した(不動：蹴り動作なし，わずか：蹴り回数 0.8 回／分，頻繁：蹴り回数 3.7 回／分)。導入前の動作では，導入後の乳牛の動作は予測できないことが示された。　森田ら(2005)のデータより作図

搾乳管理作業においては，自動搾乳方式を除き，管理者は泌乳牛の近傍で作業する時間が長く，個体ごとに作業が実施される。搾乳時の泌乳牛の肢の踏みかえ動作や，佇立の仕方(四肢への体重のかけ方)で，肢や蹄の異常を判断できるという考えがあり，こうしたことに配慮しつつ作業すれば，蹄病などの早期発見につながるかもしれない。また，自動搾乳機自体が体重計の役割を持つシステムでは，四肢への荷重分散を計測・記録して，肢蹄の異常を早期に発見しようという試みも行われている。

●搾乳前後の行動

　繋ぎ飼い牛舎では，管理者が搾乳機を泌乳牛の近くに運搬するのに対して，放し飼い牛舎では，泌乳牛が搾乳場所に移動し，搾乳後は退出する必要がある。例えば，パーラー方式での搾乳では，1日2回，全頭を待機場(ホールディングエリア)へ管理者が誘導する。待機場への誘導時間や円滑さ，待機場からパーラー内への進入および退出が自発的で円滑であることは，乳牛のストレスを軽減し，作業の効率化をもたらす。また待機場への誘導の際は，肢蹄状況の観察や発情発見の好機でもある。パーラーへの進入順番は，変動があるものの，社会的関係で上位・中位・下位程度で決まっており，人為的に変えようとしても困難であることが知られている。

　自動搾乳方式では，管理者による搾乳場所への誘導作業は原則としてない。泌乳牛は自発的に自動搾乳機を訪問する。搾乳時刻は牛群全体として固定されておらず，個体ごとのスケジュールに依存することになる。したがって，管理者が乳牛の状況を行動から観察することに工夫が必要となり，各種センサーを利用した行動記録と，その解析が必要となっている。自動搾乳機への訪問が減少すれば，管理者が乳牛を個体ごとに誘導しなければならず，自動搾乳機導入目的の1つである省力化を達成できない。したがって，自動搾乳機訪問に関する行動的研究は，訪問の動機付け(モチベーション)との関係で，注目されている。

　泌乳牛が自動搾乳機を訪問するのは，配合飼料給与という報酬に対する反応であり，正の強化としてのオペラント条件付けである。こうした学習の成立では，報酬(刺激)提示の方法により，訪問頻度や成立過程が異なることが，多くの学習に関する研究で知られている。これら研究成果の泌乳牛飼養管理への応用が期待されている(図8)。

　また，搾乳された直後には，乳頭先端の乳頭孔が開いた状態になっていることから，泌乳牛が横臥することを防止すべきといった飼養管理上の指導も推奨されている。

　このように，搾乳に関する作業は毎日定時的に行われ，管理者が泌乳牛の近傍で長時間作業をするから，行動観察によって泌乳牛の情報を得るのに有効な時間帯である。また，搾乳作業に付随する待機場への誘導といった作業も毎日

● 図8 自由往来型の自動搾乳システム牛舎

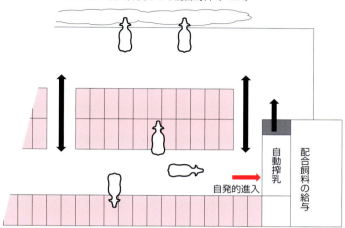

システム運用の鍵を握る「自動搾乳機への乳牛の自発的訪問（反応）」を促進させるためには，自動搾乳機での配合飼料の質・量（報酬）が，重要となる（正の強化）。混合飼料が連続強化スケジュールであるのに対して，自動搾乳機での濃厚飼料給与は，ほぼ固定時隔強化スケジュールである

定期的に行われ，乳牛の行動を観察するには格好なチャンスである。これらが泌乳牛自身に任され，自動化された自動搾乳方式では，こうした観察を，センサーなどを活用して計測し解析しなければならない。

農家指導のPOINT

1．採食行動を継続時間や飼料形状から理解する
・採食行動は，採食期という考え方のもと，飼料給与後の採食開始までの時間，日内の採食期回数，採食期継続時間などの指標を用いることで，牛舎内の移動性も含めた乳牛の状態を判断できる。
・また，飼槽上の飼料形状変化の理解は，飼料給与管理に役立つ情報である。

2．休息行動を動作・パターンから理解する
・休息行動は，乳牛にとって高い行動的欲求を持ち，横臥休息時間を十分確保すべきである。
・活動である横臥起立動作のしやすさや，牛床内での横臥率，選択する牛床位置，横臥姿勢，牛床内横臥位置など，牛舎内の管理作業時に確認することで飼養管理や乳牛の状況を判断できる。

3．搾乳時に泌乳牛の個体特性を理解する
・放し飼い牛舎方式でも，搾乳時およびパーラーへの移動時は，管理者が乳牛の行動的特性を理解できる恰好なチャンスである。
・自動搾乳方式では，原則としてこうした時間がないため，これに代わるセンサーの活用が必要になる。

2-6
乳肉用牛の行動と福祉

Advice

　家畜福祉に配慮した家畜管理に世界的な関心が集まっている。国内外問わず，すでに生産現場においても家畜福祉を取り入れた飼育管理が実践されている。家畜福祉は，「家畜を殺さずに生きながらえさせること」と誤解されている傾向があるが，家畜の状態を指す言葉である。家畜福祉を取り入れた飼育管理は，家畜の状態，すなわち，家畜生産性の向上につながる可能性がある。家畜福祉向上のためには，栄養要求量に見合った給餌，衛生的な飼育環境の提供など，5つの視点から総合的に評価されなくてはならない。

　本節は，はじめに家畜福祉の概要について正しく理解し，特に乳肉牛の行動に焦点を当て，生産現場レベルで実践できる家畜福祉に配慮した飼育管理について解説する。

家畜福祉とは

　私たちが「福祉」という言葉で単純にイメージすることは，社会福祉，介護福祉，高齢者福祉といったように，普段の生活のなかで触れる身近な話題である。そのため多くの生産者は「家畜福祉」と聞くと，「淘汰や生産のために必要なと殺がある畜産業において，"家畜を生きながらえさせる"とか"殺さない"という考えは相容れない」と考えている。しかし，その実態は大きく異なる。国際的な家畜福祉基準の策定を目指しているOIE（国際獣疫事務局）では，家畜福祉を「家畜が生活環境に対して，どのように適応しているかを意味している。家畜が健康で，快適で，栄養状態がよく，安全で，内的に動機付けられた行動を発現でき，もし，家畜が痛みや不安，苦悩といった不快な状態に置かれていなければ，それは福祉が良好な状態といえる。家畜福祉の向上には，疾病予防と獣医学的処置，直射日光や風雨から逃れられる適切な施設，管理，栄養，人道的取り扱い，人道的と殺が必要である。家畜福祉とは動物の状態であり，動物が受ける取り扱いは，家畜の世話，畜産，人道的処理といった用語で表される」と定義した。

　家畜が環境にどのように適応しようとしているかについて，その内容を具体的に表現すると，家畜の身体修復機能や免疫システムによる生体防御，生理学的なストレス反応，行動的な反応となる。したがって，家畜福祉とは，日本の多くの生産者や畜産関係の行政担当者が誤解しているような，「単に家畜がかわいそう」とか「手厚く保護しよう」とか「絶対に殺してはならない」といった考え方ではなく，家畜の取り扱い方法や管理方法，と殺方法に配慮し，それらを科学的に総合評価しようとする精密家畜管理学といえる。なお，家畜福祉を普及させたい畜産研究者は，生産者の誤解を招くことを恐れ，あえてAnimal Welfareを家畜福祉と和訳せず，カナ読みし，アニマルウェルフェア（AW）としている傾向がある。これに順じて本書では，家

畜福祉をAWとして表記する。類似した言葉に、酪農分野ですでに定着している「カウコンフォート」がある。そもそもコンフォート（comfort）とは、「肉体的な清新さ、持続性、痛みや病気などの除去、精神的苦痛、苦悩の除去」を意味しているので、カウコンフォートは「牛を衛生的な環境で、病気や怪我をさせずに、肉体的にも、心理的にもストレスを与えることなく飼育すること」と解釈できる。今もカウコンフォートはよく用いられるが、国際的に見てみると、酪農機械メーカーのカタログのなかで見る程度で、あまり使われていない。AWが世界共通語となっている。

AWの認識度

竹田ら（未発表）は長野県内の酪農場52戸（回答者は家族労働者なども含め110人）を対象に、AWに関する認知度についてアンケート調査を行った。その結果を見るとAWとカウコンフォートの両方を知っている生産者は40％、AWのみ知っている生産者は25％にも及び、少しずつではあるがAWの考え方が生産現場に浸透していることが伺える。その一方で、酪農生産においてAWは必要かとの問いに対しては、44.3％が分からないと回答しており、AWの実質的な内容、生産性との関連についての認識度は低く、生産現場に対するAW教育の重要性が認められる。なお、AWは酪農生産には不要と回答した生産者が2％存在し、これらの生産者は50歳代以上で、牛舎付設の運動場や育成牛、乾乳牛の放牧利用を実践していなかった。日本養豚協会が平成20年度に実施した養豚基礎調査全国集計結果によると、当時検討中だったAWの考え方に対応した飼養管理指針が公表されたらどうするかとの問いに対し、高齢生産者ほど「今の方式が一番なので、指針に則して変更する必要はない」と回答している割合が高かった。これらの結果は、生産者世代が若返ることで、日本におけるAW普及が促進される可能性を示しているものと考えられた。

そして、竹田らのアンケート調査では、乳牛の快適性向上のために今後、設備投資を行いたいかとの問いに対して、75％もの生産者が「投資したい」と回答している。すなわち、酪農生産現場において生産者は、乳牛の快適性に強い関心を持っており、牛が快適になるのであれば、（AW畜産になるのかについては別として）牛舎環境を改善したいと考えているのである。国、県をはじめ、行政関係者は今一度、AWの本質を正しく理解し、生産者を支援できるような施策を打ち出すべきではないだろうか。

AWの総合評価

前述の家畜福祉の総合評価は、1993年に英国政府によって設立された独立機関であるFarm Animal Welfare Council（FAWC）が提案した「5フリーダムス：Five Freedoms（"5つの自由"とも呼ばれる）」（**表1**）に基づいて行われる。この捉え方は、OIEでもAWを理解する価値ある指針であると示されている。したがって、多くの人が持っているAWに抱くイメージは全体像の一部に過ぎず、そのことだけが先行しているがゆえに、家畜福祉に関する理念が農場レベルで普及しない一因になっているのかもしれない。

我が国では、長野県の松本家畜保健衛生所を中心とした、AWに配慮した畜産農場を認定する基準を設ける「信州コンフォート畜産支援事業」が、2007年2月に国内初の試みとして公表された。この事業では、5つの自由の視点に基

● 表1　AWの基本原則である「5つの自由 Five Freedoms」とその要求事項の一例

	要求事項の一例
飢えと渇きからの自由	栄養要求量に見合った飼料（質，量）を与えているか？ 飼料は衛生的に保たれているか？ 新鮮で衛生的な水が提供されているか？
不快環境からの自由	床は清潔に保たれているか？ 十分な飼育面積が提供されているか？ 畜舎内は最適な温湿度が保たれているか？
痛み，怪我，病気からの自由	断嘴や断尾などの肉体の切断をしていないか？ 家畜の怪我や疾病を発見した場合は，治療しているか？ 疾病の予防注射をしているか？
正常行動を発現する自由	家畜の行動欲求を満たしているか？ 横臥時に四肢は十分伸ばせるか？ 異常行動を発現していないか？
恐怖，苦悩からの自由	取り扱いを熟知した管理者が家畜を取り扱っているか？ 管理者と家畜の関係は良好で，管理者の存在が家畜にとってストレスになっていないか？

竹田（2012）

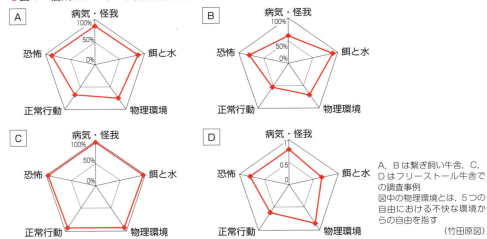

● 図1　信州コンフォート畜産認証基準による乳牛のAW総合評価の一例

A，Bは繋ぎ飼い牛舎，C，Dはフリーストール牛舎での調査事例
図中の物理環境とは，5つの自由における不快な環境からの自由を指す

（竹田原図）

づき，調査農場における家畜の状態をレーダーチャート（図1）で示す。このような見せ方は，5つの自由のなかで何が不足しているのかが一目で分かるので，農家指導の際に役立つかもしれない。

 AWの3つの誤解

AWについて関係者と議論するとき，反論されることがたびたびある。そのほとんどは誤解によるもので，それらは① AWには放牧は必須である，②すべての行動発現が必要である，③生産性を損なう，に集約される。まず，それらの誤解を解いていきたい。

はじめに，有機畜産を乳肉牛で実践するには，放牧の導入は不可欠であり，AWへの配慮も求められる。つまり，放牧地やAW配慮は有機畜産には必須である。しかし，AW畜産に放牧は

●図2　牛を名前で呼んで乳量アップ

7,938 L/乳期 ＞ 7,680 L/乳期

必須ではなく，舎飼いにおいても，AW畜産は十分対応できる。

　次に，すべての行動を発現させなければならないのかという点について，答えは「否」である。遺伝的に改良された牛であっても，様々な行動を発現する。5つの自由にも示されている正常な行動とは，維持行動としての摂取行動，休息行動，排泄行動，護身行動，身繕い行動，探査行動，個体遊戯行動，社会行動としての社会空間行動，社会的探査行動，敵対行動，親和行動，社会的遊戯行動，生殖行動としての性行動，母子行動がある。これらの正常行動に含まれる敵対行動の多さは，牛群の社会的不安定さを示し，場合によっては相手個体を傷つけることもある。AW総合評価の時に，敵対行動の多さはマイナス要因となる。したがって，AW畜産を普及する時，自然選択の過程で獲得された行動の正常性とAWで求めている事項との間には一部，乖離があることを，AW指導者は認識しなければならない。

　最後に，生産性との観点では，生産コストを抑えることで，生産性を向上できる可能性がある。我が国で飼養されている乳牛のほとんどが何らかの理由で獣医師による診療を受け，と畜場での内臓廃棄率は約67％と高く，生産現場における疾病の予見，予防は，解決すべき大きな問題である。しかし，これまでにAW総合評価の高い農場では，獣医師による診療回数が少ないという報告がある。そこで提案したいのが，飼育牛に名前を付けることである。BertenshawとRowlinsonは，搾乳牛に名前を付けていた農場では，名前を付けていなかった農場に比べ，1泌乳期当たりの乳量が258L多かったことを明らかにした(図2)。牛を名前で呼ぶことできめ細かい個体管理ができたことと，76ページで示されているように，牛を丁寧に取り扱った結果だといえよう。コストはかからず，乳量が増えるので，試してみる価値はある。

正常行動の発現を実践する ～親和行動編～

　(公社)畜産技術協会では，肉用牛，乳用牛のAWの考え方に対応した飼養管理指針を策定した。本指針では「正常な行動を発現する自由」について，牛の強い行動欲求があることを認め，AWを考える際の重要要素であることが示されている。しかし，正常行動を発現させる飼育管理にはコストがかかり，最終的な消費者がコスト上昇分を負担する状況が生じるばかりでなく，生産性との関連が必ずしも明らかでないとの理由から，本指針での項目としてはまったく取り上げられていない。

● 表2　様々な心理的ストレス環境下における黒毛和種育成牛の平均心拍数

	新奇物提示場面	驚愕場面	葛藤場面
非顔見知りの2頭群	72.3±12.9	74.9±11.8	66.9±4.0
顔見知りの2頭群	66.1±3.4	72.9±11.3	63.5±3.5
非顔見知りの5頭群	74.3±9.3	80.3±7.0	78.1±8.6
顔見知りの5頭群	60.8±11.2	63.4±8.9	63.0±10.6

単位：拍／分
いずれの場面でも，顔見知りの有無と群れの大きさ間で，有意な交互作用あり（$p<0.001$）
Takeda, et al.(2003)

● 図3　代表的な牛の親和行動である舐め行動

● 図4　繋ぎ飼い牛舎で親和行動を助長させる搾乳牛の配置例

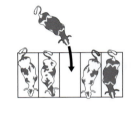

従来法
見知らぬ個体の間に，後継牛を導入

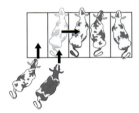

新たな方法
年齢順に並び変え，年齢が近い個体が隣にくるように配置する
また，育成牛群での同居個体を複数同時に導入する

　本指針では，正常行動の一例として親和行動を挙げているが，親和行動に基づく牛同士の社会関係は，緊張状態や心理的葛藤状態を軽減する（表2）。親和行動は放し飼い飼育でのみ認められる行動ではない。親和行動は一方の牛が他方の牛の顔や頸，肩を舐める行動で（図3），繋ぎ飼い牛舎でも隣接する牛同士で見られる。親和行動は，同居期間が長い個体同士（年齢が近い個体同士）や近縁個体間で交わされることが多い。繋ぎ飼い牛舎においては，単純に空いたストールに後継牛をつなぐのではなく，牛舎入口から牛を年齢順に並べる，または血縁関係にある個体が隣接するように並べるなど，コストをかけずとも，親和行動を助長できる方法はある（図4）。また，牛の親和行動発現頻度と生産性との正の相関も報告されている。牛群における親和関係の構築は，群形成後，すぐに形づくられるものではなく，同じペンでの同居後，約4カ月目から形成されはじめる。夏季の公共牧場における同一農場出身牛同士で形成されるサブグループも，冬季における同一ペン同居に由来する。また，心理的ストレス軽減の観点からも，親和関係の構築は重要であり，1群当たり5頭規模を基本とした牛群編成が望ましい（表2）。

正常行動の発現を実践する ～母子行動編～

　肉牛では母牛の繁殖機能の早期回復，また子牛の発育促進を目的に早期離乳が行われている。慣行法としては6カ月齢時での離乳だったものが，現在は様々な方法が検討され，3ないし4カ月齢時での離乳が行われている。乳牛に至っては，出生後，母乳を飲む機会は与えられ

たとしても，母牛からは直ちに引き離されてしまう。母子関係は必ずしも栄養的機能だけでは説明できず，母牛の世話による子牛の健康性向上，母牛の摂食行動を視覚的に学習することで新規な飼料に早期に慣れることが報告されている。代表的な母子行動の1つに母牛による舐め行動（MG）がある。小針らは，MG持続時間と出生した子牛の生後1カ月齢時までの日増体量（$r=0.64$），下痢持続日数（$r=-0.67$）に有意な相関関係があり，母牛の子牛への世話が子牛の成長，健康性に大きく影響することや，MGの実行によって，子牛の大腿部表面における一般細菌数が減少したことを報告した。野草地などには，子牛や育成牛にとって新規な植物が多い。このような場所に育成牛などを放牧する時，母牛のような経験牛と一緒に放牧することで，育成牛単独放牧よりも摂食植物種が多いことをFukasawaらが報告している。

正常行動の発現を実践する ～子牛の遊戯行動編～

群内の個体間で幼齢期にみられる社会行動や性行動を模した行動を社会的遊戯行動という。社会的遊戯行動はその後の社会行動，性行動を健全に発現させる機能があり，特に幼齢時の遊戯行動が抑制されるとこれらの行動発現が低調になることがある。したがって，社会的遊戯行動の発現状態は，幼齢家畜の身体および精神的な健康状態に反映されると考えられる。良好な飼育環境下で幼齢家畜の社会的遊戯行動がよく発現されるとの指摘もあり，具体的には，子牛に給与する代用乳の摂取量不足時や，離乳時のような飼育環境に由来するストレス負荷時には，社会的遊戯行動が少なかったという報告もある。

前述の親和行動とともに子牛の遊戯行動は，エンドルフィンによって発現すると言われており，これらの行動実行は牛に正の情動（＝心地よいという感情）をもたらす。したがって，幼齢期における飼育環境の良し悪しは，社会的遊戯行動の発現頻度と相関があり，社会的遊戯行動の発現状態がAW評価に応用できる可能性が示唆されている。

また，幼齢期における群飼経験は他個体との混群時における敵対行動発現を抑制し，単飼個体と比べると混群後の優劣順位が高くなるとの報告もある。このことは，幼齢期における社会的遊戯行動を通じた社会経験が，性成熟後の社会関係構築に重要な役割を有していることを示している。一般的に乳用子牛はカーフハッチなどで単飼されることがほとんどである。群飼の場合，後述する異常行動（例えば，お互いの臍帯吸いなど）を助長し，疾病予防上の課題もある。しかし，牛群内における不必要な敵対行動を減少させ，生産性にもプラスに働く親和行動を助長することにもつながるので，フリーストール牛舎などでの群飼を取り入れている飼育システムにおいては，他個体との遊戯行動を発現できる飼育環境づくりも試してみる価値はある。

正常行動の発現を実践する ～性行動編～

生産システム上，致し方ないことであるが，牛の世界では男女（雌雄）が席を同じにすることはない。しかし，雌牛群に種雄牛を入れることで，雌牛の発情回帰が早まるとする雄効果（male effect）の存在が複数，報告されている。近年，乳肉牛ともに鈍性発情の多さや受胎率の低さが問題になっている。その原因として様々な分析が行われているが，雄の不在も原因の1つなのかもしれない。かつて，多くの公共牧場では種雄牛を使ったまき牛繁殖が行われてい

●図5　放し飼い牛舎の一角に置かれた種雄牛

●図6　代表的な牛の異常行動である舌遊び

た。しかし，出生子牛の登録が取得できないとの理由から，敬遠され，人工授精や受精卵移植技術が求められ，また洗練化されてきた。まき牛繁殖の場合，受胎率はほぼ100％となるので，搾乳後継牛を求めなければ，放し飼い牛舎において黒毛和種の種雄牛を導入し，まき牛繁殖することも1つの工夫といえよう。また，放し飼い牛舎の一角に種雄牛を置いておくことで，発情牛を自発的に誘導し，自動的に捕獲する技術もある（図5）。

正常行動の発現を実践する ～異常行動抑制編～

異常行動とは，「様式上，頻度上，あるいは強度上で正常から逸脱した行動」と定義されて，繋留やストールなどの単調な環境，スノコ床などのような元来持つ行動様式に合致しにくい施設，設備での長期飼育に伴う葛藤や欲求不満な状態が持続した時に発現する。決して，病的に牛が奇異な状態になった時の行動とか，大きな地震発生前に観察された普段と異なる行動のことではない。牛の代表的な異常行動に，舌遊びがある。舌遊び（図6）は，舌を口の外に長く出したり，引っ込めたりする動作を繰り返したり，口を半開きにした状態で，口のなかで舌を転がすように丸める動作のことをいう。繋ぎ飼いされている牛や人工哺乳子牛，粗飼料の切断長が短い時，草を舌で巻き取って引きちぎるという牛本来の動作が制限された場合に発現する。栄養学的に粗繊維必要量が満たされていても，その形状の違いによって，牛は行動欲求を満たせず，異常行動の発現という形でその欲求不満状態を表現しているのである。舌遊びをする牛ほど第四胃潰瘍になる傾向があるので，牛の健康性維持のためにも異常行動の抑制を心掛けたい。

農家指導のPOINT

1．アニマルウェルフェア（AW）は家畜の状態のことである
・AWでは，5つの視点（5つの自由）から科学的・総合的に家畜の状態を評価する。
・AWの評価は，精密家畜管理であり，飼養管理改善に役立つ。

2．アニマルウェルフェアでの正常行動を理解する
・AWへの誤解を解き，発現させるべき正常行動を理解すれば，AWはコストの低減や生産量増加を期待できることがある。

3．正常行動を実践的に発現させる
・親和行動：牛群編成や隣接個体の選択。
・母子行動：母牛による世話は子牛の成長や健康に好影響である。
・子牛の遊戯行動：仲間とよく遊ぶ子牛は身体・精神が健康である。

4．異常行動は不適切な飼育環境への牛からのサインである
・異常行動の発現は，飼育環境の不適切さの現れである。
・何が問題なのかについて要因を理解し，その改善を農家とともに検討する。

2-7 放牧牛の行動

Advice

放牧は「省力的である」というイメージが強い。通常の給餌作業や糞尿処理作業に関しては，その作業が不要なことから確かにあてはまる。その一方で，牛の誘導や捕獲を必要とする作業については，屋内飼育に比べて困難を伴う場合が多い。放牧牛の扱いに慣れていない作業者が牛群を移動させると，やみくもに牛を追いかけ回して群れを散り散りにした挙げ句に，怒鳴り散らして，牛も人も興奮してヘトヘト……といった光景が見られる。また，小規模放牧では脱柵を起こすことで，周囲農場や住民と軋轢を生じてしまうような場合もある。放牧において牛を思い通りに，省力的に管理するためには，適正な放牧施設の設置・利用とともに，牛の能力や作業者と牛の関係を理解して行動管理に利用することが必要である。

本節では主に肉用繁殖雌牛の放牧を取り上げ，近年普及が図られてきた耕作放棄地などを利用した小規模な放牧での行動管理と，従来から行われてきた公共草地を利用した大規模な放牧の2つを例にとって，牛の「怯え」を利用した放牧牛の行動管理について解説する。

 牛の能力と怯え

牛はヒトと同じように視覚・聴覚などから周りの世界の情報を入手する。視覚を司る目は顔の横についており，330度ほどの視野がある。視力は0.1以下で，正面の30度以外の範囲は一眼で見ているため，奥行きを知覚しにくい。そのため，スノコ状のフタをした深みのある場所を通ることを躊躇する。一方動くものについては，視差によって敏感に感知できる。また，色を識別できることや暗がりに強いという特徴を持っている。聴覚については，2,000 Hz程度で感受性がピークに達して，そこから6,000 Hzにかけて急激に低下する。平常時の人の声の周波数は500～800 Hzと言われており，人の声や音楽などは聞き分けることができる。

牛はそれらの感覚器を利用して様々な出来事をとらえる。食べられる側の動物である牛は生来的に新しい出来事や見たことがないものに対しては「怯え」の反応を示す（英語の「fear」の訳語として，「恐れ」や「恐怖心」といった語を当てる場合もあるが，本書では「怯え」で統一する）。怯えは動物にとって一般的な感情であり，捕食者からの逃避を動機づける。野生においては見慣れない物体や状況は危険を感じさせるサインであり，動物の代謝を亢進させ，警戒や逃避行動をとらせる。例えばいつも通っている通路に白い紙が落ちているだけでも，牛は怯えを感じて一旦立ち止まり，安全を見極めてから，近寄ってにおいを嗅いだり，舐めたりする。そして危険がないと分かると鼻面で遊んだり，紙を無視して通過したりする。逆に風が吹いて突然紙が舞い上がったりすると，牛は怯えて逃げ出す。屋内飼育や放牧にかかわらず，私たちが牛を管理する際にはこの怯えを利用しているが，以下では特に放牧場面での利用について例を挙げて説明する。

● 図1　電気牧柵に対する怯えが消えていく過程

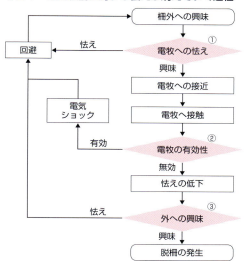

● 図2　牧区外の草を食べようとして頚がポリワイヤーに触れる

🐂 「怯え」を利用した電気牧柵

「怯え」を利用した放牧牛管理の1つ目の例として，近年広く普及してきた耕作放棄地を利用した小規模放牧を取り上げる。小規模放牧の普及には設置・移設が容易な電気牧柵（以下，電牧）が大きな役割を果たしている。電牧は有刺鉄線などを用いた物理柵とは異なり，電気刺激に対する牛の怯えを利用した心理柵である。牛は見慣れない電牧線に対してにおいを嗅ぐ探査行動を示す。このとき湿った鼻面が電牧線に接触して強いショックを受けることで電牧線に対する怯えが植え付けられる。小規模放牧で一般に用いられている電牧線や支柱は牛の衝突などの物理的な衝撃には弱いが，牛の怯えを利用することでこれまでの牧柵よりも高い脱柵防止の効果を発揮している。

しかし，不適切な管理によって怯えが失われてしまった場合には，電牧を使っていても脱柵は起こる。図1に電牧に対する怯えが失われていく過程を示した。馴致が十分に行われている牛であっても，放牧している間は，完全に電牧を回避しているのではなく，電牧線に触ることがある（図2）。電気の通っていない電牧線に繰り返し触ることで，電牧に対する怯えが次第に失われていく。そのような状態で「草が少なくなる」など放牧地の環境が悪化し，外の方が牛にとって相対的に魅力的に見えるようになった時に脱柵は起きる。

怯えを保ち，脱柵を防ぐためには，3つのポイントがある。1つ目は，適切な馴致や電牧を知覚させることによって，電牧に対する怯えをきちんと呼び起こすことである。牛の視力は弱いことから，入牧直後などの興奮状態の時には，細いポリワイヤーに気づかずに突き破ってしまう場合がある。空き缶をぶら下げたりビニールテープを巻き付けたりする（図3）などして牛が異物やポリワイヤーを知覚しやすくすることは，怯えを呼び起こすことに有用である。2つ目は電牧の効果を有効に保つことである。牛は放牧中に時々電牧に触っており，いわば私たち以上に電牧のチェックをしている。電圧チェックを定期的に行い，牛が触った時に十分な電気ショックを与えられるようにすることが大切である。3つ目は放牧地の環境を良好に保ち外部への興味よりも電牧への怯えを相対的に高くす

● 図3 ポリワイヤーを見えやすくすることで怯えを呼び起こす

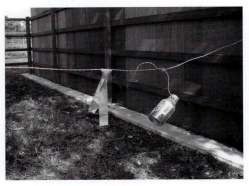

● 図4 牛のフライトゾーンとバランスポイント

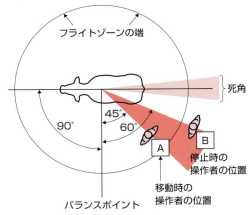

Grandin（2000）を改変

ることである。特に小規模で単調な放牧地では，牛は些細な刺激にまで過剰に反応するため，移動や治療のために接近する際や，柵周りの管理に注意が必要である。

🐂 「怯え」を利用した群れの誘導

「怯え」を利用した管理の2つ目の例として，放牧地での牛の誘導を取り上げる。入退牧，転牧のみならず治療や妊娠鑑定など，放牧地においても牛を誘導する機会は少なくない。

牛にとっては私たち人間も捕食者であり，生来的に怯えの対象である。人間が遠くから放牧牛に近寄る場合，牛たちは顔を上げ，座っている牛は立ち上がって，人間が近づくのを注視する。そして，ある一定の距離まで人間が近づくと牛たちは逃げ出す。このような反応は放牧地で牛を管理する際によく見かける光景である。その逃げ出した時の人と牛との距離を「逃走距離」という。

牛の逃走距離のイメージを図4に示す。逃走距離はフライトゾーン（Flight Zone）と呼ばれる牛のき甲部を中心としたほぼ正円となる。牛を誘導する際には牛の反応を見ながら逃走距離を確認し，その端で誘導作業をする。牛を前方に移動させる場合には，牛の斜め後方からフライトゾーンに侵入する（図4のAの位置）。逆に止める場合にはフライトゾーンから退出する（図4のBの位置）。また，肩甲骨の部分より伸びるバランスポイントの後方からフライトゾーンに侵入することで牛は前方に移動し，バランスポイントの前方から侵入すると牛は後方へ移動する。通路などで何頭かまとまった牛を前進させる際には，並んでいる牛の前方からバランスポイントの後方に素早く通過することで，群全体をスムーズに進められる（図5）。また，真後ろは牛の死角であり，ここから接近すると人の存在に突然気づいて激しく驚き，暴走したり蹴ったりすることがあるので注意が必要である。そのため，牛の死角付近から接近する際には牛に声をかけるなどして人の存在を知らせるようにする。フライトゾーンの広さは牛が人に対して抱く怯えの程度によって変わるが，人が接近する速度によっても変わる。早足での接近はフライトゾーンを大きくすることで誘導を困難にし，作業効率を低下させる場合もある。

公共草地など多くの牛がいる場合には，牛を群れとして誘導することが必要になる。図6に

● 図5 通路の牛を前方に進める際の作業者の動線

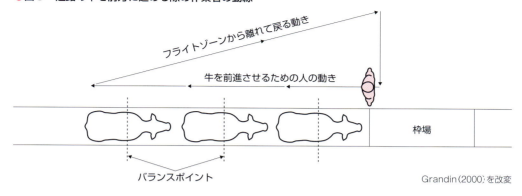

● 図6 群れとして牛を移動する際の作業者の動線

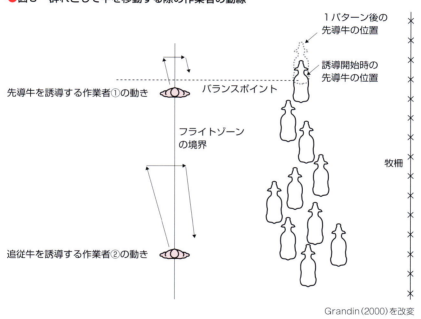

　フライトゾーンの概念を応用した放牧地での牛群の誘導を示した。牛は群れで生活する動物であり，社会的な順位とは別に移動の際には先導−追従関係が見られる。先行する数頭の牛と追従する多くの牛，という細長い三角形型の隊列を形成して移動する。作業者は協力して，牛群のフライトゾーン境界近辺でゾーンへの侵入と退出を繰り返し群れ全体を誘導する。フライトゾーンへの侵入退出は断続的に行った方が誘導の効率がよい。そのため，人数が多すぎることで逆に効率が落ちてしまうことがある。作業者同士の協力がうまくいかない場合や，フライトゾーンに深く入りすぎた場合には牛群が崩れてしまうことがある。その場合には無理に集めようとせずに，群れで生活する習性を利用して，少し引いた位置で自発的に一群に戻るのを待つ。

🐄 「怯え」利用の注意点

　ここまで，牛が持っている物や人への怯えを

利用する管理について説明してきたが，最後に留意点を挙げる。

まず挙げられるのは，怯えが強すぎる場合である。逃走距離が長すぎると，人が少し近づいただけでも牛は動き出してしまい，移動を制御するのが難しくなる。怯えが強くなる状況としては，入退牧時のように一時的な場合もあれば，不適切な管理によって人との関係が恒常的に悪化している場合もある。また，前述のとおり，怯えはストレスであり，強すぎる場合には作業時に人や牛の怪我が懸念されるうえに生産性も低い。

逆に怯えがまったくない場合も問題になる。人に怯えない牛の場合，フライトゾーン自体が小さく，人による誘導が難しくなる。また，幼少期に人に対する怯えを減らすことを目的としたブラッシングが，人に対する模擬闘争行動を引き起こすという報告もある。

このように，人に対する怯えが過度な場合でも，まったくない場合でも，牛の誘導や管理は難しくなる。そのため，人と牛との間に「適度な」関係を保つことが，放牧地（のみならず屋内飼育でも）での牛の管理を安全かつ省力的に行うポイントになる。しかし，人に対する牛の怯えの形成には，遺伝やそれまでの飼い方が複雑に影響し合って成り立っている。いかにして「適度な」関係を保つかについては，必要な知識を得たうえで，経験を積むことで実践的に習得する必要がある。

農家指導のPOINT

1．牛の感覚を理解する
- 牛の視覚は視力が悪いものの，視野は広く，物の動きを敏感に感知できる。
- 聴覚は，平常時の人の声の周波数帯であれば問題なく聴くことができ，声や音楽の違いを聞き分けることができる。

2．牛の怯えを利用して止める
- 小規模移動放牧で用いられる電気牧柵は，牛の痛みに対する怯えを利用した心理柵として高い脱柵防止機能を示している。その能力を発揮するためには適正な管理によって牛の怯えを保つ必要がある。

3．牛の怯えを利用して誘導する
- 人が接近する際に牛が逃げ出した時の人との距離を「逃走距離」と言う。逃走距離は牛のき甲部を中心としたほぼ正円となるフライトゾーンを形成する。
- 牛を誘導する際には，作業者が牛の反応を見ながらフライトゾーンへの出入りをすることで，牛を移動させる。
- 群として移動する際にも，先行する牛と追従する牛それぞれのフライトゾーンを考慮し，一群として移動する。

4．牛の怯えをコントロールする
- 牛の怯えの形成には遺伝やそれまでの飼い方が複雑に影響し合って成り立っている。いかにして人と牛が"適度な"関係を保つかについては，必要な知識を得たうえで，経験を積むことで実践的に習得する必要がある。

References

●2-1　牛と人（飼育者および獣医師）との関係
- 安部直重：応用動物行動学の黎明，245～252 (2003)
- Duve LR, et al.：*J Dairy Sci*, 95(11), 6571～6581 (2012)
- Hayashi A, et al.：*Int J Dev Neurosci*, 16(3-4), 209～216(1998)
- Hemthworth PH, et al.：*J Anim Sci*, 78(11), 2821～2831(2000)
- Ishiwata T, et al.：*Anim Behav Manage*, 43(3), 164～173(2007)
- Krohn CC, et al.：*Appl Anim Behav Sci*, 80(4), 263～275(2003)
- Rushen J, et al.：*Appl Anim Behav Sci*, 65(3), 285～303(1999)
- Rushen J, et al.：*Appl Anim Behav Sci*, 73(1), 1～14(2001)
- Rybarczyk P, et al.：*Appl Anim Behav Sci*, 81(4), 307～319(2003)
- Tao S, et al.：*J Dairy Sci*, 95(12), 7128～7136 (2012)
- Uetake K, et al.：*Anim Sci J*, 73(4), 279～285 (2002)
- Uetake K, et al.：*Anim Sci J*, 85(1), 81～84 (2014)
- Waiblinger S, et al.：*Appl Anim Behav Sci*, 79(3), 195～219(2002)

●2-2　哺乳子牛の行動
- 干場信司：獣医畜産新報，54(12), 1023～1026 (2001)
- 近藤誠司ら：北海道大学農学部牧場研究報告，16, 29～35(1997)
- 黒崎尚敏：臨床獣医，35(1), 12～16(2017)
- 桃田優子：*Animal Behaviour and Management*, 50(1), 21(2014)
- 森田茂，西埜進：酪農学園大学紀要，11, 411～417(1986)
- 森田茂ら：日本畜産学会報，70(6), 542～546 (1999)
- 森田茂ら：酪農学園大学紀要，37(1), 1～4 (2012)
- 佐藤光夫ら：*Animal Behaviour and Management*, 47(1), 33(2011)
- 杉田慎二ら：酪農学園大学紀要，23, 23～27 (1998)
- 髙橋俊彦：臨床獣医，32(2), 34～36(2014)

●2-3　育成牛の行動と飼育施設
- Endres MI, et al.：*J Dairy Sci*, 88(7), 2377～2380(2005)
- 伊藤紘一，高橋圭二 監訳：MWPS フリーストール牛舎ハンドブック，9～22，ウイリアムマイナー研究所，東京(1996)
- 木内明子，竹田謙一：*Animal behaviour and management*, 50(1), 34(2014)
- 近藤誠司：ディリーマン，60(6), 63～64(2010)
- 森田茂：*J Rakuno Gakuen Univ*, 17, 17～23(1992)
- 中西良孝ら：日本家畜管理研究会誌，26(2), 59～63(1990)
- O'Connell NE, et al.：*Appl Anim Behav Sci*, 127(1-2), 20～27(2010)
- 大坂郁夫：デイリージャパン，59(12), 24～27 (2014)
- Petchey AM, Abdulkader J：*Animal Production*, 52, 576～577(1991)
- 佐藤衆介ら：日本家畜管理研究会誌，26(2), 64～69(1990)
- 山川歩実ら：*Animal behaviour and management*, 49(1), 24(2013)

●2-4　分娩前後の（採食）状況
- Ashes JR, et al.：*J Dairy Res*, 49(1), 39～49 (1982)
- Ashes JR, et al.：*Biochim Biophys Acta*, 797(2), 171～177(1984)
- Barlund CS, et al.：*Theriogenology*, 69(6), 714～723(2008)
- Beam SW, Butler WR：*J Reprod Fertil Suppl*, 54, 411～424(1999)
- Bell RA, et al.：*J Am Coll Nutr*, 14(2), 144～151(1995)
- Burfeind O, et al.：*J Dairy Sci*, 93(8), 3635～3640(2010)
- Butler WR, Smith RD：*J Dairy Sci*, 72(3), 767～783(1989)
- Castro N, et al.：*J Dairy Sci*, 95(10), 5804～5812 (2012)
- Cavestany D, et al.：*Reprod Domest Anim*, 44(4), 663～671(2009)
- Cavestany D, et al.：*Anim Reprod Sci*, 114(1-3), 1～13(2009)
- Chew BP, et al.：*J Dairy Sci*, 65(11), 2111～2118(1982)
- Darwash AO, et al.：*Anim Sci*, 65(1), 9～16 (1997)
- Debras E, et al.：*Am J Physiol*, 256(2 Pt 1), E295～302(1989)
- de Feu MA, et al.：*J Dairy Sci*, 92(12), 6011～6022(2009)
- Hulsen J：*COW SIGNALS*（中田健 訳），60～61，デーリィマン社，札幌(2008)

- Kamimura S, et al.：*Anim Sci Technol*, 62, 839~848(1991)
- Kawashima C, et al.：*Anim Reprod Sci*, 111(1), 105~111(2009)
- Kawashima C, et al.：*Reprod Domest Anim*, 45(6), e282~287(2010)
- Kawashima C, et al.：*Anim Sci J*, In press(2016)
- Lucy MC：*J Dairy Sci*, 84(6), 1277~1293(2001)
- Michal JJ, et al.：*J Dairy Sci*, 77(5), 1408~1421(1994)
- 日本標準飼料成分表(2009年版)
- Proudfoot KL, et al.：*J Dairy Sci*, 92(7), 3116~3123(2009)
- Proudfoot KL, et al.：*J Dairy Sci*, 93(9), 3970~3978(2010)
- Schweigert FJ, et al.：*In Follicular Growth and Ovulation Rate in Farm Animals*, 55~62(1987)
- Schweigert FJ, et al.：*J Reprod Fertil*, 82(2), 575~579(1988)
- Senatore EM, et al.：*Anim Sci*, 62(1), 17~23(1996)
- Shalgi R, et al.：*Fertil Steril*, 24, 429~434(1973)
- Wathes DC, et al.：*Physiol Genomics*, 39(1), 1~13(2009)

● 2-5　泌乳牛の行動
- Bach A, et al.：*J Dairy Science*, 89(1), 337~342(2006)
- Dado RG, Allen MS：*J Dairy Science*, 77(1), 132~144(1994)
- DeVries TJ, et al.：*J Dairy Science*, 86(12), 4079~4082(2003)
- Grant RJ, Albright JL：*J Dairy Science*, 84(E. suppl.), E156~163(2001)
- Jacobs JA, Siegford JM：*J Dairy Science*, 95(3), 1575~1584(2012)
- 鎌田寿彦，藤田和久：日本家畜管理学会誌, 32(1), 11~17(1996)
- 小宮道士，川上克己：農業機械学会北海道支部会報, 36, 19~23(1996)
- Metz JHM：*Appl Anim Behav Sci*, 13(4), 301~307(1985)
- 森田 茂ら：*Animal Behavior and Management*, 50(1), 26(2014)
- Morita S, et al.：*Animal Science Technology*, 67(5), 439~444(1996)
- Morita S, et al.：*J Dairy Science*, 79(9), 1572~1580(1996)
- Morita S, et al.：酪農学園大学紀要, 26(2), 271~276(2002)
- 森田 茂ら：酪農学園大学紀要, 30(1), 111~114(2005)
- 森田 茂ら：酪農学園大学紀要, 31(2), 301~306(2007)
- 森田 茂ら：酪農学園大学紀要, 35(1), 27~32(2010)
- 森田 茂：臨床獣医, 23(4), 26~31(2005)
- 中西 由美子ら：酪農学園大学紀要, 29(1), 33~37(2004)
- Rushen J, et al.：A.M.B.de Passille and L. Munksgaard：*J Dairy Science*, 82(4), 720~727(1999)
- 島田泰平ら：酪農学園大学紀要, 32(1), 1~6(2007)

● 2-6　乳肉用牛の行動と福祉
- 竹田謙一：アニマルウェルフェアと動物飼育への倫理配慮, 畜産学入門第5章-5(唐澤 豊ら編), 160~168, 文永堂出版, 東京(2012)
- 佐藤衆介ら：動物行動図説, 朝倉書店, 東京(2011)
- 農林水産省：平成25年度農業災害補償制度家畜共済統計表(2014)
- 厚生労働省：平成23年度食肉検査等情報還元調査(2013)
- 瀬尾哲也ら：*Animal Behavior and Management*, 44(1), 108~109(2008)
- 森本 藍ら：*Animal Behavior and Management*, 45(1), 53(2009)
- Bertenshawa C, Rowlinson P：*Antholozoos*, 22(1), 59~69(2009)
- 社団法人畜産技術協会：アニマルウェルフェアの考え方に対応した肉用牛の飼養管理指針(2011)
- 社団法人畜産技術協会：アニマルウェルフェアの考え方に対応した乳用牛の飼養管理指針(2011)
- Takeda K, et al.：*Appl Anim Behav Sci*, 82(1), 1~11(2003)
- Sato S, et al.：*Appl Anim Behav Sci*, 32(1), 3~12(1991)
- Sato S：*Appl Anim Behav Sci*, 12(1-2), 25~32(1984)
- Sato S, et al.：*Applied Animal Behaviour：Past, Present and Future*(Appleby et al. eds.), 77~78, UFAW, UK(1991)
- Takeda K, et al.：日本畜産学会報, 72(2), 164~168(2001)
- 小針大助ら：日本家畜管理学誌, 37(4), 149~155(2002)
- Kohari D, et al.：*Behav Processes*, 80(2), 202~204(2009)
- Fukasawa M, et al.：日本畜産学会報, 70(5), 356~359(1999)
- Sato S, et al.：日本畜産学会報, 65(6), 538~546

(1994)
- 竹田謙一ら：発情雌家畜誘引捕獲設備, 特許第5067737号(2013)
- Wiepkema PR：*Current Topics in Veterinary Medicine and Animal Science*, 42, 113～183(1987)
- Abe N, et al.：*Proceeding of the 41st International Congress of The ISAE*, p.121(2007)
- Krachun C, et al.：*Appl Anim Behav Sci*, 122(2-4), 71～76(2010)
- Boissy A, et al.：*Physiol Behav*, 92(3), 375～397(2007)
- Held SDE, Špinka M：*Anim Behav*, 81(5), 891～899(2011)
- Broom DM, Leaver JD：*Anim Behav*, 26(4), 1255～1263(1978)

●2-7　放牧牛の行動
- 安部直重ら：日本畜産学会報, 75(2), 221～227(2004)
- Entsu S, et al.：*Appl Anim Behav Sci*, 34(1-2), 1～10(1992)
- 深澤 充ら：日本畜産学会報, 79(4), 535～541(2008)
- Grandin T：*Livestock handling and transport, 2nd Edition*, 63～85, CABI publishing, New York(2000)
- 小針大助ら：日本畜産学会報, 79(1), 73～78(2008)
- 小迫孝実, 井村 毅：日本家畜管理学会誌, 36, 61～68(2000)
- Kosako T, et al.：*Anim Sci J*, 79(6), 722～726(2008)
- Le Neindre P, et al.：Individual differences in docility in Limousin cattle, Journal of Animal Science, 73, 2249～2253(1995)
- 草地試験場 生態部 家畜生態研究室：草地飼料作研究成果最新情報, 11, 111(1996)

Chapter 3

衛生管理

3-1
農場のバイオセキュリティ

Advice

　農場のバイオセキュリティにおいては，そのツールである消毒薬を，用途に合わせて適切な濃度と量で使用し，基本である「持ち込まない」「増やさない」「持ち出さない」を忘れないことが重要である。また，飼養衛生管理基準を参考に，「クリーンゾーン」「グレーゾーン」「ブラックゾーン」のゾーン分けを確実に行うことである。
　本節では，以上の3点を主に，農場のバイオセキュリティについて考える。

 農場のバイオセキュリティとは

　これからの畜産現場で最も重要と思われることは"農場のバイオセキュリティ"である。農場のバイオセキュリティ(防疫対策)とは，家畜における病気の「農場外部からの侵入」「農場内での発生」「農場内での拡散を防止」の対策のことである。農場においてこうした防疫対策を取る際に重要なことは，適正なシステムの作成，マニュアルに基づく正しい運用，さらにそれが日常的作業となるまで生活習慣として浸透させて，農場経営者，農場スタッフの意識を高めていくことである。

　しかし畜産現場における農場内，農場周辺，その区域におけるバイオセキュリティは，それぞれの地域によって大きな差が生じている。そして，各地域においても公共放牧場(図1)における感染症対策，特に牛白血病ウイルスや牛ウイルス性下痢ウイルス(BVDV)の汚染は，農場から持ち出し，放牧場で感染が拡大していることが知られており，そしてまた農場に持ち込むことが大きな問題になっている。

　近年，各地で増加している哺育センター(図2)内でのBVDV感染，クリプトスポリジウム感染，コクシジウム感染，そしてマイコプラズマ感染も大きな問題となっている。そのような見地からも，今こそ農場内や農場間，そして地域のバイオセキュリティの確立が求められている。生産者や畜産関係者は農場のバイオセキュリティの重要さを十分に認識しているものの，適切な援助や助言を待っている。

　農場のバイオセキュリティとは病気が"発生してから"ではなく，"発生する前"にいかに予防するかが最も重要で，獣医学というよりはむしろ農場全体を包括的に考える畜産学において論じ，教授すべき内容である。もちろん，獣医学との連携も大変重要で，畜産系と獣医学系との連携が必要で，その一体性を示すことによって社会に大きな影響を与える。

　また，畜産現場に就職を希望する農学・畜産系の学生や酪農後継者たちに，このことを教育しなくてはいけない。今後，これらを希望する学生などに対して，農場のバイオセキュリティの基本である「持ち込まない」「増やさない」「持ち出さない」を啓蒙することが重要である。そのためにこれからも十分な教育を実施すべきである。

● 図1　公共放牧場

● 図2　哺育センター

　農場のバイオセキュリティの問題としては上述した家畜の防疫対策のほかにも，農場におけるHACCPの問題も重要である。したがって，このバイオセキュリティに関して以下の展開が必要である。

①地域取り組みの実証
②各関係機関の連携システム
③効率的で機能的なバイオセキュリティシステム

すべては"消毒"から

　畜産現場において，消毒は普及している農場管理の1つであり，必ず何らかは行っている。横関は「(農場の)バイオセキュリティとは，第1段目は病原菌・ウイルスの農場内への侵入防止であり，第2段目は農場内の病原菌・ウイルスの排除である。そのいずれも主役は体外で病原菌・ウイルスを殺滅できる唯一の手段，すなわち"消毒"である」と述べている。

● 第1段：病原微生物の侵入防止（持ち込みの防止）

①人による持ち込みの防止（履物・衣服の消毒，手洗い消毒）
②車両による持ち込みの防止（車両消毒）
③器材による持ち込みの防止（場内外を往復する器材の受け入れ時の消毒）
④飼料・水による持ち込みの防止（飼料の検査，水の消毒）
⑤虫類・ネズミ・野鳥・小動物による持ち込みの防止（畜鶏舎の閉鎖性改善，監視と駆除）

● 第2段：病原微生物定着と場内拡散の防止

①舎内の洗浄消毒（病気発生時，全数出荷または淘汰後，検査）
②舎内の噴霧・畜体消毒（検査）
③病畜の淘汰・治療（検査）
④各畜鶏舎の器具器材の専用化（使用後の消毒，検査）
⑤病気発生畜鶏舎作業者の専任化（履物・衣服の消毒，検査）
⑥虫類・ネズミなどの駆除（駆除，検査）

　これらを総合的に実施し，衛生管理の基本とすることが重要である。
　また，農場での消毒の目的は，①牛の病気の予防（牛病衛生），②安全で正常な畜産物の生産（食品衛生），③環境汚染の防止（環境衛生・公害対策），④安全で清潔な労働環境の確保（労働衛生）と，生産から労働衛生に至るまで多岐にわたり，1つ1つが重要で，すべてが関連し連携し

● 表1　消毒薬の化学的分類および作用機序

分類	種類	作用機序
アルコール類	消毒用アルコール	タンパク変性，溶菌，代謝阻害
フェノール類	フェノール，クレゾール，クレゾール石けん	タンパク凝固，細胞膜破壊
ハロゲン化合物	さらし粉，次亜塩素酸ナトリウム，ヨウ素，ポビドンヨード	酵素タンパク・核タンパクのスルホン基の破壊，細胞膜破壊，漂白作用
アルデヒド類	ホルムアルデヒド，グルタールアルデヒド	酵素タンパクとの反応，細胞膜の破壊
第4級アンモニウム（逆性石けん）	塩化ベンザルコニウム，塩化ベンゼントニウム	細胞膜損傷，核酸タンパクの変性
両性界面活性剤	アルキルポリアミノグリシン	細胞膜損傷，核酸タンパクの変性
ビグアナイド系	クロルヘキシジン	酵素阻害，細胞膜損傷，タンパク・核酸の沈殿
酸化剤	オキシドール，過マンガン酸カリウム	細胞の原形質破壊
色素系	アクリノール，アクリフラビン	細胞の呼吸酵素阻害（？）
アルキル化薬	β-プロピオラクトン	細胞膜破壊，核酸成分との反応

て消毒の目的が達成される。

農場で使用する消毒薬

　一般的に消毒の方法には，物理学的方法と化学的方法がある。物理学的方法には，①熱として乾熱，湿熱，その他があり，②照射として放射線や紫外線，③ろ過の3つがある。化学的方法には消毒薬の応用がある。ここからは現場で多く使用されている消毒薬について記載する。

　消毒薬の作用機序は，①菌体壁の破壊，②菌体タンパク質の変性，③菌体表面の被覆による呼吸阻害となっているが，消毒薬によって作用は様々である（**表1**）。

　また，消毒薬の効果を左右する要因として①濃度，②温度，③時間，④汚れ，⑤pH，⑥作業の徹底度合が挙げられる。①濃度は一般的に濃い程効果が発現する，②温度は40～50℃の，ぬるま湯に薬剤を融解するのがベスト，③時間は基本的に長くかけた方が効果的で，④汚れは有機物が多く存在すると効果は半減すると言われている。⑤pHは次亜塩素酸などは濃度によって影響され，殺菌効果にも関与する。⑥作業の徹底度合は，消毒を行う従事者の作業徹底

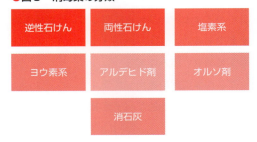
● 図3　消毒薬の分類

度によって効果の差が現われる。

　消毒薬の分類を**図3**に，種類ごとの効果と主な商品名を**表2**に表している。以下に7種類の消毒剤の特性について示す。

●逆性石けん
・殺菌作用⇒陽電荷を持つ原子団が陰電荷を持つ菌体表面に吸着し，さらに細胞内に侵入して菌体タンパク質に影響を与える。微生物の生理機能に対する作用は，呼吸阻害が最も著しく，殺菌作用は主として呼吸系の阻害に基づくものとされている。
・特徴⇒皮膚粘膜に対して刺激が少ない。金属，布に対して腐食性がほとんどない。価格が安い。
・欠点⇒耐性菌が存在する。陰イオン界面活性

●表2 主な消毒薬

消毒薬	細菌				ウイルス		カビ	コクシジウム	主な商品名
	一般細菌	ヨーネ菌	サルモネラ菌	芽胞菌	肺炎	下痢			
逆性石けん	○	×	○	×	○	×	△	×	パコマ,ロンテクト,クリアキル,オスバンなど
両性石けん	○	×	○	×	○	×	○	×	パステン,ネオラック,キーエリアなど
塩素系	○	○	○	○	○	○	○	×	クレンテ,ビルコンS,サッキンゾール,スミクロールなど
ヨウ素系	○	○	○	○	○	○	○	×	クリンナップ,リンドレス,バイオシッドなど
アルデヒド剤	○	○	○	○	○	○	○	×	グルタグリーン,エクスカット,ヘルミンなど
オルソ剤	○	△	○	×	○	△	○	○	タナベゾール,ネオクレアゾール,トライキルなど
消石灰	○	○	○	○	○	○	○	△	

剤によって沈殿し,殺菌力が低下する。有機物に吸着されやすい。芽胞菌に効果がない。

●両性石けん

・殺菌作用⇒陽イオンと陰イオンの両方を荷電する界面活性剤で,陽イオンの殺菌効果と陰イオンの洗浄力を持つ。微生物の細胞表層に作用して殺菌効果を現す。
殺菌力はpH8〜9付近が最大で,酸性またはアルカリ性が強くなるに従って殺菌力は低下する。
・特徴⇒皮膚粘膜に対して刺激が少ない。金属,布に対して腐食性がほとんどない。価格が安い。長時間作用させると結核菌に対して殺菌力を示す。
・欠点⇒耐性菌が存在する。有機物に吸着されやすい。石けんまたはタンパクの共存によって殺菌力が低下する。

●塩素系

・殺菌作用⇒細菌の細胞膜,細胞質中の有機物を酸化分解する。ウイルスの構成タンパクなどを酸化して不活化する。
・特徴⇒各種微生物に殺菌効果がある。各種のウイルスを不活化できる。耐性菌ができない。価格が安い。
・欠点⇒結核菌に対する殺菌効果は不確実。布製品,金属製品に対して強い腐食性がある。有機物によって分解されやすく,殺菌力が容易に低下する。自然の状態でも分解しやすく,含量の低下が起こる。酸性にすると有毒な塩素ガスが発生する。

●ヨウ素系

・殺菌作用⇒一般細菌,ウイルス,カビ,結核菌に対し,有効。ヨウ素そのものの酸化力による殺菌作用。酸性で殺菌力が強くなり,アルカリ性になるとヨウ素の褐色が消えるとともにほとんど殺菌力がなくなる。
・特徴⇒すべてのタイプの細菌に対して同程度の濃度で殺菌できるため,安定した効果が得られる。結核菌に対する殺菌力が強い。
・欠点⇒殺菌力が有機物によって容易に減殺される。高温では効力が低下する。皮膚,粘膜,布類を褐色に着色する。ステンレスを除く一般の金属に対して腐食作用がある。

●アルデヒド剤

・殺菌作用⇒強いタンパク凝固を起こすので確実な殺菌・殺ウイルス作用を現す。酸化剤や

空気中の酸素によって容易に酸化されてカルボン酸になり，殺菌力をほとんど失う。
・特徴⇒芽胞を含むあらゆる微生物に対して殺菌効果がある。各ウイルスに不活化効果がある。耐性菌ができないため，耐性菌対策としてほかの消毒薬とローテーションで使用される。
・欠点⇒皮膚や粘膜に対する刺激が強い。刺激臭が強い。酸性では安定であるがアルカリ性では不安定である。

● オルソ剤
・殺菌作用⇒タンパク変性と，酵素作用を不活化して死滅させる。
・特徴⇒コクシジウムのオーシスト消毒薬として用いられる。特有の色と臭いがある。
・欠点⇒酸に弱く，殺菌力が減退する。効力の低下が著しい。紫外線による分解が早い。水の硬度による分離沈殿がある。

● 消石灰
・殺菌作用⇒アルカリによってタンパク質を加水分解し，破壊する。石灰の被膜による封じ込め。ウイルスの場合，アルカリによって立体構造の安定をあずかるイオン結合を弱化し，分解される。
・特徴⇒価格が安い。効用範囲が広い。カビが発生しにくい。金属類に塗布しても錆びにくい。
・欠点⇒アルカリによって皮膚・粘膜を侵す。目に入った場合，失明するおそれがある。吸湿性が高いため，保管の際は防湿および防水に留意する。

飼養衛生管理基準について

家畜伝染病予防法施行規則第21条において規定されている飼養衛生管理基準は，農場のバイオセキュリティの基本である。

飼養衛生管理区域は，まず自らの農場の敷地を衛生管理区域（農場作業スペース）⇒「ブラックゾーン」と，それ以外の区域（生活スペース）⇒「クリーンゾーン」に分け，両区域の境界が分かるようにしなければいけない（図4）。これらのゾーン分けが重要で，2つのゾーンの中間を「グレーゾーン」とする。現場で最も難しいのがこの境界分けである。通常の作業がやりづらくなるのは当然であるし，それ自体に慣れていない農場関係者が多いために大変厄介であるが，しかし，ここが一番重要な農場衛生のポイントであるので，衛生管理の最重要課題の1つであることを理解してほしい。

両区域の境界線（図5）は，誰にでも分かるように柵やカラーコーン，あるいは石灰帯でも十分である。要は農場関係者や来訪者に認識されればよい。

● 衛生管理区域の衛生管理
①衛生管理区域への病原体の持ち込みを防止：衛生管理区域の出入口を必要最小限の数とし，必要のない者を衛生管理区域に立ち入らせないようにする。外部から立ち入る者が飼養する家畜に接触する機会を最小限とするよう，当該場所に看板などを設置する。
②畜産農家のウイルス侵入防止：家畜の所有者は畜舎などへの出入口付近に消毒設備を設置しなければならないものとし，人・車両の出入りに際しての消毒を義務付けるものとする。

● 図4　衛生管理区域

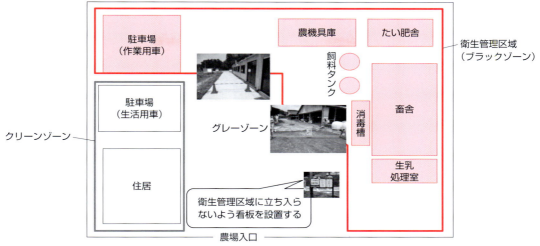

（農水HP）

● 図5　ゾーンの境界部が分かるように石灰帯が引かれている

（農水HP）

③衛生管理区域の管理

1：衛生管理区域の出入口付近に消毒設備（消毒機器を含む）を設置し，車両の出入りの際に消毒をする。

2：衛生管理区域および畜舎の出入口付近に消毒設備を設置し，立ち入る者に出入りの際に手指および靴の消毒（手指については，洗浄または消毒）を行わせる。

3：その日のうちにほかの農場などの畜産関係施設に立ち入った者，および過去1週間以内に海外から入国した者（帰国者を含む。）は，衛生管理区域に立ち入らせない。

※家畜防疫員，獣医師，人工授精師，削蹄師，飼料運搬業者，集乳業者などを除く。

4：ほかの畜産関係施設で使用した，または使用した可能性があり，飼養する家畜に直接接触する物品は，衛生管理区域内に持ち込む場合に，洗浄または消毒をする。なお，家畜の管理に必要のない物品を畜舎に持ち込まないようにする。

④野生動物による病原体の侵入を防ぐ：畜舎の給餌設備・給水設備および飼料の保管場所にネズミ，野鳥などの野生動物の排泄物などを混入させない。

⑤衛生管理区域の衛生状態を保つ

1：畜舎その他の衛生管理区域内の施設および器具の清掃または消毒を定期的に行う。注射針，人工授精用器具，その他体液（生乳を除く）が付着した物品を使用する際は，1頭ごとに交換または消毒をする。家畜の出荷・移動により畜房やハッチが空になった場合には，清掃および消毒をする。

2：家畜の健康に悪影響を及ぼすような過密な状態で家畜を飼養しないようにする。

● 表3　踏み込み消毒時のブラッシング併用の意義

方法	予備洗浄	消毒	平均細菌数
1（対照）	なし	なし	278,000,000
2	なし	ビルコンSによる消毒*	176,000,000
3	なし	ビルコンSによる消毒2分	25,900,000
4	なし	ビルコンSによる消毒*とブラッシング30秒	20
5	水とブラッシング30秒	なし	104,000
6	水とブラッシング30秒	ビルコンSによる消毒*	120

踏み込み消毒時にブラッシングを併用する意義について，豚糞で汚染された長靴を用いて，踏み込み用消毒剤としてビルコンSの効果を評価した　＊踏み込みのみ　　　　　　　　　　　資料提供：バイエル薬品㈱

＊参考値（1頭当たり面積）
　乳用牛：単飼　2.4㎡，群飼　5.5㎡
　肉用牛：単飼　2.0㎡，群飼　5.4㎡

効果的な消毒

●効果的な畜舎消毒の手順

畜舎消毒の手順は，①清掃（片付け），②牛糞・敷料・残飼をきれいに取り除く，③洗浄・水洗清掃で除去できなかった有機物の完全除去，④乾燥，⑤消毒，⑥乾燥である。

なかでも③の洗浄が重要である。農場の床は微生物と有機物が混在しており，③洗浄で有機物を除去し，水洗して有機物を流し，そこに消毒薬を利用することで，はじめて消毒薬が微生物に届く。消毒効果は洗浄作業にかかっていると言っても過言ではなく，洗浄作業は有機物の除去だけではなくその後の消毒効果を高める。洗浄作業時に洗浄剤を使用することで，さらに高い効果が期待できる。また，濡れた状態では消毒効果が減退するため，④乾燥が重要となる。水分のない環境では菌は増殖・生存ができないため，乾燥は菌を殺す消毒手段の1つであり，消毒効果も高めるのである。

●踏み込み消毒槽

踏み込み槽の設置意義は，①侵入防止（病原体の持ち込みを最大限に防ぐ），②蔓延防止（疾病発生畜舎から非発生畜舎への拡散を防ぐ），③消毒に対する意識付けと，大きく3点である。

長靴などは肉眼的にきれいに見えても，病原体は存在する。事務所入口，各畜舎の出入り口に踏み込み槽を設置し，長靴洗浄用の槽を1つ用意すると効果的である。ブラシも備え付ける。

表3は，豚糞で汚染させた長靴を用いた消毒試験において，踏み込み消毒時にブラッシングを併用する意義について示したものである。方法3の2分間の消毒では，方法1（対照）の予備洗浄も消毒もしない方法と比べ平均細菌数が1/10に減少している。しかし，方法4の予備洗浄なしで消毒とブラッシング30秒では1/1,000万と大幅に減少した。また，方法5の水とブラッシング30秒のみ（消毒なし）においても大きく減少している。いかに予備洗浄とブラッシングが重要か理解してほしい。

農家指導のPOINT

1．バイオセキュリティの基本を実践する
・バイオセキュリティの基本は，「持ち込まない」「増やさない」「持ち出さない」の3つであり，これを確実に実践すべきである。

2．飼養衛生管理基準を参考にゾーン分けをする
・クリーンゾーン，グレーゾーン，ブラックゾーンのゾーン分けを意識させる。

3．消毒薬は用量・用法に則って使用する
・普段から使用する消毒薬は用途に合わせて適切な濃度と適量で（用量・用法通りに）使用する。

4．どのような消毒が効果的かを理解する
・消毒時のブラッシングの大切さを理解し，指導する。また，消毒時の洗浄と乾燥の意義と大切さを理解させる。

3-2
新生子牛の衛生管理

Advice

　新生子牛の視点から，農場の分娩施設について考える。様々な分娩施設があるなか，新生子牛を無事に娩出できる施設には，どのような特徴があるのだろうか。そこからは冬季の温度管理が必要なことが見えてくる。また初乳が新生子牛に十分に吸収されるには，敷料と初乳の衛生面が重要である。本節では，新生子牛に適した分娩施設の環境と，初乳について考える。

 ### 新生子牛で最も問題となる疾病は何か

　図1は，北海道・釧路地区における平成25年度の乳用子牛の死亡廃用事故の内訳である。ここでいう「子牛」とは，おおよそ6カ月齢未満の個体の集計である。乳用子牛の最も大きな死廃原因として，胎子死という病名が約6割を占めている（保険上の「胎子死」とは胎齢240日以上の胎子を示す）。さらに，病的な早産を抜かして，胎子死のほとんどが分娩予定日近くでの死亡である。牛の出生時から育成期を子牛と呼ぶなら，子牛で最も問題となる疾病は，この分娩に伴う事故死，いわゆる「胎子死」である。海外からの報告でも，出生時から生後数日にかけての死亡が最も多く，世界共通で，最も大きな子牛の疾病として認識されている。まず，新生子牛というと，無事に生まれた子牛をイメージするが，最も問題なのは，生を受けなかった新生子牛，つまり「胎子死」であるという認識を持つ必要がある。無事に生まれた子牛と，死亡した子牛との差を考えることが，新生子牛を知る鍵になるのではないだろうか。

 ### 胎子死はいつ起こるのか

　まず，「胎子死」とは，農業共済組合における保険上の病名である。海外では娩出から2日齢までの新生子牛の損耗率をPM（perinatal mortality）として表記し，これは日本では，分娩予定日に近い胎子死と，新生子死に該当すると考えられる。ここでは，臨床獣医師に馴染みのある「胎子死」という病名で話を進めていく。

　図2は，平成20年度の夏季と冬季の約3カ月間に，死亡胎子を発見した時間帯の内訳である。1日という時間単位で見た場合，胎子死が多発する時間帯は「夜」，なかでも朝目覚めてから発見するパターンが最も多い。胎子はすでに娩出されていた，もしくは畜主が難産に気付き介助摘出した場合がほとんどである。夜間は誰しも明日に向かっての英気を養う休息の時間であるが，牛の分娩は24時間関係なしに起こる。つまり，図2は胎子が生存している段階で介助が必要な分娩があることを示唆している。農場数が減少する一方，1農場当たりの飼養頭数が増加している現在，分娩の監視には限界がある。これが，年間を通してこの死亡事故が多発する大きな要因であろう。

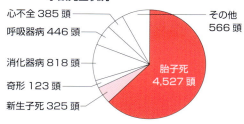

●図1　平成25年度釧路地区乳用子牛死亡廃用事故発生状況

●図2　死亡胎子発見の時間帯

次に図3は、図2の死亡胎子の剖検所見から死亡前の自発呼吸の有無を示したものである。自発呼吸があった場合、肺に白い含気部ができることで判別可能である。1年という時間単位で見た場合、胎子死が多発する季節は「冬」である。北海道東部の夏は涼しく、新生子牛への暑熱ストレスは少ないが、冬の日中平均気温はマイナスを示し、日本で最も寒冷ストレスが大きな地域の1つである。さらに、肺の含気の程度から、自発呼吸して生まれたものの死んでしまった新生子牛が、夏季に比べ冬季に有意に多いことが示唆された。「胎子死」とは、保険上の病名であり、畜主が気付かずに娩出された新生子死も胎子死に含まれてしまうのである。この外見からの判別は難しい。

では、この「夜」と「冬」というキーワードについて考えみる。「夜」は先ほど述べたように畜主の監視が最も無防備になる時間帯で、胎子死は起こりやすい。つまり、相当数の牛が、勝手に分娩している現状があることを理解しなくてはならない。そして「冬」は間違いなく寒い。図3は、自発呼吸していた新生子牛の死亡事故が冬季に多発していることを示している。出生直後の新生子は体表面積が大きく、体表からの羊水の気化と呼吸による蒸散などにより多量の熱が奪われやすく、低体温に陥りやすい。羊水で濡れたまま冬季の夜間に野外に娩出された場合では、新生子牛の熱産生に寄与する褐色

●図3　肺の剖検所見からの自発呼吸の有無

同記号間(a) $p < 0.05$

脂肪も、まったく意味を持たないことと考えられる。暖かい夏季の条件下でも一定の胎子死があるにもかかわらず、これが冬季の分娩ならなおさら新生子牛が死亡するリスクが大きくなることは容易に想像できる。寒冷ストレスが、新生子牛の生死を大きく左右しているのである。

新生子牛に適した分娩施設の環境とは

近年、集約的な多頭飼育が可能なフリーストール形態の農場が主流である。しかし、多頭飼育に対応した監視形態が十分に準備されておらず、毎晩の分娩に対応できる監視人員は不足している。つまり、人の監視下にないまま自力で娩出するであろうことを念頭に置かなくてはならない。このリスクを避けるには、まず予定する施設以外での分娩を避けることであろう。最終授精日は間違っていないか(その前の授精で受胎していないか)、早産する双胎ではない

か，早期妊娠鑑定が重要になってくる。乾乳群は最も畜主の目の行き届いていない群の1つであり，ここでの分娩は可能な限り避けるべきである。乾乳群での分娩は，衛生面や他牛による干渉のリスクが大きい。衛生面に関しては後で述べるとして，他牛の干渉で最も多い事故は，新生子牛が踏まれることによる骨折や外傷である。道東では，害獣による咬傷も多発する。

では本題である分娩施設について考えてみる。最低限考慮しなければならないのは，母牛が安全に分娩できる環境である。最も推奨されているのが分娩房である。推奨どおりの設計は，1頭で十分なスペース（3.6 m²）を確保でき，母牛が最も楽な体勢で分娩できる理想的な施設である。酪農における新生子牛はあくまでも副産物であり，母牛への環境が優先されるべきである。しかし近年，性判別精液や胚移植が普及し，酪農における新生子牛は副産物以上の価値を持つ時代になってきた。新生子牛を無事に娩出させることが，農場の経営を大きく左右するのである。新生子牛に適した分娩施設とはどのようなものであろうか。理想的とされる分娩房は大きなスペースを必要とするため，現状として一部の農場でしか設置できていない。分娩房が準備できない多くの農場では，繋留しながらの分娩や乾乳群での分娩など，その形態は様々である。これら多様な施設における分娩事故で明らかなのが，前にも述べた「寒冷ストレス」の差である。これを示したのが図4であり，有意に胎子死が少ない農場は，冬季に暖かい条件での分娩施設を提供している農場である。分娩場所に暖房設備を設置するのは，現実的な方法ではない。必要なのは，外気をシャットアウトできる密閉された環境（最低限の屋根と壁）と，搾乳群と同じ空間に分娩施設を設置することである。多数を占める搾乳群のルーメン発酵熱は居住空間を

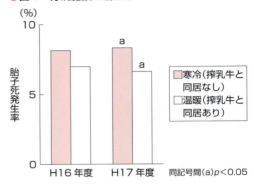

● 図4 分娩施設の暖かさ

暖める。新生子牛に主眼を置いた場合，母牛に快適で自由なスペースよりも，施設外気温の寒暖が重要になってくる。特に難産で生まれた新生子牛は体温の低下が顕著であり，介護が必要な状態で出生した虚弱子は，分娩施設の寒暖が畜主到着までの生存に影響すると考えられる。分娩施設には，母牛の快適性のみならず，生まれてくる新生子牛への配慮も必要とされていることを示唆している。ただし，どんなに快適な分娩施設も，人の監視が不要であると勘違いしてはいけない。

分娩施設の衛生面について

出生直後の新生子牛は，病原体から体を守る免疫機構が十分に備わっていない。母牛の初乳に含まれる免疫グロブリンと免疫細胞を体内に取り込み，ようやく免疫機能が不十分ながら機能しはじめる。しかし，初乳より先に，糞尿が口腔内に入ってきた場合，腸管粘膜は大腸菌群で覆われ，初乳成分の吸収は不可能になってしまう。初乳成分と大腸菌群の腸管到達レースが出生直後からはじまっているのである。例えば，敷料のない糞尿のなかに生まれ落ちた場合と，清潔で厚い敷料の上に生まれた場合，どちらのリスクが低いかは一目瞭然である。豊富な敷料

の上に生まれ落ちてこそ，初乳成分は大腸菌群より優位にレースを進めることができる。また豊富な敷料は，下からくる寒冷ストレスにも有効である。加えて，細菌のもう1つの侵入経路である臍からの感染を防ぐ効果も大きい。衛生的な分娩施設を準備できない場合は，新生子牛への感染症リスクを減らすために，母牛から早急に隔離すべきである。

衛生的な初乳の投与について

母牛の初乳の摂取は，新生子牛が免疫機能を獲得するための大変重要な儀式である一方，病原体の感染リスクも伴う。牛白血病ウイルス，ヨーネ菌，マイコプラズマなど，垂直感染する病原体が多数存在するなか，パスチャライザー（加温殺菌器）はこれらの感染予防に有効である。なお，初乳の低温殺菌（60℃，60分）と移行乳の低温殺菌（63℃，30分）とで温度設定が少し異なる。パスチャライズの際，初乳中の免疫グロブリンを破壊しないよう，温度設定に注意する必要がある。またパスチャライズの殺菌効果は98～99％であり，細菌数を2万cfu/mL以下にするのが目的である。そのため，パスチャライズする前の初乳は，最低でも細菌数が200万cfu/mL以下の衛生的に取り扱われた初乳を使用するのが前提である。

無事に生を受けなかった子牛に視点を移すと，農場の分娩管理上の問題点が見えてくる。治療することなく死んでしまった胎子が語る言葉にも，耳を傾けてみる必要があるのではないだろうか。

農家指導のPOINT

1．胎子死の概要を理解する
・子牛の死亡廃用事故は，分娩に伴う事故死である胎子死が最も多発し問題となっている。
・胎子死は，畜主が無防備になる夜間と，寒冷ストレスの大きい冬季に多発する。
・胎子死には，畜主の監視外での分娩が多く，自発呼吸したが死んでしまった新生子死が多く含まれている。

2．分娩施設の衛生環境を整える
・まず予定する施設以外での分娩が起こらないよう，最終授精日，双胎の有無を把握する必要がある。それには早期妊娠鑑定が有用である。
・分娩施設は，母牛の安楽性に加え，新生子牛への配慮がなされるべきである。畜主の監視外での分娩が起こることを想定し，寒冷ストレスを少なくする工夫が必要である。それには，外気を防ぎ，多数を占める搾乳群の一角に設置することで対応できる。

3．衛生的に初乳を投与する
・分娩施設の豊富な敷料は，新生子牛への病原体の感染を防ぎ，初乳吸収に有利に働く。
・初乳からの病原体感染防除には，パスチャライザーによる低温殺菌（60℃，60分）が有効である。

3-3
哺乳子牛の環境とストレス

Advice

　新生子牛は反芻動物としての機能が未発達であるため，哺育期には成長に必要な栄養を液状飼料である乳から摂取させながら，固形飼料を消化・代謝できる反芻動物へと変身させる必要がある。加えて，最も感受性の高い時期でもあることから，子牛の成長を妨げるストレス要因を軽減・除去し，子牛の快適性を追求した飼養管理や衛生管理を常に心掛けることが重要である。
　本節では，育成期へのスムーズな移行を可能にするため，哺乳期における飼養管理について再考する。

　哺育期とは，一般に出生後から離乳までの液状飼料を給与する時期を指し，この時期は第一胃（ルーメン）の発達が不十分なため，飼料は専ら第四胃で消化される。発達したルーメンでは粗飼料を発酵分解して，そこで産生された揮発性脂肪酸（VFA：プロピオン酸，酪酸，酢酸）を胃壁絨毛からエネルギー源として体内に直接吸収できることから，哺育期にはルーメンの発達を促すような飼養管理に努める必要がある。

　乳用子牛では早くから人工哺乳・早期離乳技術が確立され，1日2回哺乳による2または3カ月齢離乳が広く実施されている。また，早期離乳には，ほかにも1日2回または1回哺乳による6週齢離乳が報告されており，最も早期の離乳可能時期は3週齢とされている。一方，肉用子牛，特に黒毛和種子牛では，母牛と一緒に飼う従来の自然哺乳による哺育が一般的であったことから，離乳は慣行として6カ月齢前後で行われていたが，母牛の哺育負担を軽減させて繁殖機能の回復を促進させることや，子牛発育の斉一化と損耗防止を期待して，早期母子分離を取り入れた人工哺乳による哺育が広がりをみせている。また近年では，乳・肉用子牛にかかわらず，飼養頭数規模の拡大や省力化の目的で哺乳ロボットを導入して群飼養哺育を行う農場も多く見られるようになってきた。人工哺乳では，多くの場合，子牛は子牛用に1頭ずつ仕切られたペンやカーフハッチを利用して離乳まで単飼養されるため，離乳後の群管理移行時に大きなストレスを受け，下痢や肺炎が誘発されやすい環境下に曝される。さらに時期的に去勢や除角などほかの飼養管理イベントとも重なることから，これらによる断続的な影響も懸念される。一方，群飼養哺育においても，一般にはカーフハッチなどで個別管理された後，7日齢前後を境に哺乳ロボットによる群管理に移行させるため，ルーメン環境や免疫系が未発達なこの時期の幼若齢子牛は，重度のストレスを受けている可能性が高い。

飼養面積は哺乳子牛の行動に強く影響する

　過密管理下においては，劣位個体は採食や飲水時間が減少し，横臥休息時間や反芻時間の減少が散見される。特に体格が小さい個体では採食に時間を要するため，群飼養下では発育遅延から病弱になることが問題視されている。哺育期における飼養面積に関しては，これまで行動

● 図1 飼養面積や群サイズに配慮したスーパーカーフハッチ

や生産性に焦点を当てた調査研究が多い。単飼養では哺乳子牛1頭当たりの飼養面積が1.5〜4.0㎡の範囲で広くなるに伴い，歩行や遊びなどの運動行動が増加し，少数群飼養においても飼養面積が1.0〜2.0㎡の範囲で広くなるにつれ，横臥が減り起立や歩行の割合が増加する。しかし，単・群飼養の違いで増体日量に差はなく，また少数群飼養では飼養面積の違いが，血中コルチゾール，クレアチニンキナーゼ，IgG，総タンパクおよびアミロイドAタンパクといったストレス，組織ダメージ，免疫状態および炎症などの生理諸元はほとんど影響しない。しかしながら，正常な行動ができる自由は少なくとも担保されるべきであり，群飼養の場合には，特に飼槽利用密度が高くなることで採食中に周りの子牛との競争が生じる。そのため，適切と判断される1頭当たりの飼養面積でも，管理上の理由でやむを得ず一時的に頭数を増やす場合には様相が一変することも危惧されることから，過密飼育のみならず適正な群サイズにも配慮する必要がある（図1）。

子牛肉用に生産される子牛において，哺育期（約40日齢〜）に1頭当たりの飼養面積を1.82㎡に統一したペンで2，4および8頭の異なる群サイズで舎内飼養した場合，2頭群と比べて群サイズが大きい4および8頭群では，子

● 図2 群飼養移行に伴う末梢血白血球の炎症性サイトカイン関連遺伝子（IL-1β，Tac1，TNF-α）群の発現量

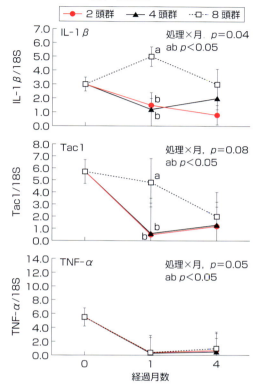

Abdelfattah, et al.(2015)より

牛同士の接触が増え，歩行，起立に占める割合が高まる一方，給餌時の闘争や体高・胸囲など生産性に関連する項目には影響がないことが明らかにされている。一方，8頭群では群飼養後1カ月目に，炎症性マーカーであるIL-1β，および疼痛ならびに呼吸器病マーカーであるタキキニン1（Tac1）の末梢血白血球における遺伝子発現が，2頭群や4頭群に比べて増加し（図2），発咳スコアや好中球：リンパ球（N：L）比が上昇する。これらのことから，1頭当たりの飼養面積が十分確保されていても，群サイズが大きくなるほど呼吸器病やストレスの発生リスクが高まることも念頭に置くべきである。

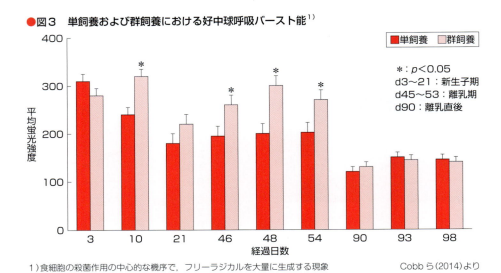

●図3　単飼養および群飼養における好中球呼吸バースト能[1]

*：$p<0.05$
d3〜21：新生子期
d45〜53：離乳期
d90：離乳直後

1) 食細胞の殺菌作用の中心的な機序で，フリーラジカルを大量に生成する現象　　Cobbら (2014) より

群飼養移行の影響は競争や闘争だけではない

　自動哺乳機による人工哺乳や，哺乳肥育一貫農場で哺乳子牛を導入時から群飼養するようなケースでは，哺育期間中に群飼養管理へ移行することになる。個体管理の難しさから，哺育期に群飼養された子牛では同時期の単飼養された子牛と比べて罹患率や死亡率が増加する。その原因には，ペン内での競争や闘争が弱者に対してストレスを誘発することで，予期せぬ外的刺激に対して過剰な不安を抱かせるようになることや，環境や同居牛からの微生物叢の直接的な伝播により，感染リスクが増大することなどが挙げられる。

　一方，哺育期における群飼養のメリットとしては，自動哺乳では任意間隔で多回哺乳が行えるため，群飼養でも自然哺乳に近い哺乳ができ，子牛の哺乳欲が満たされることにより，飲み過ぎや子牛同士の舐め合いによる下痢を予防できる点がある。また，疾病対策と衛生管理を徹底することにより，1頭当たりの飼養面積が広いため，運動量が増加し，飼料摂取量や日増体量の向上も期待できる。さらに若齢からの群飼養は学習効果が高く，固形飼料の早期摂取に貢献することや，乳用雌子牛を哺乳初期から舎外で少数群飼養した群では，離乳まで単飼養した群と比べて，離乳移行期のスターター飼料の摂取量や日増体量が増加し，その後の増体成績も良好に推移する。また，群飼養が好中球機能を亢進し，離乳期まで維持される (図3) ことも見出されており，この結果は少数群飼養のメリットとして興味深い。

　一方，舎内にて早期に数頭規模で群飼養を開始した群では，離乳期のスターター飼料摂取量が増加するのに対し，単飼養群でも糞便スコアや前述の免疫指標などは遜色ないにもかかわらず，呼吸器病の発症率は減少する。このことから，多湿でアンモニアなどの有害ガスやホコリが滞留し，牛床で微生物が繁殖しやすい劣悪な舎内環境では，哺育期における群飼養が呼吸器病の発症リスクを増大させ，逆に適切に管理された飼養環境では，むしろ少数群飼養が育成成績の向上につながると考えられる。これらの成績は，哺乳期から育成期にかけての群飼養評価に対し，免疫状態の動向が重要な指標になるこ

離乳は哺育期において最大のストレスイベント

離乳は子牛にとって栄養源や環境など様々な変化が同時に加わる時期であり，これらの複合的作用は成長不良や下痢・肺炎などの疾病発生の誘因となる。離乳前後には，子牛の行動，ストレス関連物質，および免疫機能に大きな変化が生じることから，この時期における子牛のダメージは相当なものと理解すべきである。離乳子牛では，鳴き声を発する回数が多くなり，特に自然哺乳で飼われた子牛では，身繕いや歩行行動が増えることから，子牛に不安や不満が同時に起こり得る。また，自然哺乳における強制離乳は，血中コルチゾール濃度やノルアドレナリン濃度を上昇させることから，視床下部－下垂体－副腎皮質系（HPA軸）と交感神経－副腎髄質系（SAM軸）の活性化に伴う免疫系の修飾が強く示唆される。急性期タンパクの推移にも大きな変化が認められ，特に牛の場合，血中フィブリノーゲン濃度の増加が顕著になることから，活性化された免疫担当細胞からフィブリノーゲンの誘導に関わるIL-6が先行して産生されることも指摘されている。このほかにも免疫系への影響はかなり広範囲に及ぶことが知られており，自然哺乳，人工哺乳にかかわらず，離乳によって末梢血好中球の増加とリンパ球の減少に伴うN：L比の上昇が好発する。これにはコルチゾールが好中球に作用してL-セレクチンの発現を減少させることが強く関与しており（→感染局所への遊走・浸潤能の抑制），その結果，好中球が血管内において流速を減速する現象，いわゆるホーミングの初期段階であるローリングが，一時的に弱まることで好中球の循環量が増加すると考えられる。一方，好中球の貪食能や殺菌能が低下することから，離乳後しばらくの間は機能低下した好中球が代償的に循環量を増やしている可能性も否定できない。また末梢血単核球への影響として，放牧飼養により自然哺乳された子牛では，舎飼い母子分離による強制離乳で末梢血リンパ球サブセットが著変し，抗原などで刺激した全血培養上清中のIFN-γ産生は抑制される。最近の研究では，自然哺乳における離乳子牛では，IL-1βやTNF-αといった炎症性サイトカイン遺伝子群の発現が末梢血白血球で増加することや，自然免疫を担うToll様受容体や獲得免疫を担うT cell受容体に関わるシグナル伝達系が活性化することなども明らかにされている。

離乳は，その前後に群飼養管理への移行，去勢，除角など他の飼養管理イベントと必然的に時期が近いことから，哺乳子牛の行動や神経・内分泌系のみならず免疫系にも強い影響を及ぼすため，離乳管理の重要性を再認識する必要がある。自然哺乳の子牛では，離乳が母子分離を意味することから，離乳時における精神的ストレスは人工哺乳の子牛に比べるとより大きくなると考えられる。一方，離乳に対するストレス応答には個体差があり，特に高ストレス応答状態にある子牛では常に環境の変化に敏感になり，採食量の減少などにより急性あるいは持続的に免疫機能に変調をきたすことで疾病の発症が誘引される。そのため，哺育期における安楽性の追求と環境あるいは管理者への馴致は，子牛の健全育成に不可欠な要素と考えられる。

温度環境変化の落とし穴

幼若牛の熱的中性圏（維持エネルギーの消費を最小限とする温度域）は13℃以上，25℃以下

とされている。環境温度がこの範囲外にある時には維持エネルギー量が増加するため，特に前述した飼養管理上の各イベントと重なる場合には，離乳期間を適宜延長することや，飼料の増給や高栄養化飼料の給与などを検討する必要がある。また，飼育施設の換気は健康管理のうえで重要であることは疑う余地もないが，子牛にとってすきま風やコンクリート床からの冷気は大敵であり，特に被毛が糞尿で汚れ濡れている場合は維持エネルギー量が増加するため，ヒーターを使用したり，できるだけ早急に乾燥した敷料に交換するなどして，衛生的な環境の維持に心掛ける。

●図4　防鳥獣ネットを使用し野鳥獣の侵入を防止したカーフハッチ群

子牛の立場で快適性を追求する

バイオセキュリティの観点から畜舎内外に防鳥獣ネットを導入している農場が増えてきてから久しいが，カラスなどが新生子牛をつつく事例も散見されることから，特に哺育期をペンで単飼養するような場合には，子牛の快適性を確保するうえでもネットの使用は有効である（**図4**）。また，除角については，疼痛や出血を軽減するため，2カ月齢までに実施されることが多い。去勢については，離乳後1カ月までに実施されることが多く，非観血法では疼痛や不快感が長く持続することに加え，去勢が不十分で精巣が機能し続けることもあることから，最近では，観血法を積極的に実施する農場も多い。除角や去勢は子牛への侵襲も大きいため，麻酔や鎮痛などの処置で炎症やストレスをコントロールしながら実施されるべきであり，またこれらを離乳と同時に行うことは避けなくてはならない。

以上のことから，哺乳子牛の損耗防止のためには，子牛の生理，生態を踏まえた適切な飼養管理と衛生管理を行い，子牛の飼育環境への配慮を常に心掛けるなどして，ストレス要因をできるだけ軽減する方策を検討し，すみやかに実施あるいは改善することが重要である。

農家指導のPOINT

1．飼養面積や群サイズは哺乳子牛の行動に強く影響する
・過密管理下においては，劣位個体は採食や飲水時間が減少し，横臥休息時間や反芻時間の減少が散見される。特に体格が小さい個体では採食に時間を要するため，群飼養下では発育遅延から病弱になることが問題視されている。
・劣悪な舎内環境では，哺育期における群飼養の呼吸器病の発症リスクを増大させる可能性が高い。

2．群飼養移行の影響は競争や闘争だけではない。上手に向き合いメリットを活かす
・哺育期に群飼養された子牛では，同時期に単飼養された子牛と比べて一般的に罹患率や死亡率

が増加する。しかし，疾病対策と衛生管理が徹底されていれば，1頭当たりの飼養面積が広いため運動量が増加し，飼料摂取量や平均日増体量の向上が期待できる。
・自動哺乳では任意間隔で多回哺乳が行えるため，子牛の哺乳欲が満たされ，飲み過ぎや子牛同士の舐め合いによる下痢を減少させる。

3．離乳は哺育期において最大のストレスイベント
・離乳は子牛にとって栄養源や環境など様々な変化が同時に起こり，離乳により精神的ストレスも加わることで，免疫系に限らず子牛には広範囲な影響が及ぶ。そのため，離乳期は成長不良や下痢・肺炎などの疾病を誘引するリスクが高いことを再認識する。

4．哺乳子牛の損耗防止のために考えるべきこと
・子牛の生理，生態を踏まえた適切な飼養管理と衛生管理を行い，さらに子牛の飼育環境への配慮にも常に心掛け，ストレス要因の軽減に努めることが重要である。

3-4 育成牛の放牧衛生(主に寄生虫病対策)

Advice

　放牧とは，家畜を舎外に放し，牧草などを自由に採食できる状態にすることである。国土が狭く山地が多い日本の放牧は，牧草地を集約的に利用する飼養形態が多い。放牧家畜は運動量が多く自然環境下であることから，足腰が強靭で健康的な牛に育てることができる。また，草（粗飼料）を中心に利用することによりルーメンなどが発達し，その後の成長が順調である。

　本節では，育成牛の放牧に関わる衛生を学ぶ。放牧利用の注意点や衛生学的な観点からの入退牧，入牧中の衛生管理や疾病予防対策を解説する。特に消化管内線虫感染の影響と駆虫の効果を理解する。

 育成牛の放牧

　育成牛の放牧は夏期を中心に行われ，経営の省力化と低コスト生産を目指すために重要な飼養形態の1つである。放牧は舎飼いと比較して増体量および体高の増加率が大きい。育成期において，牛としての遺伝的能力を十分発揮させることができる体格を実現させるため，放牧による育成牛の管理が重要になる（図1）。

　3～4カ月齢でも放牧開始は可能であるが，補助飼料が必要になるので，実際は放牧草のみで育成できる5カ月齢以上で放牧開始することが多い。育成牛の日増体量（DG）は700 g～1 kgであり，これを常に指標にして健康・飼育・飼養管理に気をつけることが重要である。放牧牛群の構成は，子牛群（12カ月齢以前），育成牛群（12カ月齢以降）に分けるのが基本である。飲用水は必要で，毎日準備しなければならない。自然の川などを利用した水利用も広く行われている。また，塩類の投与も適宜行わなければならない。暑熱対策は自然を利用した樹木，林が一般的である。確保できない時は，雨・風から体を守るためにも屋根付きの退避場が必要になる。

　繁殖管理の基本は，放牧期においても発情発見と適期授精で，観察を密にして発情発見に努める。

●**放牧地の管理**

　放牧牛は放牧期間中すべて放牧地で過ごすことから，放牧牛の栄養水準を維持し健康に過ごさせるためには，放牧地を適正に管理することが重要である。このため，栄養バランスのとれた草の生産，無駄のない草地の維持管理，有害植物や衛生害虫の駆除，その他の付属施設の設置や維持管理などが必要となる。

●**有害植物と衛生害虫の対策**

　有害植物に対する家畜の嗜好性は低いため，家畜は通常ほとんどこれを摂食しないが，草が少ないと摂食して中毒を起こすことがある。このため，放牧地の草の量に合った頭数を放牧して，可食量を確保することが中毒の予防に有効である。

● 図1　育成牛の放牧

　衛生害虫には病原微生物を媒介するものがあり，放牧家畜に与える影響はきわめて大きいので対策は重要である。特に，小型ピロプラズマ病を媒介するダニ類は放牧牛にとって重要な害虫である。アブ・ハエ類は牛白血病，未経産牛乳房炎や伝染性角結膜炎のベクターとなるが，防虫対策は成虫への対策が主で，牛体への薬剤散布や薬剤入りイヤータグの装着などが行われている。

放牧家畜の衛生管理

●衛生管理プログラム

　放牧中にも各種の疾病が発生するが，効率的に予防・治療する衛生対策が重要である。牧場によって多発疾病や多発時期が異なるため，個々の牧場ごとに有効な衛生管理技術プログラムをつくる必要がある。

　また，衛生管理プログラムをつくり，作業の効率化を図るとともに疾病予防を中心に衛生対策を立てることが重要である。

　入牧1カ月以上前に，一般臨床検査，血液検査，糞便検査などにより伝染病の感染の有無や栄養状態を調べ，放牧に適するか否かの判定を行う。放牧への適否項目は牧場やその近隣地域の過去の疾病発生状況などを考慮して決めるが，ヨーネ病，牛白血病，牛ウイルス性下痢ウイルス（BVDV）感染症，サルモネラ感染症，小型ピロプラズマ病は事前に検査して，感染牛を入牧させないことが基本である。特に近年は牛白血病，BVDV感染症が放牧場で感染拡大する事例が多く見られ，重要な疾病と位置付けられている。

　入牧前のワクチン接種は重要で，通常は牛伝染性鼻気管炎（IBR），BVDV感染症および牛パラインフルエンザ（PI）の3種混合ワクチンを中心に，牛RSウイルス感染症および牛アデノ7型ウイルス感染症ワクチンを加えた混合ワクチンが多く用いられる。

●放牧の馴致

　入牧直後は気象環境や飼料の急変および新しい群編成など，多くのストレスを受ける。これらの影響を最小限にするためには，入牧前から種々の環境に適応させる放牧馴致が重要である。新しい環境や飼料に適応するには3～4週間必要で，入牧予定日の1カ月前から馴致すべきである。

●入牧時検査と放牧中の衛生管理

　入牧時には体重，胸囲などの体格検査と，外傷，皮膚病の有無，肢蹄の状態，貧血の有無，

● 表1 駆虫後の線虫卵数と日増体量(DG)の推移(g)

駆虫後の線虫卵数(糞便5g中)

	A牧場	B牧場	C牧場
投与群	22	5*	20
無投与群	144	197*	103

日増体量(DG)の推移(g)

	A牧場	B牧場	C牧場
投与群	865*	877	615
無投与群	759*	717	540

イベルメクチン製剤放牧中3回投与(入牧時,1カ月後,3カ月後),*:$p<0.05$

● 表2 初回受胎率および平均授精回数

	初回受胎率(%)	平均授精回数
投与群	80	1.32±0.75*
無投与群	62.5	1.50±0.76*

イベルメクチン製剤放牧中4回投与・月1回,*:$p<0.05$

● 表3 初回授精時日齢および入牧から初回授精までの日数

	初回授精時日齢	入牧から初回授精までの日数
投与群	496±56*	226±65**
無投与群	534±71*	266±59**

イベルメクチン製剤放牧中4回投与・月1回,*:$p<0.05$,**:$p<0.05$

栄養状態,呼吸器系などの観察を行い,必要に応じて体温測定も追加して最終的な放牧適否の判定を行う。

放牧環境に慣れるまでの1カ月間は,衛生面においても管理面においても,特に注意を要する時期である。放牧牛の監視は最低1日1回以上行うことが望ましく,異常な家畜を早期に発見して処置をすることが大切である。また,必要に応じて臨床所見の観察,血液検査,殺ダニ剤,消化管内線虫駆除剤の投与などを実施する。

家畜が退牧する際にも,衛生検査を実施し,疾病ならびに感染病原体および媒介衛生動物を,農場に持ち込まないように配慮することが重要である。

● 疾病・生産性との関連性

BVDV感染症,牛白血病,IBR,小型ピロプラズマ病,皮膚真菌症,趾間腐爛そして消化管内線虫感染は,蔓延する危険性がある。ほかにも,光線過敏症,肺炎,腸炎といった病気にも注意が必要である。

BVDVは,集団放牧においてPI牛(持続感染牛)が入牧することによって,ほかの牛に感染する。最も危険なのは,妊娠約2〜4カ月に感染するとその胎子も感染し,産まれてPI牛になることである。地域のなかで「感染牛の放牧→ほかの牛に感染→酪農場へ戻る→農場内で感染→感染牛の放牧」と悪循環がはじまる。放牧前にPI牛の摘発淘汰と,並行してワクチンを接種することが重要である。

牛白血病の感染から守るためには,吸血昆虫の防除や人工授精時の直検手袋などの使い捨て(1頭1枚)などの実施が基本である。

消化管内線虫の感染は,夏季放牧牛群において高率で寄生線虫が育成牛の発育遅延を引き起こしているが,駆虫をすることにより線虫卵数が少なくなり,良好な増体を示す(表1)。また,駆虫により初回受胎率および平均授精回数も良好になる(表2)。さらに,初回授精時日齢と入牧から初回授精までの日数も,投与群が有意に少なくなる(表3)。駆虫による経済効果は,1頭当たり1万5,395円となる。費用・便益比は

1：6と非常に効率的な効果が出る（**表4**）。

●管理（実施）上の留意点

　放牧前の哺育期の管理も重要で，放牧に耐える体力を十分に備えることである。放牧は放牧地の管理，牛の管理，疾病の管理，繁殖管理が総合的に求められ，特に異常牛の発見を的確に行うことが重要である。

●表4　駆虫薬投与の経済効果

便益
・増体日数短縮による有益性 　16.43 kg（増体の差）÷865 g（1日増体量）＝ 　19日 　200円（1日放牧料）×19日＝<u>3,800円</u> ・初回授精日短縮による有益性 　40日短縮⇒<u>1万4,667円</u>
費用
・薬代金 　768円（1回）×4＝<u>3,072円</u>
便益－費用
1万4,667円＋3,800円－3,072円＝ <u>1万5,395円</u>
費用便益費
費用：便益＝1：6

イベルメクチン製剤放牧中4回投与・月1回

農家指導のPOINT

1．育成牛の放牧利用の利点を理解する
・育成牛の放牧により強靭な体躯とルーメンが発達し，より成長する。

2．育成牛の放牧は経営の省力化と低コスト生産を目指す方法である
・放牧地の管理，有害植物と衛生害虫の対策を行い，放牧を行うことが重要である。

3．放牧家畜の衛生管理が重要である
・放牧の馴致，入牧時検査を行い，放牧中の衛生管理のために衛生管理プログラムを作成し，疾病・生産性との関連性を踏まえ，実施していく。

4．消化管内線虫の感染は夏季放牧牛群で高率である
・駆虫によるメリットは，繁殖成績も，初回受胎率も平均授精回数も良好になることである。それによる経済的効果も高い。

3-5
周産期の母牛の衛生管理

Advice

　この世の中で一番過酷な一生を送っているのが乳牛であろう。ヒトのエネルギー消費量で例えると，毎日マラソンを走りながら毎年妊娠と分娩を繰り返しているようなものだ。乳牛は分娩を乗り越え，産褥期を経て，泌乳というマラソンのスタートを切る。現在，搾乳牛群の平均産次数は3産を下回り停滞している。乳牛ではおよそ2産までの収益は育成費用で相殺されるため，純粋な収益は3産以降ということになる。牛が健康的に分娩と泌乳を繰り返すことが収益へ結びつくのは明らかである。できるだけ穏やかな乾乳期間，そして安全な分娩と産褥期を経て，健やかな泌乳が迎えられるような環境が提供できないだろうか。本節では周産期の母牛の飼養衛生管理について，分娩と泌乳を分けて考えることでこの問題を整理したい。

　酪農家の経済を支えるのは，収入の約9割を占める乳代収入である。このことから，乳量を搾ることが収益性のアップに直結すると思われがちである。図1はある地域における個体乳量と1頭当たりの収益を階層別に示したものである。個体乳量が必ずしも収益性を上げるとは限らない現状が分かる。

　図2，図3，図4では，別の地域での通年舎飼い，パドック利用，放牧利用の3飼養形態を収益性(農業所得率％＝〈収入－支出〉÷収入)と死亡廃用率％(3年間の死亡廃用頭数割合の平均)，健康状態(成牛換算1頭当たり年間治療費〈円〉)の比較を行った。答えは明白で，すべての項目で舎飼い，パドック，放牧の順に病気，廃用が多くなり，所得率が低下していた。これらのことから，運動できる環境が牛の健康へ結びつき，収益性も改善することが理解できる。

　以上の2つの結果から，牛の健康と収益性を両立することは可能で，その方向性は「乳量に固執しない」「牛に運動の機会を与える」ということである。

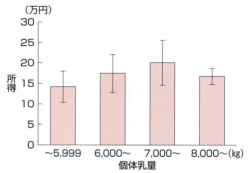

●図1　個体乳量と成牛換算1頭所得の関係

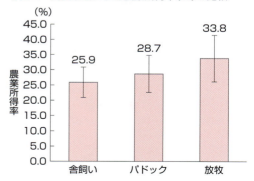

●図2　飼養形態による農業所得率(％)の比較

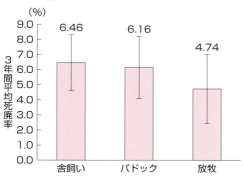

●図3 飼養形態による3年間平均死廃率(%)比較

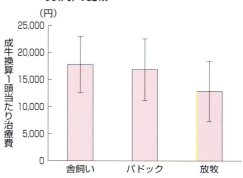

●図4 飼養形態による成牛換算1頭当たり治療費(円)の比較

●表1 乳飼比階層別の比較

乳飼比レベル	低(n=13)	中(n=27)	高(n=13)	有意差[a]
乳飼比(%)	19±2	25±2	34±3	
成牛換算頭数(頭)	68±23	79±23	83±31	−
家畜密度(頭/ha)	1.3±0.4	1.4±0.5	1.5±0.4	−
出荷乳量(t)	328±133	371±107	407±216	−
個体乳量(kg)	6,631±884	6,789±989	7,027±1,531	−
飼料費(万円)	483±236	714±243	1,047±678	**
1頭当たり飼料費(万円)	6.9±1.4	9.1±1.7	12.2±2.7	**
農業所得(万円)	1,268±541	1,434±604	1,132±306	−
1頭当たり所得(万円)	18.4±3.9	18.2±5.5	14.3±3.3	*
農業所得率(%)	44±8	40±8	32±6	**
支払利息(万円)	59±50	100±68	185±145	**
病気発生率(%)	95±38	103±34	90±43	−
死廃危険率(%)	3.6±2.3	4.6±2.7	6.7±2.4	**

a:−NS,*:$p<0.05$,**:$p<0.01$

乳量を求め過ぎることで陥りやすい問題

　乳量を増やすに当たり，頭数と濃厚飼料へ頼ることになる場合が多い。ある地域における乳飼比(%＝購入飼料費÷乳代)を，3階層に分け比較した結果を示す(**表1**)。乳飼比が高い階層は増頭し，濃厚飼料を増給している。個体乳量も多く，出荷乳量も多くなったものの，飼料費の増加が大きく，所得率は逆に低下し，実所得としては少ない傾向にあった。特に1頭当たりの所得は明らかに低下していることが分かった。畜主の「乳量を搾りたい」という気持ちの原点は支払利息に現れており，負債返済の重圧が増頭と濃厚飼料の増給を招いている実態が分かる。乳量を求めすぎる気持ちが乳飼比を高め，乳飼比が高くなるにつれて死亡・廃用率が高くなる。更新牛の確保のため飼養頭数の増加が必要になり，粗飼料不足から濃厚飼料多給により牛の健康状態が悪化し，牧場経営にも悪影響を及ぼしてしまう。

　出荷乳量を増やしたいがために施設の容量以上の牛を飼うことは，特に乾乳牛，分娩牛にとって最悪の結果をもたらす(乾乳牛過剰,環境悪化

と食い負け，分娩牛過剰，哺乳子牛，初生子牛の過剰）。生産を上げようと過剰な頭数を飼い，環境悪化，人の労働環境悪化，牛の健康悪化・事故多発を招く。増やしたはずの牛が事故でいなくなってしまい，さらなる生産性低下へとつながる。牛にとっても人にとっても快適な分娩を迎えるためには，まずは乾乳牛を過密にしないことである。淘汰リストを常に確認しながら，乾乳牛が確実に過剰になる場合は販売することも考える必要がある。

　次に乳量を求めすぎるゆえ陥りやすい問題に，個体乳量を増やそうと分娩前に濃厚飼料を多給する行為がある。本来初乳は子牛に飲ませる量だけあれば十分なのだが，濃厚飼料を多給することで乳量が増え，分娩前に乳房がパンパンに張り，漏乳，起立不能，乳頭損傷など心配の種が増えてしまう。分娩前に濃厚飼料をまったく給与せず，草（ラップ，乾草）のみの給与で分娩させたところ，初乳量が少なく，子牛に飲ませる量ギリギリだという酪農家もある。濃厚飼料を与えると乳量は増えるが，前述したように個体乳量を高めることと収益性は必ずしも結びつかない。分娩へ向けて明らかに乾物摂取量（DMI）が減っている時期に濃厚飼料を増やし続ける行為が，いかに牛の健康を害しているか。分娩後DMIが増加するのに合わせて濃厚飼料を増給していくことがいかに牛の健康上，理にかなっているかを考えるべきであろう。

　乳量を求めすぎることで陥りやすいこれらの問題は，分娩と泌乳を分けて考えることで解決できる。分娩後DMIが最大になる時期と乳量のピークが重なることで，繁殖適期のエネルギーマイナスバランスが是正される。何も慌てることはない。自給粗飼料プラス濃厚飼料で乳量が決まる。適量の濃厚飼料と適量の乳量で健康であれば，必ず繁殖も経済も回るはずである。

🐄 運動のできる場所と機会

　牛にとっての足回りの環境を考えてみる。寝起きしやすい，滑らない，歩行しやすいなどの条件を考えると，ベストの環境は放牧地であろう。その次が土の上，ゴムマットなどで，硬いコンクリート床は最悪である。コンクリート床での繋ぎ飼いが牛の蹄や関節に最も悪影響を及ぼすであろうことは容易に想像できる。コンクリートの床は滑りやすく正常な歩行を妨害する。放牧地とコンクリート床での歩幅を比較すると放牧地の方が明らかに大きく，歩行スピードも明らかに速い。さらに活動量もコンクリートに比べて多い。ゴムマットはその中間の効果が期待できる。足腰に不安のある周産期こそ，その床面に気を配る必要がある。最高の場所を提供してあげることで，分娩後の大きな活躍が期待できるのである。最高の場所が提供できないのであれば，少しでもよい環境を考えてあげるという姿勢が必要である。

🐄 乾乳から分娩の飼養衛生管理

　乾乳前期（分娩予定3週間前まで）と乾乳後期（分娩前3週間＋分娩前後）に分けて，まずベストの環境を考えてみる。乾乳前期は放牧でもよい。乾乳後期は特に分娩と分ける必要はない。環境の変化と粗飼料の変化はできるだけ少ない方がいいので，分娩を特別視しないほうがよい。イネ科1番乾草がこの期間を通して給与されれば申し分ない。

　よくあるケースで，分娩直前に分娩房へ移動させるのを見るが，人の目はよく届くので管理しやすくなるが，牛の方は粗飼料も変わり，環境も変わり大変である。より一層のDMI低下

により濃厚飼料の選び食いが重なり，ルーメンへのダメージは大きい。牛舎のなかで仕切りを変えるだけで分娩管理できれば最高である。

　また乾乳舎から搾乳舎（スタンチョンなど繋ぎ牛舎）へ移動するケースも多い。分娩予定日の２週間前に移動しなさいと言われるが，特に初妊分娩牛は初めてのスタンチョンでもあり，２週間前の移動はつらい。寝起きが悪く，関節を痛めて，より一層DMIが低下し，濃厚飼料の増給により蹄へのダメージ，ケトーシスそして第四胃変位発症と，生産病のオンパレードとなり，結局短命に終わってしまう。初産牛をスタンチョンで分娩させる場合は，１カ月前には移動させるべき，という意見もある。初めての牛舎，しかも経産牛に挟まれた環境は初産牛にとって辛い（エサの横取りといじめなど）ため，初産牛だけを集める場所があれば，さらにいいだろう。また，この場合も当然粗飼料は同じものを給与したい。

　繋ぎ牛舎で搾乳牛も乾乳牛も一緒に飼っているケースもある。この場合，せめて乾乳牛と分娩牛を処理室から遠い場所に固めて，搾乳刺激をできるだけ与えないことと，隣牛の濃厚飼料を盗み食いさせないようにしたい。また，この場合も同じ粗飼料を給与したい。

　一般的に乾乳後期は泌乳準備のはじまりとされ，様々な飼養管理技術が紹介されているが，酪農家戸々において飼養施設・環境が様々に異なる場面では「分娩と泌乳を分けて考える」ことで解決できることが多い。泌乳の準備として考えるのは乳房炎対策だけでよく，分娩２週間前の乳房炎治療や乳頭の消毒を励行できれば，かなりの問題解決が期待できる。特に放し飼い状態での乳頭消毒には，園芸用のポンプ式スプレーの使い勝手がよい。この時期の乳頭消毒には，乳頭先端だけの消毒が必要なため，ディッピングという作業にこだわる必要はなく，スプレーでよい。

　放し飼いで初妊牛が乾乳牛と同居する場合，頭数が多いと食い負けや横臥時間の減少につながり，DMIの低下による様々な障害を引き起こす。初産牛は別飼いがベストであるが，できなければよく観察をして，何らかの対応を考えるべきである。

 分娩への備え

●分娩の場所

　理想的には放牧地，でなければ床面は土間かゴムマットが好ましい。硬いコンクリート床面では牛の自由な活動が抑制されて，転倒・滑走などの事故につながる。寝起きの不自由ななか，スタンチョン＋コンクリート床面での分娩は最悪だという認識を持つべきである。尿溝へ腰を落とし，腓腹筋部分（飛節の上）に丁度コンクリートの角が当たり，腓腹筋にダメージを与え，筋断裂を招きやすい。分娩後の後肢のナックルはこのケースが多い。せめて分娩予定の牛の尿溝はスノコで塞ぐべきだろう。朝，親牛が尿溝へ腰を落として起立不能に陥っている横で，子牛が尿溝のなかで死亡している姿はあまりにも悲しすぎる。

●難産予防

　特に初産牛でF1を生ませる場合，どうしても予定日を超えてしまいがちである。せっかく楽な分娩をさせるためにと選択したF1も，最近はホルスタイン並みに大きく，牛にとっても人にとっても少しも楽になっていない。分娩予定日を過ぎた初産の分娩誘発は積極的に行うべきである。なお，分娩予定と酪農家の家族行事が重なっていたら，早めの計画的出産を提案し

てもよいだろう。人の都合で分娩日を調節するくらいはよしとしたい。

● 分娩の予測

陰部の弛緩，尾根周辺の落ち込み，乳房の張りなど分娩の兆候は色々紹介されているが，一番確率が高いのが体温測定である。分娩前の夕方の体温は39.5℃程度が平熱である。池滝らは夕方の体温測定で39℃以下，もしくは前日よりも0.5℃以上の低下があった場合，24時間以内に約8割が分娩すると報告している。実際，38℃台へ下がると高確率で半日から1日で分娩がはじまる。経産牛は特にその体温の低下度合いが大きい傾向にある。夕方搾乳が終わり，見回りの時に体温を測定することで39℃台を目安にゆっくり寝るか，一度寝る前に様子を見るか決めてもよい。少し経験を積めばより確率は高くなる。分娩予定牛をつないでいるケースがあれば，一度試してもらうとよいだろう。

● 初乳の搾乳

分娩直後に大量の初乳が一度に搾乳されることは母体にとって負担が大きい。また乳房の張りすぎは乳頭口が緩み乳房炎の危険が増え，乳頭の踏み傷のリスクが増大する。張りすぎた乳房に対してはある程度の手加減搾乳（搾り切らない）は必要であろう。大量に泌乳・搾乳される初乳が高濃度Ig（抗体）を含んでいるかどうかも疑問である。適度な乳房の張りにコントロールすることが，初乳成分，乳房炎リスク，安全な分娩，その後の泌乳へ向けて，すべてのバランスを取れると思われる。

また，分娩前の漏乳は積極的に搾乳すべきである。分娩するまで待っても，すでに初乳成分は含有していないし，漏乳していることで乳房炎のリスクが最大限に高まる。1分房でも漏乳していたら，その牛で初乳をとることはあきらめて4分房ともバケットで搾乳すべきで，経産牛にはカルシウム剤の給与をはじめるべきである。分娩前搾乳による胎子への悪影響はないので，分娩前漏乳牛に対するバケットによる搾乳には躊躇しないようにしたい。

● 分娩前後の飼料

DMIが確実に落ちる時期なので，濃厚飼料の選び食いが潜在的なルーメンアシドーシスを引き起こし，蹄病の下地をつくる。それに加え，飼養床面が硬いコンクリート上では蹄の健康を一層阻害することになる。この時期に高泌乳に必要とする濃厚飼料を増給するのは避けるべきであり，分娩と産褥期を乗り越え，DMIの増加が見られる時期（出荷できるようになってから）を目安に濃厚飼料の増給をはじめるべきである。

木田は一般酪農場で通常行われている分娩後1日当たり0.5～1.0kgの濃厚飼料の増給法について，ルーメンにおける物理的な繊維不足や過剰なデンプン給与とは認められないものの，分娩後の負のエネルギー状態回復には0.5kg／日に比べて1.0kg／日の方がより効果的ではあるが，1.0kg／日の増給群では明らかに蹄の健康は損なわれ，蹄病の発生が多くなったと報告している。

分娩前後の餌については，泌乳ピークを早く，高くとの発想から飛び出し乳量を求め，大量の初乳を搾るための栄養管理が推奨されている。しかしその初乳は出荷できない。大量の濃厚飼料を給与し，大量の出荷できない初乳を搾り，牛の健康を損なうという最悪の事態が発生し，その後の泌乳期間はもちろん期待できない。分娩と泌乳は分けて考えるべきである。

出生子牛への処置

●臍帯の消毒

生後直ちに必ずやらなければならないことは臍帯の消毒である。ヨードチンキ（7％）がベストで、コップに入れたヨードチンキにたっぷりと臍を浸す。乳頭ディッピング剤はヨードが薄い（1％程度）のでお勧めできない。臍の消毒は必ずヨードチンキで行うべきで、また、この方が臍も乾きやすい。この時、明白な副乳頭があれば切除するとよい。これは普通の紙きり鋏で切り取れる。根元から切り、ヨードチンキを塗布すればよい。副乳頭かどうか迷う場合はやらない方が懸命である。

●初乳の搾乳と給与

漏乳していた初乳は使えないので、凍結初乳や初乳製剤の準備をしておく必要がある。まずは乳房炎でないことの確認（PL検査）を確実に行う。給与量は少なくとも生後12時間までに4L、24時間までに6L飲ませることを目標にする。

●加温機の利用

感染症への対策として、初乳の加温機の利用はきわめて有効である。ヨーネ病、牛ウイルス性下痢ウイルス、牛白血病ウイルス、マイコプラズマ、黄色ブドウ球菌などの対策として、加温機処理することで安心して子牛へ給与できる。

加温機の使用について細菌学的に調査したところ、加温後に室温（処理室）で半日保存した場合でも細菌数の増殖は認められず、品質的にも問題はなかった。このことから、朝搾乳し加温処理して、室温保存後に夜給与する。夜搾乳し加温処理して、室温保存後に翌朝給与という作業動線が可能であることが分かった。

また、加温した乳は発酵乳への利用が大変スムーズにできる。加温していない乳の発酵過程では腐敗と発酵が同時進行し、発酵品質の見極めが難しい点があったが、加温乳には腐敗の原因細菌はなく、スムーズな発酵が進むことが分かった。ちなみに加温乳は乳酸菌もほとんどいない状態なので、種菌や戻し発酵乳を利用することで、より速やかに確実な発酵乳を作製することができる。

農家指導のPOINT

1. **乾乳、分娩、泌乳は分けて考えるべきである**

2. **乾乳舎での飼養頭数には常に注意を払う**
   ・過剰な場合が想定される場合は事前に淘汰リストを動かして頭数を調節する。特に初妊牛と乾乳牛を同居させる場合は気を使うべきである。

3. **乾乳期間は土の上で十分運動できる環境を与える**
   ・蹄と関節のコンディションを整え、筋力をつける。

4. **乾乳期間は1番のイネ科乾草（低水分ラップ）を給与する**
   ・この基礎飼料は分娩後の産褥期まで給与する。これは牛の健康を保つ"素飼料"となる。搾乳用の1番草の収穫には力が入っているが、乾乳用として1番草を収穫しているケースはまだ少

ない。
・乾乳・分娩用に1番草を収穫することを考え，乾乳・分娩の時期をうまく乗り切る。

5．分娩前の乳房炎対策として，乳頭の消毒と分娩予定2週間前の乳汁検査・治療は効果的である
・乳頭の消毒には牛を餌場に寄せた時に園芸用のスプレーで後方から乳頭めがけてスプレー処置すればよい。きわめて短時間で処置ができる。

6．分娩予測のためには体温測定（夕方がよい）が一番確率が高い
・経験を重ねると予測の精度が高くなる。分娩に振り回されるのではなく，特に分娩予定を過ぎたら異常がないかの確認をしたり，分娩誘発処置も含めて積極的な姿勢を持つことが大切である。

7．新生牛に対する臍の消毒と初乳給与は確実に実行する

8．子牛への伝染病対策の第一歩として，初乳の加温機を有効利用すべきである

3-6
乳房炎の基本的な考え方と正しい搾乳手順

Advice

　生乳の安定的確保において，「乳房炎」は大きな阻害要因であり，その効果的な制圧技術の構築は，日本のみならず世界的にも大きな課題として位置付けられている。日本では以前から，生産者や関係団体，さらに乳業メーカーが協同して乳質改善に取り組み，高品質乳生産を実現した。先人たちがはじめたこの一連の取り組みは，長い年月を経て結実し，今日，その品質は世界的にも上位に位置付けられている。一方で，日本はこうした技術を次世代にどのように継承していくかという課題に向き合わなければならない時期を迎えている。限られた生産資源の有効活用を考える時，乳房炎は最大のリスクとなる。

　本節では乳房炎の制圧において重要管理点とされる搾乳手順について，解剖学，生理学および免疫学を横目に見ながら再考（復習）したい。

 ## 乳房炎とは何か

　乳房炎とは乳頭から微生物が侵入することによって成立する乳腺組織の感染症である。乳房炎では微生物由来の毒素や，微生物排除のために誘導される一連の免疫応答（好中球の誘導やサイトカインの産生など）が乳腺細胞の恒常性を破綻させる。結果として乳量の著しい低下や，成分的および衛生的乳質の低下をもたらす。推奨される搾乳手順とは，効果的な泌乳と細菌感染のリスクを排除することを目的に構築された技術である。

 ## 感染症の基本的な考え方

　感染症の成立要件は「生体」「微生物」および「環境」の3つである。各要因の寄与度はそれぞれの症例で異なる。すなわち，生体の免疫機能が低ければ，わずかな微生物でも感染症が

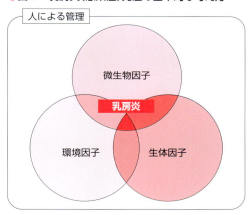

●図1　乳房炎（感染症）発症の基本的な考え方

成立する。逆に十分な免疫機能を有していても，微生物の数や病原性が高ければ感染は成立することになる。環境要因は生体および微生物の両者に影響を及ぼすため，実際にはこれら3つの成立要件が複雑に絡み合っている（図1）。共通して言えることは，これら3つの規定要因はいずれも人によって制御され得るものであり，乳房炎防除において人の管理要因，すなわち「人

● 表1　乳房炎の主な原因微生物

伝染性乳房炎	環境性乳房炎
Staphylococcus aureus	Coaglase Negative Staphylococci
Streptococcus agalactiae	Other Streptcocci
Mycoplasma spp.	Esherichia coli
Mycoplasma bovis	Klebsiella pneumonia
Mycoplasma californicum	Pseudomonas aeruginosa
Mycoplasma bovigenitalium	Pasteurella multocida

の責任」がいかに大きいかは，このことからも容易に理解できる。「搾乳手順」の重要性はすべてこのことに集約される。

伝染性乳房炎と環境性乳房炎

●伝染性乳房炎

搾乳器具や作業者の手指を介して感染が成立する乳房炎で，主として黄色ブドウ球菌(SA)，無乳性レンサ球菌，コリネバクテリウムおよびマイコプラズマがこれに分類される。日本で実施されたバルクタンクスクリーニングでは，SAの陽性率が50～70％に及ぶ地域も報告されており，広く酪農場に浸潤していることが示唆されている。SAによる乳房炎はその多くが明確な症状を示さない潜在性乳房炎であり，経営者が産乳量の減少を十分に認識しないなかで，感染が静かに浸潤する事例が多い。一般的に乳房炎による経済損失は，その8割が潜在性乳房炎による減乳であり，SAはその代表的な微生物である。産次数の上昇とともに感染率も増加することが特徴であり，このことは生産農場における制御の難しさを示すものでもある。マイコプラズマは複数の菌種が存在するが，最も病原性の高い菌種はマイコプラズマ・ボビスである。乳房の硬結や急激な泌乳停止など，明確な臨床症状を示すことが多い。

●環境性乳房炎

畜舎環境，特に敷料などを介して感染が成立するものであり，主として大腸菌やクレブシエラなどの大腸菌群，環境性レンサ球菌，コアグラーゼ陰性ブドウ球菌が主要な原因微生物として知られている。大腸菌群による乳房炎の発生は気温の上昇とともに増加し，明確な臨床症状を発現するものが多い。特に乾乳期間中の感染では，一定期間乳房内に潜在的に定着し分娩後に臨床症状を呈する症例も多い。

伝染性乳房炎と環境性乳房炎の主要な菌種を**表1**に示す。

乳房は細菌からどのように守られているか？

乳房は本来微生物からどのように守られているのか，すなわちそれらの正常な機能発現を阻害することは，乳房炎罹患の大きな危険因子となる。一連の搾乳作業は，牛の生理学および解剖学を根拠に，それらに立脚した作業手順として示されている。乳房(乳腺)の免疫に関わるいくつかの要因を紹介したい。

●形態学的因子による感染防御

細菌は乳頭孔から乳頭管を経て乳腺組織に到達する。すなわち，乳頭括約筋により乳頭口は固く閉じられ，微生物の侵入を防ぐ。また，微生物がここを通過した後も，ケラチンやロゼットなど，侵入阻止に関わる複数の関門が存在す

る。過搾乳などによる乳頭損傷は，これらの形態学的な免疫機能を阻害し，感染の成立を促す結果となる。

● 白血球による感染防御

　形態学的因子により十分な排除がなされず，乳頭口から乳腺に微生物が侵入すると，生体はこれを排除するために多くの免疫担当細胞を動員する。最も主要な免疫細胞は多形核白血球（好中球）であり，乳房炎乳汁では体細胞数全体の90％以上を占める。好中球はマクロファージなどからサイトカインシグナルによって血液から組織に誘導され活性化する。活性化した好中球は活性酸素や酵素によって微生物の殺菌に働くが，サイトカインを含むこれら白血球由来の炎症性物質は，乳腺組織の形態および機能を障害し，結果として産乳量の低下をもたらす。白血球は微生物排除において中心的役割を担うが，一方で諸刃の剣としての側面をもつ。好中球は酸素やグルコースを必要とするが，乳汁にはこれらがほとんど存在しない。ストレスの負荷や栄養管理の失宜は，乳腺組織でより顕著となる。

● 液性因子による感染防御

　正常乳中にはその濃度は低いが，免疫グロブリン，補体，ラクトフェリンおよびリゾチームなどの特異的ならびに非特異的な細菌発育抑制物質も，乳腺免疫において重要な役割を担う。

正しい搾乳手順の概要

● 搾乳作業の準備

　搾乳作業は，それらを適切かつ効率的に実施するうえで必要な機材および資材の準備にはじまる。適切に消毒された搾乳ユニットのほか，消毒液に浸したタオル，清拭後に水分を拭き取るペーパータオル，使用済みタオルを入れる容器，プラスチックグローブ，ディッピング剤（ディッパー），ストリップカップ，CMTなどの乳房炎診断セットを1台の台車にまとめ，搾乳用のワゴンとして準備することが望ましい。消毒薬は一般的に0.02％の次亜塩素酸水が推奨されている。プラスチックグローブの使用については，着脱の煩雑性などから使用しない農場もあるが，手指には多くの細菌が付着しており，それらを除去することは困難である。プラスチックグローブは手指の衛生管理を容易にし，手指による微生物の伝搬を防ぐうえで重要である。

● 前搾り

　前搾りは，泌乳生理の第一段階であるオキシトシンの誘導と，異常分房（乳房炎罹患分房）の摘発という2つの大きな意味を持つ。少なくとも4回以上の前搾りを実施し，十分な乳頭刺激により射乳ホルモン（オキシトシン）の分泌を促す。射乳は生理的に誘導されるものであり，そのためには適切な乳頭刺激により，血液中のオキシトシン濃度を速やかに必要レベルにまで到達させなければならない。一般的に，乳頭刺激後の血中オキシトシン濃度は1分から1分半でピークを迎えるため，これに合わせた搾乳作業が最も生理的かつ効果的泌乳をもたらす（図2）。このことは過搾乳による機械的な乳頭負荷や，それらに伴う乳頭口の形状変化（図3）を回避するためにも重要である。また，ストリップカップは異常乳の摘発に重要であると同時に，乳汁中の感染性微生物で環境を汚染させないためにも有効である。特に，乳房炎原因菌のなかには環境で著しく増殖する菌種もあることが知られており，これらによる牛床汚染は牛群の乳房炎コントロールにおいて大きなリスクになる。

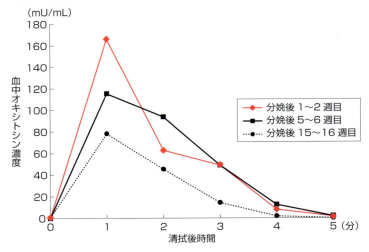

●図2　清拭後時間とオキシトシン濃度

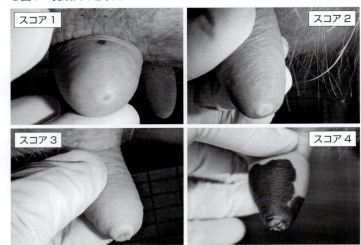

●図3　乳頭口の形状と4つのスコア

スコア1：乳頭口周囲に皮膚の肥厚などはなく異常は認められない
スコア2：乳頭口に平滑で肥厚した皮膚のリングが確認される
スコア3：乳頭口は粗野で肥厚した皮膚のリングが確認される
スコア4：乳頭口はさらに粗野となり多くのひび割れが確認される

●清拭

作業者に向かって遠位（奥）の乳頭から清拭作業を開始する。次亜塩素酸溶液（温湯）に浸漬したタオルの面を変えながら，それぞれの乳頭を清拭する。特に乳頭口の汚れを丁寧に除去することが重要である。タオルでの清拭が終了したのち，乳頭表面の水分をペーパータオルによって除去することで，さらに乳頭表面の細菌数を減少させるとともに，適切な搾乳器具の装着が可能となる。

●搾乳（ティートカップの着脱）

前搾り後，およそ1分30秒程度でティートカップを装着することが，泌乳生理から最も適切である。適切な真空圧を保持するため，ティートカップ装着時における空気の流入を避け，適切なアライメントを保持することが重要である。マシンストリッピングは乳頭口に強い物理的負荷を与え，結果として乳頭口の形状変化や損傷をもたらす。乳頭口は微生物の侵入を防ぐための最初の物理的バリアであり，ケラチンや

抗菌活性を含む成分で構成されている。日常的なマシンストリッピングはこれらの構造および機能を障害するため，乳房炎の防除において行ってはならない方法の1つである。ティートカップの装着時間はおおむね5分以内であることが望ましい。クロー内における乳の流量を確認し，適切なタイミングで真空を十分に解除したのち，自然離脱と同じタイミングでティートカップを離脱する。

● ポストディッピング

ポストディッピングはノンリターンタイプのディッパー容器を用い，ヨード剤を適用するのが一般的である。搾乳後のディッピングは特に伝染性乳房炎の防除に有効であるが，乳頭皮膚表面の細菌数を減少させることや，環境性乳房炎も含め乳房炎原因菌の乳頭口からの侵入を防ぐうえで重要である。

一般化された技術は，日常作業として無意識に実施されるため，積極的な継承が行われにくい。これらの情報を継続的に，また積極的に生産現場に発信することは，今日の厳しい酪農情勢のなか，生産効率の向上を図り，酪農業の持続的な発展を目指すうえで，重要な取り組みと言える。

農家指導の POINT

1．菌は常に乳房への侵入を狙っている
- 牛の周りには乳房炎原因菌が存在しており，それらは自身の増殖のため，常に乳房への侵入を狙っている。
- 「温度」「水分」「栄養」がすべて満たされた乳房は，細菌にとっても格好の増殖場所であり，乳頭口が一定時間開いている搾乳中は，それらが乳房に侵入するための絶好の機会である。

2．乳房の抵抗力を最大限に引き出す
- 牛の乳房はもともと細菌を侵入させないための様々な仕組み（解剖学，生理学的および免疫学的機能）を持ち合わせている。
- 正しい搾乳手順は，効果的な泌乳のみならず，こうした乳房の抵抗力を最大限に引き出すためのものである。

3．技術の一般化は時としてその継承を困難にする
- 無意識のなかで日常作業として実施されている1つ1つのステップが，理論とともに後継者に継承されるためには，これらを熟知した獣医師の意識的なサポートが重要である。

4．第三者に搾乳手順を見てもらう
- 酪農場で朝夕行われる搾乳手順を経営者や作業者自身が評価することは重要であるが，一方で異なった視点での客観評価が乳質の飛躍的な向上につながる事例も多い。
- 普段の搾乳作業を見られることへの抵抗も言われるが，搾乳立会などの活用は搾乳手順を客観的に確認するうえでも重要である。

3-7
牛床の管理

Advice

　乳牛の牛床での横臥時間は10～15時間で，少なくとも12時間以上横臥させた方がよいとされる。そして，乳牛は牛床で横臥休息することで，乳房を流れる血流が増加し乳量が増え生産性向上に寄与するとされる。このように，乳牛が快適に過ごせる牛床を提供することは乳牛の肢蹄の健康や乳量増など生産性に大きく貢献する。そのため，牛床横臥率が80％以上となるような牛床資材の選定，敷料利用を進め，牛床構造，寸法，破損などをチェックし，日常管理で快適な牛舎環境を確保する必要がある。

　本節では，乳牛にとって快適な牛床の構造や疾病を防ぐための管理の必要性などについて検討する。

牛床管理の必要性

　フリーストール牛舎の牛床管理というと，牛床を汚さないためにどうしたらよいかという議論になりがちである。「きれいな牛床」と「利用しやすい牛床」とは意味が大きく異なる。「汚れていない牛床」の意味するところは「利用されていない牛床」であり，問題がある牛床と言える。牛床を観察し「きれいな牛床」であるからと言って安心してはいけない。なぜ汚れていないのかを考える必要がある。フリーストール，繋ぎ飼いとも牛床は「乳牛の利用によって汚れる」ことが前提となり，汚れたら掃除することが大切である。

　また，頻繁に乳牛に利用されることにより，破損したり変形したり，牛床がデコボコになったりする。壊れたままにしないですぐに補修することで，繋ぎ飼い牛舎では乳牛の生活空間を快適に保つとともに，フリーストール牛舎では利用できる牛床数を確保し，隔柵変形のために乳牛が怪我をしないようにする。これらの補修作業もまた牛床管理の1つであり，日常の作業の1つとして組み込んでおくことが必要である。

　それでは，乳牛にとって快適な牛床とはどのような牛床であろうか。

　牛床の必要な条件としては，収容されている乳牛を清潔に保てることや，乳牛にとって快適な空間であることで，「清潔で乾燥し快適であること」とされる。

　乳牛を清潔に保つためには，牛床は乾燥し汚れがないことである。牛床を乾燥させておくためには，換気を良好にすることが重要で，牛舎設計時から注意をする必要がある。また，牛床の汚れについては，汚れた敷料はすぐに除去し新鮮な敷料を追加するなど敷料を適切に管理すること，牛床上の水分（尿や漏乳）が速やかに除去されるように牛床の傾斜を確保し，水分が溜まったままにならないように凸凹をなくすことなど，日常の牛床管理が必要である。

● 図1　牛床隔柵の形状変化

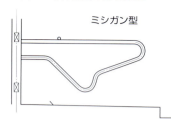
ミシガン型

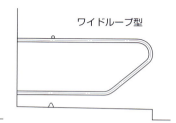
ワイドループ型

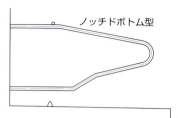
ノッチドボトム型

 牛床構造の変化

　牛床の必要条件などを検討する前に，フリーストール牛舎の牛床を中心に牛床構造の変遷を確認しておく。

　フリーストール（キュービクル）牛舎が開発されたのは1960年頃で，米国では農場がルースバーンでの敷料抑制，牛体汚れ改善対策としてフリーストールを検討している。英国でも同じ頃に検討されている。日本では，1968年の北海道立新得畜産試験場に建設されたフリーストール牛舎が，図面なども残っている最初のフリーストール牛舎とされる。その後，徐々にフリーストール農場数は増加したが，1990年頃で全道で100戸程度であった。1990年以降は毎年100戸ずつ増加し，一気にフリーストール農場数は増加した。

　牛床の構造は，乳牛の横臥起立動作を妨げないように頭の突き出し方法を短い牛床に合わせた側方突き出しから，長い牛床で乳牛がまっすぐの横臥できるように，前方突き出し方式へと変化してきた。

　隔柵は1990年まではU字型のものが利用されていたが，1990年以降の急増期にはミシガン型が国内の新築牛舎で広く利用された（**図1**）。ミシガン型は210 cm程度と短い牛床であっても，乳牛の起立横臥がしやすいように側方突き出し方式とした隔柵である。短い牛床は徐々に長くなってきたが，長い牛床の牛舎であってもミシガン型が多く利用された。その後，長い牛床に対応した前方突き出し方式のワイドループ型が利用された。ワイドループ型では横臥時に乳牛の腰や背が隔柵に当たるため，2000年頃から隔柵の下部を逆V字型に曲げ，上部パイプも後方を下げたノッチドボトム型が利用されている。

　これらの隔柵形状の変更は米国からの技術導入として紹介されてきたが，1990年頃から欧州で開発利用されてきた隔柵を米国で改良したものである。

 フリーストール牛床の寸法と構造

　乳牛にとって快適な空間であることの条件の1つは，乳牛が起立横臥しやすい寸法や構造が確保されていることである。

　体重別のフリーストール牛床各部の寸法は，様々な普及資料で提示されている。2013年版のMWPS-7（第8版，2013：米国中西部地区の普及資料）と2006年のNRAES（米国北東部地区の普及資料）の推奨値と比較すると，体重別の牛床幅については変化がないものの，牛床長さは前面が壁の場合，体重635 kgで267～275 cmとなり，前面開放の場合には231～259 cmと長くなっている。726 kgでは，前面が壁の場合288 cmが

305 cm、前面開放で 252 cm が 259 cm となっている。このように牛床の長さは横臥時の快適さを確保するため長くなる傾向が見られる。ブリスケットボードの高さは起立時の頭の突き出しやすさから、10～15 cm とされていたが 635 kg 以上では 10 cm と低くなっている。

牛床の寸法や牛床構造で注意すべきもう 1 つの点は、乳牛が斜めに横臥しないようにすることである。斜めに横臥すると、排糞尿時に牛床上に落下し牛床を汚し牛体汚染につながる。また、隣接する牛床の利用にも影響を与える。

牛が斜めに横臥する原因は、①牛床長が短いこと、②牛床幅が広いこと、③牛床前方に横臥起立を阻害するような横パイプがあること、④頭合わせの牛床でブリスケットボード間の距離（両突き出しスペース）が短いことなどが挙げられる。これらを改善するために、まず、③の横パイプを取り除くこと、④の距離を長くするため、全体の牛床長を長くすること、乳牛の体重に合わせた①長さと②幅にすることである。

フリーストールの牛床幅については、体重別に 122～137 cm と寸法が指定されているが、実際の寸法としては 120 cm を用いている。これは、建築部材の寸法から、120 cm の場合、日本の建築部材の 360 cm で 3 頭分、米国では 480 cm で 4 頭分の幅となり、端材が出ないことなども大きく影響している。

繋ぎ飼い牛舎の牛床の寸法と構造

繋ぎ飼いの牛床寸法は、牛床幅は 125～130 cm、牛床長は 175～180 cm である。フリーストールのブリスケットボードの位置が飼槽壁となる。フリーストールに比べ、牛床幅が広いのは、繋ぎ飼いでは長期にわたって係留されたままとなることから、隣同士の間隔を少しでも余

● 図 2　建築図面の寸法表記と実際の空間寸法の違い

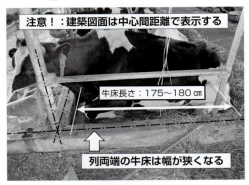

裕を持たせておくため、やや広い寸法を採用している。

乳牛は横パイプに取り付けられたチェーンにつながれ、自由度を保つ。チェーンの長さは身繕い動作が可能なように長さを調整する。

牛床前面の飼槽壁は 30 cm 以下とし、横臥時に前足を前方に投げ出すことを妨げないようにする。また、チェーンを取り付ける前面のパイプは、採食時に乳牛の首が当たらず、起立時の自然な姿勢を邪魔しない位置に取り付ける。

建築図面での寸法に対する注意

建築図面での寸法は、一般に柱や壁の中心間距離で表しているので、示された寸法がこれまで検討してきた実際の空間として確保されるわけではない（）。牛床の場所に示された寸法が「175 cm」となっていても、飼槽壁の中心から縁石端までの場合が多く、実際に建設された時には飼槽壁の厚み分が短くなって「168 cm」程度になっている場合がある。実際の空間として「175 cm」が必要であることを明確に指示をして図面を確認する必要がある。

また、牛床列の両端牛床の牛床幅でも同じことが発生する。牛床幅を「120 cm」あるいは

「125 cm」で設計しても，中央部分の牛床幅は指示した幅となるが，牛床列両端は横断通路との間に壁ができ，その中心までが牛床幅となるので，両端の牛床は「112 cm」や「118 cm」となる。牛床両端は牛床幅の空間を確保してから通路側に壁をつくる必要がある。この場合，通路が予定した幅よりも狭くなるので，この幅の確認も必要である。

このように，建築図面では中心間距離で示されていることが多いので，実際の空間寸法を確認することが重要となる。また，牛床の隔柵は支柱などに溶接固定するのではなく，取り替えが可能なようにボルト留めとすると，乳牛行動に基づいた形状変更が生じても対応可能となる。

 牛床資材の種類

牛床が快適であるためのもう1つの条件は，牛床資材の種類と敷料の量である。

牛床の床は，コンクリート仕上げの上にどのような資材を敷くかで快適性が決まる。コンクリートのままであったり，ゴムマット，ゴムチップマットレスやEVAマットを敷くのが一般的である。米国では15〜20 cmの厚さで砂を入れる例も多い。砂は衝撃力も小さく微生物が繁殖しにくいことで，乳房炎の発生拡大を抑えることができるとされている。しかし，糞尿処理方法が限定される。

これらの資材の特長をよく理解して，使用し管理する必要がある。

 敷料の重要性

敷料はこうした牛床資材の上に散布されたり，敷かれたりする資材である。敷料は，横臥時の衝撃を和らげるだけでなく，通路で脚につ

いた糞尿をからめ取り，牛床が糞尿で濡れないようにしてくれる。また，糞尿処理時の水分調整材の意味も持つ。

敷料の種類には，オガクズ，麦稈，乾牧草，砂，細断古紙，モミガラなどが用いられてきた。最近では，嫌気発酵処理後の消化液を固液分離した固形分を好気発酵させた分離固分も利用されるようになった。

砂以外の敷料は，いずれも有機物で吸湿性がある。オガクズは使用により急激に大腸菌が増加することが知られている。消化液の分離固分は，分離直後はアンモニア臭が強く大腸菌も多いが，撹拌などで好気発酵させて温度を上昇させると，アンモニア臭も少なくなり大腸菌も死滅する。

 牛床の良否の判定法

牛床の床や隔柵などの構造物が乳牛にとって快適な条件を満たしているかどうかを判定する方法として，横臥率(牛床を利用している頭数のうち何頭横臥しているかを示す割合)を用いる。

搾乳時間など牛舎にいる牛の頭数が少ない時間帯を除いた横臥率の日平均が，70％以上であれば特に問題はないと言える。80％以上であれば良好な牛床である。また，70％を切るような場合には何らかの問題がある牛床である。

日平均横臥率を求めるためには24時間の行動観察をする必要があるが，現実的に考えて，農場の方にこのような観察をすることはできない。

日平均横臥率の最高値が現れるのは，午前11時頃(給餌，朝搾乳から3〜4時間後)で，この時に90％以上の牛が横臥していることが求められる。また，夜10〜11時頃(給餌，夜搾乳から約3時間後)に日平均横臥率を示す。この時に

● 表1　落下試験装置による牛床資材の衝撃力測定結果

牛床資材の種類		コンクリート	放牧地	模擬砂牛床15cm	マットレス（1年使用）	EVA 30mm	ゴム 30mm	ゴム 30mm裏溝	複合マット 30mm	ゴムA 20mm	ゴムB 20mm	通路用マット
加速度 (m/s²)	平均	1,715	349	209	496	521	1,032	663	290	1,255	1,119	1,300
	最大値	2,641	402	320	516	524	1,072	679	299	1,313	1,198	1,373
衝撃力 (N)	平均値	8,147	1,659	991	2,354	2,474	4,900	3,149	1,377	5,963	5,314	6,176
	最大値	12,544	1,910	1,518	2,452	2,490	5,092	3,224	1,421	6,238	5,692	6,521
弾力性 (G2/G1)	(%)	62.9	27.8	5.2	43.3	48.5	46.8	40.4	33.4	39.9	59.1	42.7

高橋（2008）

80％以上の横臥率が求められる。

この時間の横臥率が低い場合や，牛舎に入った時に，牛床で立っている牛が多いと感じるようであれば，牛床に問題がある。

その場合に，確認し改善する事項として次の点が挙げられる。
①牛床の前面に起立横臥を妨げる横パイプなどの構造物はないか。あれば取り除く。
②牛床前面の空き空間に，敷料などを山にして置いていないか。あれば取り除く。
③起立動作を確認し，立ち上がる時にネックレールや飼槽柵にぶつかっていないか。ぶつかっているようであれば，ネックレール・飼槽柵を前方に移動するか高い位置に取り付ける。
④横臥している牛の後ろに立ち，膝などで牛を起こしてみる。すぐに起きるようであれば問題は少ないが，起立動作をはじめるまでに時間がかかるようであれば，牛にとって起立動作をはじめるのに不都合な障害物があると考える。
⑤牛床は衝撃力の小さい（ゴムチップマットレスやEVA）資材を使っているか。敷料の量は十分か。横臥率が低くて敷料が少ない場合には，敷料を多めにする。

こうした改善策をとった時に，敷料を多めにすることですぐに横臥率は改善する。しかし，前面柵を取ったり，ネックレール位置を調整しても横臥率はすぐには改善しない。2～3週間くらいでようやく横臥率に改善が見られるようになる。このため，ネックレールの位置を変えたり牛床寸法を変更したり，前面柵を撤去した場合などは，乳牛が反応するまで時間がかかることを考えて，変化を見る必要がある。

 牛床の硬さと横臥率

牛床資材の硬さは，加速度計を用いた落下装置で計測している。重さ約4.5kgの大ハンマーのヘッド部分を用いて加速度計を取り付け，全体の重さを4.75kgとしたものである。これを高さ200mmから落下させ，資材に衝突した時の最大加速度(m/s²)から衝撃力を(N)求めた。衝撃力の計測例を表1に示した。

コンクリートでは衝撃力の最大値は12,000Nときわめて大きく，平均でも8,000Nであった。表1の放牧地は火山灰地での衝撃力で1,700Nであるが，酪農学園大学の放牧地では3,000Nを越す場所もある。厚さ15cmの砂の牛床では1,000Nであった。ゴムチップマットレスは2,400N，EVAは30mm厚で2,500N，ゴムマットは20～30mm厚で5,000N，裏に溝を付けたゴ

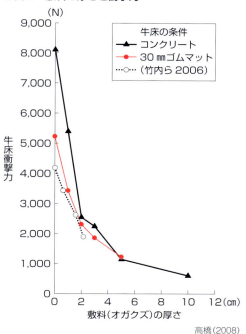

●図3　敷料の厚さと衝撃力

高橋(2008)

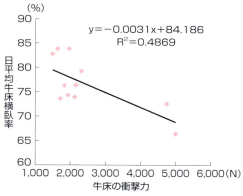

●図4　牛床の衝撃力と日平均牛床横臥率の関係

$y=-0.0031x+84.186$
$R^2=0.4869$

高橋(2008)

ムマットでは3,000Nまで低下し，内部を空洞にして別の資材を充填した複合マットでは1,400Nまで衝撃力は低下している。

また，オガクズの厚さによる衝撃力の違いを**図3**に示した。床はコンクリートのままで30mm厚のゴムマットを敷いて比較した。オガクズの厚さが2cmではコンクリート，ゴムマットとも2,500N程度となり，5cm厚では床による差がなくなり1,200Nで，10cmの厚さでは600Nとなった。

こうした牛床の衝撃力と乳牛の日平均横臥率との関係を北海道の農場牛舎で調査した（**図4**）。衝撃力が4,500Nを越えると日平均横臥率は70%以下となり，2,000N以下では80%を越えるようになる。柔らかい牛床と敷料の利用で横臥率を高くできる。

牛床と乳牛の疾病

牛床が直接の原因となる乳牛の疾病としては，飛節の損傷や乳房炎がある。

飛節損傷は横臥時に牛床資材と乳牛の飛節が擦れ合って被毛が抜けることにより発生するものと，長時間の横臥により発生するものがある。フリーバーンのような牛舎では発生が少ない。また，砂を厚く入れた牛床での発生も少ないと報告されている。

この飛節損傷を防止するためには，敷料を多めに入れる，または敷料の種類をオガクズから消化液の分離固分などに変えると減少するようである。

牛床に長時間横臥する原因としては，牛床構造の不適のほか，牛舎内通路の仕上げがまずいために，牛が牛床で長時間休息する結果になるという例も報告されている。

乳房炎の発症は，敷料が糞尿によって汚染されることで，牛体が汚れるため発生する。これを防ぐには牛床の汚れを取り除き新鮮な敷料を追加すること，換気をよくして牛床を乾燥させることなど日常の管理作業に関わる点が大きい。

まとめ

フリーストール牛舎構造はフリーストールの歴史とともに大きく変化してきた。現在も，乳牛行動に基づいた解析により，より快適な牛床が開発されている。しかし，「最新」という情報は「開発・検討中」であると読み替えて，その形状や寸法，考え方が，乳牛の行動から見て理にかなっているのか，乳牛の快適性を確保できるのか，じっくりと検討してから導入を図るようにする。古い牛舎であっても，乳牛の快適性に配慮した管理をすることで「最新」の管理が可能となる。

農家指導のPOINT

1．牛床横臥率を計測する
- 乳牛が快適に過ごしているかどうかの判断基準の1つである「牛床横臥率」（牛床にいる乳牛のうち横臥している頭数割合）を計測してみる。朝の搾乳終了後から昼過ぎまで牛舎での乳牛行動を観察し，牛床横臥率の変化を見る。
- 午前11時前後（搾乳終了，および給餌後3～4時間）に牛床横臥率の最大値が見られる。この時に，90％の牛が横臥しているようであれば，十分，快適な牛床である。75～80％以下の場合には牛床に何らかの問題があると考え，乳牛の行動からその原因を探ってみる。

2．牛床の硬さを確認する
- 衝撃力の計測には測定装置が必要であるが，牛床の硬さが良好かどうかは「膝立ち歩き」をすることで判断できる。痛みを感じずに歩き回れるならば問題は少ない。

3．敷料の量を増やしてみる
- 乳牛の横臥率が低い場合には，敷料を増やすことで横臥率を高め，乳牛をきれいに保つことができる。敷料を増やせなければ，牛床資材を柔らかいものに変える。

4．牛床を管理する
- 破損している牛床をそのままにせず，すぐに修理するように指導し，ネックレールの位置を適正に調整させ，ブリスケットボードの前に物を置いているような場合には除去させる。

3-8
乳用牛に対する暑熱ストレスの評価と効果的な対策

Advice

　乳用牛に対する暑熱ストレスの影響として，飼料摂取量低下による乳量の減少や繁殖性の低下などが大きな問題となっている。遺伝的改良や飼養管理技術の発展によって，乳用牛の産乳能力は飛躍的に向上したが，乳量の増加に伴い暑熱時における体温調節がこれまで以上に難しくなっていることが要因として考えられている。さらに，猛暑日日数の増加など温暖化傾向は今後も避けられない状況であることから，乳用牛に対する暑熱の影響を緩和するための対策が急務である。
　本節では，暑熱ストレスの評価方法について改めて考え直すとともに，牛舎環境管理面からの効果的な暑熱対策のヒントを提案する。

　我が国の気候条件は1年を通して明瞭な四季を有しており，気温の変化が大きいという特徴を持つことから，熱環境の変化に伴う家畜の生産性への影響が懸念されている。近年では，これまで西日本などの高温地域に限定的とみられていた暑熱による影響が，北海道を含む国内の広範囲でみられるようになってきている。同時に，このような温暖化傾向は今後も加速することが確実となっているため，家畜の生産性に対する暑熱ストレスの影響は，国内全般の問題として対応していかなければならない。

　特に乳用牛として国内で多く飼養されているホルスタイン種は北欧原産であるため，暑さに対する抵抗性が弱いことが知られている。さらに近年，泌乳量の増加によって暑熱時における体温調節がこれまで以上に難しくなっていることが示唆されており，猛暑による死廃事故の増加，飼料摂取量低下に伴う乳生産量の減少などの生産性の低下が深刻な問題となっている。

暑熱ストレスの評価について

　乳用牛に対する暑熱ストレスの影響を評価するための指標としては，温度や湿度単独よりも温湿度指数（THI：Temperature Humidity Index）の方がより効果的であることが示されている。THIは温度と相対湿度から算出されるものであり，種々の数式が用いられているが，いずれの数式においても結果的にほぼ同程度の数値となることが報告されている。したがって，THIの算出数式は特に限定する必要はないのではないかと考えられる。我々は，比較的報告例の多い以下の数式を採用している。

THI=0.8×温度+（相対湿度/100）×（温度−14.4）+46.4

　THIの活用事例としては，1990年代にアリゾナ大学の研究グループが乳用牛に対する影響を評価するために，チャート（早見表）を紹介して

● 図1　THIと初回人工授精成績の月別推移

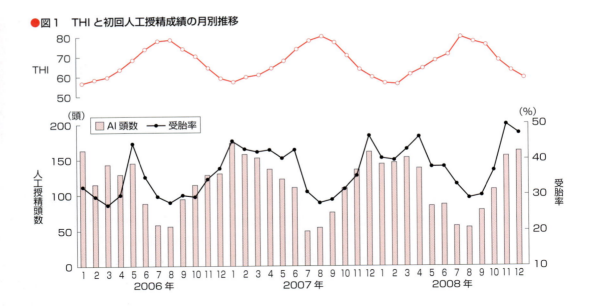

いる。Armstrongの報告によると，THIが72を超えると暑熱ストレスの影響を受けはじめると示されており，THI＜72では"NO STRESS"と記されている。この早見表は様々な媒体を通じて配布され，酪農現場ではお馴染みのものとなっているので，現在でも乳用牛の暑熱ストレスの閾値としては，THI：72が提唱され続けているように思われる。

ところが，今から25年も前の乳用牛と改良が進んだ現在の乳用牛とでは，暑熱ストレスに対する感受性は異なるのではないかというのが最近の見解である。実際，評価のもとになった当時の研究で用いられた乳用牛の平均乳量は15.5 kg／日であり，30 kg／日乳量も平均的とされる現在の乳用牛に当てはめるには無理があることは容易に想像がつく。すなわち，暑熱に対する乳用牛の生理的反応が最初に観察されるTHI閾値はTHI：72よりも低く，暑熱対策を以前よりも低い環境域で開始するべきではないかと考えられている。

 **THIと受胎率，体温および死廃事故との関係**

暑熱時に乳用牛の繁殖性が低下することはよく知られているが，国内における人工授精（AI）成績の季節変動に関する知見は少ない。そこで我々は，2006年からの3年間に，宮崎県内の酪農場170戸（県内酪農場の約半数）で飼養されている泌乳牛延べ1万1,302頭の初回AI成績を収集・解析し，環境要因との関係について調査した。

図1は，初回AI成績とTHIを月ごとに示したものであるが，夏季のAI頭数の減少と受胎率の著しい低下が認められた。月平均THIと受胎率との関係では，月平均THI：70までは受胎率に変化は認められなかったが，THI：70を超えると有意に低下し，THI：75を超えるとさらに有意に低下する結果となった。また，AI前後における暑熱の影響としては，AI前日にTHIが80を超えた場合に，ほかの期間と比較して最も受胎率が低くなることが明らかとなった。

図2は，THIと泌乳牛の体温（腟内温度）との

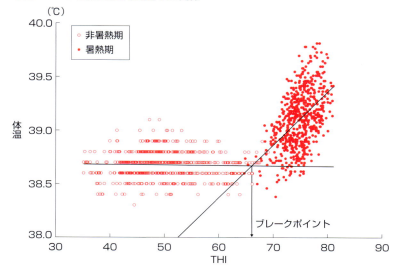

●図2 THIと体温(腟内温度)との関係

関係を示したものである。非暑熱期(1〜2月)では，THIと体温との間に相関は認められず，体温はほぼ一定に保たれているが，暑熱期(8〜9月)では，THIの増加に伴い体温が有意に上昇した。我々は非暑熱期と暑熱期の回帰式の交点から，THI：67.2を泌乳牛が暑熱ストレスを感じはじめる体温上昇のブレークポイントとして，我が国における泌乳牛に対する暑熱対策の目安として採用できるのではないかと提案している。ニュージーランドやイタリアにおける最近の大規模な野外調査でも，暑熱に対する乳用牛の生理的反応が最初に観察されるTHI閾値は，それまでに発表されたTHI：72よりも低くTHI：67〜68に近似し，暑熱対策が以前よりも低い環境域で有益であると述べられている。これらは，我々の知見ときわめて近似した値となっている。さらに，アリゾナ大学における近年の研究においてもTHI：68を新たなTHI閾値として採用し，最近では新しいチャート(Revised Temperature Humidity Index for Lactating Dairy Cows)も示されている。したがって，これまでのTHI：72が泌乳牛の暑熱ストレス

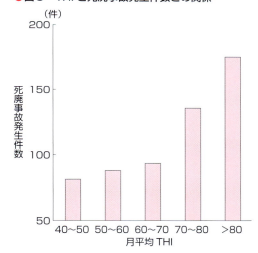

●図3 THIと死廃事故発生件数との関係

閾値であるという評価は，考え直す必要があるのではないかと思われる。

暑熱ストレスは繁殖性や泌乳量に影響を及ぼすだけでなく，乳用牛の死廃事故の発生要因の1つでもある。図3は，宮崎県内の乳用牛の死廃事故発生件数の5年間の月別推移をTHIごとに示したものであるが，夏季の死廃事故件数の増加は明らかであり，月平均THIが60〜70を境にして事故発生件数が有意に増加する結果

● 図4　日最高THIと乳量との関係と日最低THIと乳量との関係

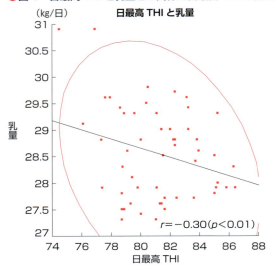
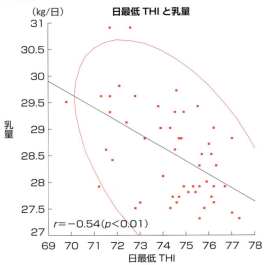

が得られている。イタリアにおけるTHIと乳牛事故についての大規模な野外調査では，乳用牛の死廃事故件数は日最低THI：70，日最高THI：80を境に上昇しはじめると警告しており，死廃事故を低減させるためには日最低THIの記録が有効であると述べられている。

日最低THIの管理

牛舎内THIは早朝に最も低くなり，日中に最高となるのが一般的である。暑熱期において，牛舎内の日最低THI，日最高THIと乳量との関係をみてみると，日最高THIよりも日最低THIとの相関が高いことが分かる（**図4**）。Holterらも，同様に日最低THIが日最高THIよりも飼料摂取量低下と高い相関があることを示している。また，乳量が35kg／日を超える泌乳牛では，日最低THI：64以下においては乳量の低下は認められないものの，THI：65以上では有意に低下することが報告されている。

暑熱期においては，つい日中の最高THIばかりに意識が偏りがちになるところであるが，朝一番の牛舎内THIにも着目して，暑熱対策を講じることが必要ではないかと考えられた。

夜間のクーリング強化の重要性

宮崎県内の酪農場における7〜8月の牛舎内平均THI（1時間ごと）と牛群検定成績との関係について調査したところ，牛舎内THIと乳量との間に有意な負の相関が認められ，THIが高く推移した農場ほど乳量が低い結果となった。また，直接的な影響ではないものの，牛舎内THIと空胎日数との間には正の相関が認められた。そのため，牛舎内THIを低く抑えることによって乳量，繁殖性を改善できる可能性が示唆されたことから，基本的な暑熱対策（直射日光を遮る，屋根の断熱，換気など）の励行は必要であると考えられた。

一方で，牛舎内THIを時間帯ごとに区切り乳量との関係をみてみると，効果的な暑熱対策の参考となる興味深い結果が得られてきた。すなわち，夜間（19〜24時，1〜6時）のTHIが低く推移した農場ほど乳量が高く，夜間のTHIが

● 表1　時間帯ごとの牛舎内THIと乳量との関係(相関係数：r)

	平均THI			
	7～12時	13～18時	19～24時	1～6時
標準乳量 (kg／日)	r=-0.26 (p=0.1707)	r=-0.46 (p=0.01)	r=-0.76 (p<0.0001)	r=-0.88 (p<0.0001)

高く推移した農場ほど乳量が低くなる強い関係性が認められ，日中よりもとりわけ夜間の牛舎内THIが乳量に大きく影響を及ぼしていることが明らかとなった(表1)。したがって，夜間のTHIが高く推移した農場では，夜間の換気が不足しているのではないかと推察された。これまでの調査において，断熱性が高い材質の屋根の場合，日中のTHIは低く抑えられるものの，夜間のTHIは高く推移することが明らかとなっていることから，特に断熱性を高めた屋根の牛舎においては注意が必要であり，夜間の換気を強化する必要があると思われる。

泌乳牛の体温概日リズムをみると，体温は朝最も低く夕方にかけて段階的に上昇を続け，真夜中まで最高体温で推移した後，翌朝にかけて低下するパターンを示す(このような体温の概日リズムは，乳用牛だけでなく黒毛和種繁殖雌牛や肥育牛，豚においても同様のパターンを示すことが確認されている)。暑熱期においては，当日朝の体温が日中の体温維持に重要なポイントとなることが報告されている。1～6時の牛舎内THIが最も乳量に影響しているという点からも，上昇した体温を夜間から翌朝にかけていかにスムーズに正常値に戻すかが課題となる。そのためにも，夜間のクーリング強化(牛体への送風)は効果的な暑熱対策になるものと考えられる。

現在，生産現場で一般的に用いられているクーリングファンの風量制御は，気温のみを検知しているため，気温の上昇とともに日中は回転が強まるが，気温が低下する夕方から翌朝までは回転が弱まる設定となっている。そこで，泌乳牛の体温概日リズムをもとにクーリングファンの風量を制御した場合の乳量を，既存の風量制御の場合と比較したところ，朝夕ともに乳量が有意に増加し，特に朝の乳量増加分が多くなることを確認している。気温が低下する夜間は，我々の感覚では暑熱対策を弱めがちになるところであるが，泌乳牛の体温概日リズムを考慮すると，夜間にこそクーリングを強化すべきではないかと考えられた。

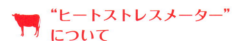

"ヒートストレスメーター"について

これまでに述べたように，酪農現場における暑熱対策として牛舎内の熱環境を評価するためには，THIを把握することが効果的であり，これまでの勘や経験による暑熱対策から，牛舎内のTHIに基づく暑熱対策へシフトすることで，泌乳牛に対する暑熱ストレスをいち早く察知し，その影響を最小限に抑えることが可能となる。しかしながら，日常の飼養管理において，刻々と変化する牛舎の温度と湿度からTHIを算出するのは現実的ではない。

鍋西らが，平成23年夏に乳用牛の暑熱ストレス指標計を初めて開発し，製品化されたヒートストレスメーターは，これまでに全国の多くの酪農場で活用されている(図5)。ヒートストレスメーターには温度・湿度計のほかTHI表示計が中心に配置され，THIの表示盤の色分けには，これまでの研究によって得られた繁殖成績や体温測定結果および死廃事故発生状況などの

データが反映されている。すなわち，乳用牛が暑熱ストレスを感じはじめると推測したTHI：67.2（ブレークポイント）を暑熱対策開始の目安として表記するとともに，体温上昇と受胎率低下の度合いに応じてTHIを4段階に分類し色分けしている（THI：65～70〈黄〉，71～75〈橙〉，76～80〈朱〉，81以上〈赤〉）。つまり，色が濃くなるにつれて乳用牛に対する暑熱ストレスの度合いが高まり，体温上昇と受胎率低下および事故発生の危険性が高くなるということを示している。

ヒートストレスメーターを活用して初めに気付くことは，人間が不快さを感じない温湿度域でも乳用牛にとっては暑熱ストレスになっていることであり，そのことが暑熱対策の第一歩に

●図5　ヒートストレスメーター

つながるのではないかと考えている。

農家指導のPOINT

1．乳用牛に対する暑熱ストレスの評価基準を考え直す
・暑熱ストレスの評価指標としては，温度や湿度単独よりもTHIの方がより効果的である。
・THI：72を乳用牛の暑熱ストレス閾値とする基準は，現代の高泌乳牛には当てはまらない。
・新たな暑熱ストレス閾値としては，THI：67～68を採用するべきである（体温上昇，乳量減少，受胎率低下，死廃事故増加のブレークポイント）。

2．日最低THIを管理する
・牛舎内THIは早朝に最も低くなり，日中に最高となる。
　→朝一番の牛舎内THIを日最低THIと解釈してよい。
・日最高THIよりも日最低THIの方が飼料摂取量，乳量との相関が高い。
　→日最低THIを低く抑えることで，生産性を改善できる可能性がある。
・日最低THIを意識した暑熱対策が重要である。
　→夜間の換気を強化すべきである。

3．夜間のクーリング強化（牛体への送風）の意義を理解する
・日中よりも夜間の牛舎内THIが乳量に大きく影響する。
・断熱性が高い材質の屋根の場合，夜間のTHIは高く推移するため特に注意が必要である。
・泌乳牛の体温は，夕方から真夜中まで最高体温で推移した後，翌朝にかけて低下する。
・上昇した体温を翌朝までにいかにスムーズに正常値に戻すかが課題となる。
・夜間のクーリング強化（牛体への送風，散水）は効果的な暑熱対策になる。

4．ヒートストレスメーターを有効活用する
・牛舎内THI（日最低，日最高）の把握，暑熱対策開始の目安，暑熱対策成否の判断に活用する。

References

● 3-1　農場のバイオセキュリティ
- 伊藤紘一，呉 克昌：Biosecurity，ウイリアムマイナー農業研究所(2005)
- 岩田祐之，押田敏雄，酒井建夫ら：獣医衛生学 第2版，文永堂出版，東京(2012)
- 髙橋俊彦，北野菜奈：農場のバイオセキュリティを考える(1-12)，酪農ジャーナル(2016)
- 寺脇良悟ら：乳牛改良で生産性向上，デーリィマン社臨時増刊号(2016)
- 横関正直：畜産現場の消毒，緑書房，東京(2014)

● 3-2　新生子牛の衛生管理
- Bellows RA, Lammoglia MA：*Theriogenology*, 53, 803～813(2000)
- Carstens GE：*Vet Clin North Am Food Anim Pract*, 10, 69～106(1994)
- 遠藤 洋：子牛の科学(家畜感染症学会 編)，78～81，チクサン出版社，東京(2009)
- HM Spicer, et al.：*J Dairy Sci*, 77, 3460～3472(1994)
- Mee JF：*Vet Clin North Am Food Anim Pract*, 24, 1～17(2008)
- 小形芳美：子牛の科学(家畜感染症学会 編)，92～97，チクサン出版社，東京(2009)
- Robert EJ：哺育・育成牛，移行期牛の管理，全酪連・酪農セミナー 2015，124(2015)
- SM Gulliksen, et al.：*J Dairy Sci*, 92, 2782～2795(2009)
- 津曲茂久：子牛の科学(家畜感染症学会 編)，69～72，チクサン出版社，東京(2009)
- 山田 裕，遠藤 洋：子牛の科学(家畜感染症学会 編)，72～78，チクサン出版社，東京(2009)

● 3-3　哺乳子牛の環境とストレス
- Abdelfattah EM, et al.：*J Anim Sci*, 91(11), 5455～5465(2013)
- Abdelfattah EM, et al.：*Vet Immunol Immunopath*, 164(3-4), 118～126(2015)
- 青山真人：新編畜産ハンドブック(扇元敬司ら編)，講談社，東京(2006)
- Blanco MI：*Animal*, 3(1), 108～117(2009)
- Burton JL, et al.：*Vet Immunol Immunopathol*, 105(3-4), 197～219(2005)
- Cobb CJ, et al.：*J Dairy Sci*, 97(2), 930～939(2014)
- Cobb CJ, et al.：*J Dairy Sci*, 97(5), 3099～3109(2014)
- Enriquez DH, et al.：*Livest Sci*, 128(1-3), 20～27(2010)
- Enriquez D, et al.：*Acta Vet Scand*, 53, p.28(2011)
- Gulliksen SM, et al：*J Dairy Sci*, 92(6), 2782～2795(2009)
- Haley DB, et al.：*J Anim Sci*, 83(9), 2205～2214(2005)
- Heinrich A, et al.：*J Dairy Sci*, 93(6), 2450～2457(2010)
- Hickey MC, et al.：*Irish J Agri Food Res*, 42(1), 89～100(2003)
- Hickey MC, et al.：*J Anim Sci*, 81(11), 2847～2855(2003)
- Hulbert LE, et al.：*J Dairy Sci*, 94(5), 2545～2556(2011)
- 泉 賢一：子牛の科学(家畜感染症学会 編)，198～201，チクサン出版，東京(2009)
- Kohari DS, et al.：*Anim Sci J*, 85(3), 336～341(2014)
- Losinger WC, AJ Heinrichs：*J Dairy Res*, 64(1), 1～11(1997)
- Lynch EM, et al.：*BMC Vet Res*, 6, p.37(2010)
- O'Loughlin A, et al.：*BMC Vet Res*, 7, p.45(2011)
- O'Loughlin A, et al.：*BMC Genom*, 13, p.250(2012)
- Sutherland MA, et al.：*J Dairy Sci*, 97(7), 4455～4463(2014)
- Tapkı İA, et al.：*Appl Anim Behav Sci*, 99(1-2), 12～20(2006)
- Webster HB, et al.：*J Dairy Sci*, 96(10), 6285～6300(2013)

● 3-4　育成牛の放牧衛生(主に寄生虫病対策)
- 岩田祐之ら：獣医衛生学，文永堂出版，東京(2012)
- 自然循環型酪農(放牧)取組指針：北海道農政部食の安全推進局畜産振興課「自然循環型酪農(放牧)取組指針」編集委員会(2009)
- 髙橋俊彦ら：家畜診療，47，255～260(2000)
- 髙橋俊彦：家畜診療，50(5)，339～347(2003)
- 髙橋俊彦：臨床獣医，21(6)，14～17(2003)
- 髙橋俊彦：乳牛群の健康管理のための環境モニタリング，酪農ジャーナル臨時増刊号，68～71，168～169(2011)
- 髙橋俊彦：北海道獣医師会雑誌，58，12～17(2014)
- 髙橋俊彦：牛臨床寄生虫研究会誌，5(1)，1～8(2014)

● 3-5　周産期の母牛の衛生管理
- 池滝 孝ら：畜大研報，13，13～18(1982)

- 木田克弥：家畜診療, 62(6), 339～345(2015)
- 釧路管内乳牛検定成績(平成25年6月), 釧路地区乳牛検定組合連合会＆釧路農業共同組合連合会
- T Jungbluth, B Benz, H Wanded：Soft walking areas in loose housing systems for Dairy cows, Fifth International Dairy Housing Conference (2004)

● 3-6　乳房炎の基本的な考え方と正しい搾乳手順
- 永幡 肇：獣医衛生学実習書, 酪農学園大学(2015)
- 乳房炎防除対策委員会：正しい搾乳手順
- 十勝乳房炎協議会：Mastitis control Ⅱ(2014)

● 3-7　牛床の管理
- Bickert WG：*NRAES-129*, 205～213(2000)
- Holmes B, et al.：*Dairy Freestall Housing and Equipment*, MWPS-7 8th edition, p.4(2013)
- Rulquin H, JP Caudall：*Ann Zootech*, 41, p.101 (1992)
- 高橋圭二：フリーストール牛舎における牛床の快適性改善を目指した実践的研究, 北海道立農業試験場報告第122号(2008)
- Tucker CB, et al.：*J Dairy Sci*, 87, 1208～1216 (2001)

● 3-8　乳用牛に対する暑熱ストレスの評価と効果的な対策
- Berman A：*J Anim Sci*, 83, 1377～1384(2005)
- Nabenishi H, et al.：*J Reprod Dev*, 57, 450～456 (2011)
- Yousef MK：*Stress Physiology in Livestock*, CRC Press(1985)
- NRC：*A Guide to Environmental Research on Animals*, Natl. Acad. Sci(1971)
- Bianca W：*Nature*, 195, 251～252(1962)
- Thom EC：*Weatherwise*, 12, 57～59(1959)
- Dikmen S, Hansen PJ：*J Dairy Sci*, 92, 109～116 (2009)
- Mader TL, et al.：*J Anim Sci*, 84, 712～719 (2006)
- Armstrong DV：*J Dairy Sci*, 77, 2044～2050 (1994)
- Berman AJ：*J Anim Sci*, 83, 1377～1384(2005)
- Kendall PE, et al.：*J Dairy Sci*, 90, 3671～3680 (2007)
- Bernabucci U, et al.：*Animal*, 4, 167～1183 (2010)
- Vitali A, et al.：*J Dairy Sci*, 92, 3781～3790 (2009)
- Holter JB, et al.：*J Dairy Sci*, 79, 912～921(1996)
- 鍋西 久：日本胚移植学雑誌, 37, 19～25(2015)

野鳥とバイオセキュリティ

牛舎に侵入する野鳥とその被害

　牛舎に侵入する野鳥には，スズメやハトなど数種が挙げられるが，牛への影響が最も大きいのはカラスであろう。カラスによる被害というと牛の飼料の盗食を思い浮かべる方が多いかもしれない。カラスは飼料に含まれるトウモロコシが好物で，それを狙って牛舎へと侵入する。しかしながらカラスによる被害は，盗食のような比較的軽微な被害に止まらない。

　好奇心が強いカラスは，ありとあらゆるものを突く。特にポリエチレンやポリプロピレンのフィルムの類，いわゆる「ビニル袋」の類に対し，カラスは執着が強いようである（**図1**）。これは，餌となるものがフィルムのなかにあることが多いという，経験に基づく行動かもしれない。その餌食となるのはサイレージである。サイレージをつくるため，ラップサイロで巻いているフィルムやバンカーサイロに被せているシートをカラスが突き，穴を開けてしまう。穴が開くことで空気が入り，発酵が不完全となり，大部分のサイレージが駄目になってしまう。畜産農家にとって，これは大きな経済的損失となる。

　さらに大きな被害として，牛への咬傷がある。その行為は驚くもので，何かの拍子にできたかすり傷などの瘡蓋を突き，そこから肉を啄む，生まれたばかりの子牛の目玉をえぐり取る，乳牛の乳房に走る乳静脈を直接突き，血を舐める，などである。畜主が気付かないうちに乳静脈から大量出血（**図2**）し，失血死する例もあり，その場合の経済的損失は多大である。

　そして野鳥の畜舎への侵入による被害で最も気をつけなければならないのは，家畜感染症のウイルスや細菌の伝播である。牛サルモネラ症は，下痢，発熱，泌乳量の低下を引き起こし，死に至ることもある深刻な感染症である。駆除されたカラスの腸内容物や脚表面からサルモネラが分離された報告もあり，カラスがサルモネ

●図1　フィルムをついばむカラス

●図2　乳静脈をカラスに突かれた牛からの大量出血

画像提供：たむら牧場

ラの感染源の1つとなり得ると考えられている。また，呼吸筋の麻痺により呼吸困難から死に至る牛ボツリヌス症を引き起こすボツリヌス毒素も野鳥が伝播している可能性が高い。2009〜2014年に岡山県で確認された牛ボツリヌス症が発生した農場において，カラスのものとみられる糞からボツリヌス毒素が検出された。そして，2010年4月に宮崎県で発生した口蹄疫では，6万9,454頭の牛がその被害に遭い，甚大な経済的損失を出した。畜舎から畜舎へと渡り歩く野鳥は脚表面などのウイルスの付着により，機械的に口蹄疫ウイルスを伝播していると考えられている。これらは，畜産農家を廃業に追い込むほどに深刻な被害である。

効果的な対策

では，これら被害を防ぐためには，どのような対策が有効なのだろうか。カラスは知的活動に関係する脳の領域が発達していることが脳地図から分かっており，また，1年後も記憶を持続できることが学習実験から判明している。このようにカラスは非常に賢いため，その対策は一筋縄にはいかず，決定打がないのが現状である。しかしながら，半永久的に効果が認められるような対策法はないものの，カラスの特徴を踏まえたうえで，効果的な対策を行うことは可能である。

まず，最も効果的な対策は物理的に侵入を防ぐことである。三次元的に畜舎へ侵入するカラスを防ぐには，畜舎全体をネットで覆ってしまうことを推奨したい。しかしながら，畜舎全体を覆うとなると高額の費用がかかってしまう。また，ネットを張ることで風通しが悪くなり，畜舎の換気の効率が下がることも問題である。コスト面や風通しを考えると，ネットの代替と

●図3　ネットを越えて侵入したカラスに破られた飼料の袋

してテグスを張ることも有効である。カラスをはじめとした鳥の多くは，風を敏感にとらえ，飛行している。そのことから優れた触覚を持っていることが考えられ，おそらく，広げた翼にテグスが触れることを鳥は嫌がっていると考えられる。効果的にテグスを張るにはできるだけ間隔が短い方がよいが，目安としては，カラスが翼を広げると1m程度であることから，カラスの侵入を防ぐことを目的とした場合には，1m以内の間隔で張ることが重要である。

また，畜舎への野鳥の侵入を許してしまった時には，ウォーターカップや水槽，餌槽などを確認し，触れた形跡のある場所はすぐに清掃する（特に糞などがある場合は要注意）ことが，経口からの感染を未然に防ぐことにつながる。さらに，飼料の袋が破られてしまっている場合は，そこから感染する可能性もあるため，できればその飼料は使用しないことが望ましい。飼料などカラスの餌となり得る物は，カラスの執着も強く，例えネットなどで侵入を防ごうとしても綻びやわずかな隙間から侵入することがある（図3）ため，できれば開放空間には置かないようにしたい。そのほか，上述したような牛の乳静脈を突くなどのウシへの直接的な被害についても，ウシの身体に異常がないかを確認することが重要である。万が一，大量に出血している

● 図4 ダブルクリップによる乳静脈の応急的な止血

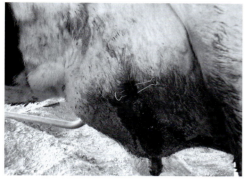

画像提供：たむら牧場

● 図5 ラップサイロのカラス対策

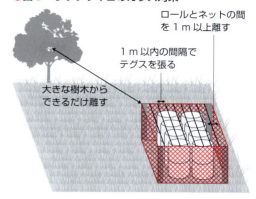

● 図6 バンカーサイロのカラス対策

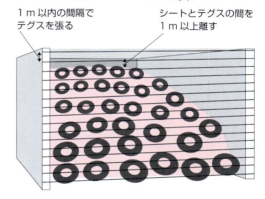

ような場合は獣医師の処置が必要であるが，応急的な処置として，ダブルクリップによる止血などは有効である（図4）。

畜舎への侵入のほか，上述したサイロのフィルム突きの対策も紹介したい。ラップサイロの場合，一箇所にロールを集め，その上部や周囲に1m程度離した場所にテグスやネットを張ることで突きを防止できる（図5）。なお，高い樹木や電柱などにはカラスが止まり木にしやすいため，周囲に高い樹木のない場所にロールを置くことが望ましい。また，バンカーサイロであれば，やはり1m程度サイロから離した場所にテグスやネットなどを張ることで被害を防げる（図6）。いずれの場合もテグスは1m以内の間隔で張ることが重要である。

次に，巷に溢れるカラス対策製品について触れたい。インターネットで検索すると様々なカラス対策製品が目につく。これらは果たして効果はあるのだろうか。これらの多くは，いずれ慣れてしまうものの，カラスの警戒心の強さを逆手に取り，正しく使えばおそらく多くの製品の効果は期待できる。この効果を「カカシ効果」と呼んでいる研究者もいる。カカシは伝統的な鳥獣害対策法である。警戒心の強い野生動物は，

カカシなど，昨日までとは異なる物体が置いてあった場合に，その変化を察知し，一時的に近づかなくなる習性がある。なかでもカラスは警戒心が非常に強く，上述通りの賢さであるがゆえに，環境の違いには敏感である。この性質を利用し，カラスの警戒心を煽れば，一時的にカラスを近づけさせないことができる。しかしながら，効果があった（一時的にカラスが来なくなった）からと言って，同じ製品を使い続けてしまうと逆効果になってしまうことがある。何かの拍子に1羽のカラスが製品を無視して侵入した場合，ほかのカラスも安全であることに気付き，ダムが決壊するかのごとく，一気に侵入を

許し，その製品の効果はなくなってしまう。そこで効果がなくなったからと，その製品の撤去をせず別の製品を置き，また効果がなくなり，さらに別の製品を継ぎ足していくのをよく目にする。そのような状態になってしまうのが最悪な状況である。カラスは，その場所は何が置いてあっても安全な場所と認識するため，カラスにとって直接的な害がない脅しはまったく効果がなくなり，為す術がなくなってしまう。そのような事態に陥る前に，製品の適切な使い方が重要である。慣れを防ぐために，使用したらすぐに撤去し，頻繁に製品を変えることが望ましい。また，視覚的な脅しだけではなく，聴覚に訴えるものなど，手を変え，品を変え，バリエーション豊かに設置するとより効果が高い。さらに，効果的な使用時期も見定める必要がある。例えば，ウイルスが流行する時期や子牛が生まれる日，餌をあげる時間など，ピンポイントで製品を使うとより有効である。

そして，常日頃からカラスを寄せ付けない対策が必要となる。そもそもカラスがなぜ畜舎に侵入するのかを考えると，餌となる誘引物がそこにあるからである。誘引物を徹底的に排除，管理することが，最大のカラス対策である。例えば，餌となる飼料は，カラスが啄むことができないように，開放空間に保管しないことが重要である。また，野外に餌が少ない冬場は，畜舎への執着が強くなると考えられるが，この時期だけでもネットなどで侵入を防ぐ対策を強化することが重要である。さらに，畜舎だけでなく付近の環境にも配慮したい。初冬に，柿などの実を収穫せずに放置している光景や，規格外の野菜が畑の隅に放置されている光景を目にすることがある。これらはカラスを誘引する格好の材料となる。これらによって誘引されたカラスの目に畜舎のご馳走がとまれば，そこに一目

●図7 カラスを捕獲するための箱罠

散に飛んでくることは言うまでもない。収穫しない果実もすべて摘果し，廃棄野菜は穴に埋めることでカラスの餌場とさせないことが重要である。

カラス問題の根本的解決に向けて

カラス問題の解決には，脅しなどの場当たり的な対策ではあまり意味がない。根本的に解決するには，カラスの個体数調整が必要となる。しかし，個体数調整というと，とかく捕獲という発想になりがちである。カラスの捕獲には箱罠がよく用いられる（図7）。しかしながら，箱罠による捕獲などは個体数調整にどれほど役に立っているかは議論の余地がある。というのも，箱罠で捕獲される個体のほとんどが繁殖能力を持たない若鳥ばかりという事実があるからである。本来であれば，餌が少なくなる冬に自力で餌を取ることができずに，自然淘汰されてしまう個体ばかりを捕獲している可能性がある。また，箱罠には，初期の設置のためのコストのほか，囮のカラスを置くことから，清掃や給餌などの管理が必須で，ランニングコストがかかる。カラスの個体数管理には，人間が意図せず与えてしまっているカラスの餌となり得る物の徹底

管理が重要であると考えられる。前述した放置された果実や野菜は，カラスを誘引するだけでなく，本来であれば餌を確保できずに冬を越せないカラスを生きながらえさせることにつながり，個体数の維持に貢献している。

　時間はかかるが，カラスの餌となり得る物を徹底的に管理することで自然淘汰圧を上げることが，長期的にみると最もコストがかからないカラス対策であると言える。しかしながら，根本的なカラス問題の解決を目指すうえでは，一軒の畜産農家などの狭い範囲で実施してもあまり意味はない。カラスの行動範囲は10 km圏内と言われているが，宇都宮大学の杉田昭栄 教授が行った，カラスにGPSロガーを装着させ行動を記録した研究では，60 km移動した個体もおり，広範囲を移動していることが分かっている。したがって，近隣の地区，市町村，県，さらには複数の県を跨いだ広範囲での対策が，カラスの個体数調整に貢献し，カラス問題の根本解決につながると考えられる。

References

- Bogale BA, et al.：*Anim Cogn*, 15, 285～291 (2012)
- 藤井 啓ら：日本獣医師会雑誌, 65, 118～12 (2012)
- Izawa E, Watanabe S：*Integration of comparative neuroanatomy and cognition*, 215～273, Keio University Press (2007)
- 村上洋介：山口獣医学雑誌, 24, 1～26 (1997)
- 農林水産省 編：平成22年度 食料・農業・農村白書, 114～119 (2010)
- 田原鈴子, 澤田勝志：日本獣医師会雑誌, 68, 629～633 (2015)
- 東京新聞：2014年4月7日夕刊

Column II 野生動物による被害とバイオセキュリティ問題

　牛を飼養するために，飼養者である人間は牛が生きていくうえで必要な食料の確保や住環境の整備に日々努めている。こうした人間による活動は，当然，牛に恩恵をもたらすが，この恩恵は家畜以外の動物，すなわち多くの野生動物にとっても魅力的な餌資源や住環境をもたらすことにもなる。その結果，牛の飼養場面では野生動物による様々なバイオセキュリティ上の問題を引き起こしてしまう。本コラムではこれらの野生動物による諸問題を取り上げ，その対処方法について解説する。

放牧地での問題

　まずは野生動物との接点が想像しやすい放牧地での問題を取り上げる。育成牛や肉用繁殖牛の育成では，公共牧場をはじめとする放牧地での飼養が一般的である。通常，公共牧場は水田や耕作に適した場所に立地することは少なく，傾斜のきつい中山間地域や河川氾濫の危険性が高い河川敷など，条件不利地に立地していることが多い。こうした牧場の周辺地域は，未開発のまま山林や原野として長年放置されることが多く，結果として野生動物にとって好適な生息地となり得る。そのため，公共牧場の多くは，開けた環境を好む野生動物を周辺環境から誘引し，魅力的な生息地を提供することにつながる。日本に生息する陸生哺乳類のうち，牧場などの草地を生息地に含む種の割合は4～5割にのぼると推計されている。実際，栃木県に立地する公共牧場に出没する野生動物を調査した研究では，県下に生息する中大型哺乳動物の約7割に当たる9種が公共牧場を利用していることが明らかにされている。こうした野生動物による牧草地への侵入が，直接的・間接的にバイオセキュリティ上の問題を引き起こす。

　野生動物による直接的被害として深刻なのは，牧草の食害である。農水省の統計によれば，平成26年度の野生動物による飼料作物の被害面積および被害量は，それぞれ4.2万ha，42万tであり，被害金額は34億円にのぼる。この大半は牧草への被害と考えられ，主にニホンジカによって引き起こされている。例えば，群馬県の山間部に立地する牧場では牧草の総生産量の約3割近く，金額にして1,100～1,800万円もの食害があると推計されている（表1）。牛と同じ反芻獣であるニホンジカにとって，栄養価と消化性を高めるために改良された牧草は魅力的な食料源となり得る。その一方で，反芻胃をもたないイノシシやクマ類などでも牧草を食害することが確認されている。さらに，イノシシやヒグマでは，牧草の下に潜む甲虫の幼虫を食べるために牧草をマット状に掘り起こすことがあり（図1），こうした掘り起こし被害も確認されている。

　冬期間の牛の備蓄飼料として，採草地にはロールベール状のラップサイレージが備蓄されていることも多い。こうした備蓄飼料も野生動物による食害やラップの破損被害を受けることがある。ニホンジカはラップサイレージに穴を開けて，サイレージを食害してしまうことが確認されている（図2）。こうした採食により，サ

●表1　群馬県神津牧場におけるシカによる牧草食害量，食害額およびシカによる牧草の食害割合

	2007	2008	2009	2010
牧場全体の年間牧草生産量(tDM/yr)[1]	1,068	929	940	―
シカによる年間牧草食害量(tDM/yr)[2]	285(±48)	245(±48)	359(±55)	377(±23)
シカによる牧草の食害割合[3]	21%(±3%)	21%(±3%)	28%(±3%)	―
シカによる牧草食害額(万円)[4]	1,331	1,146	1,676	1,759

1) 11の採草地で収穫した平均単収を全面積当たり(採草地と牧地，99.41ha)に換算し，坪刈り草量と比較したロール草量の割合(0.69，平野ら未発表)で補正して算出
2) 各月の内外差法による採食量の推定値(gDM/0.25㎡/30 days or gDM/0.25㎡/150 days)を累積して(360日分)，1年分に変換後，全草地面積当たり(採草地と放牧地，99.41ha)に換算して算出，括弧内の値は累積値をもとに算出した95%信頼区間
3) シカによる年間牧草食害量/(牧場全体の年間牧草生産量＋シカによる年間牧草食害量)
4) 神津牧場で購入している牧草(46.7円/kg)で換算した被害額

塚田(2014)

●図1　イノシシに掘り起こされた牧草地

●図2　シカに食害されたロールベール(上)と食害現場(下)

イレージが根こそぎ食べられてしまうことはないものの，ラップに穴を開けられることによって嫌気状態が保たれなくなり，カビが侵入してサイレージの廃棄につながってしまう。同様の被害は野ネズミなどによっても引き起こされるほか，ラップに穴を開けて品質低下をもたらすという点では，ツキノワグマなどによる被害も確認されている。

　野生動物による牧草地への侵入は，牧草類を直接加害するニホンジカやイノシシ以外にキツネ，タヌキ，アナグマといった中型食肉目動物でも認められる。これらの動物は牧草地に生息するバッタ類や糞虫，地中性の幼虫やミミズなどを採食するために牧草地へ出没する。さらにこうした動物の一部はエキノコックス症など人獣共通感染症を媒介するものがおり，バイオセキュリティという観点からは一定の注意が必要となる。

　ニホンジカの牧草地への侵入は，生産物への被害に加えて感染症の点でも問題を引き起こす。ニホンジカにはフタトゲチマダニというダニが寄生しており，このダニは，放牧牛に小型ピロプラズマ病を引き起こす小型ピロプラズマ

原虫を媒介する。小型ピロプラズマ原虫自体はニホンジカに寄生しないものの，ニホンジカが高密度で生息する条件下では，植生上で宿主への感染機会を伺う若ダニや成ダニの密度が高くなる傾向にある。そのため，ニホンジカがダニを牧草地へ持ち込み，感染ダニを牧場内で増やすことでこの病気の制圧を難しくしてしまう。さらにフタトゲチマダニについては，近年，重症熱性血小板減少症候群（SFTS）という人獣共通感染症を媒介して，感染者に死亡例が確認されたことでも注目されており，そうした点からの注意も必要である。

　家畜の感染症対策の問題としては，口蹄疫発生時の感染拡大防止のうえで，野生動物の放牧地への侵入は大きなリスクを孕んでいる。イノシシやニホンジカはウシと同じ偶蹄類に属し，口蹄疫に感受性を示すため，これらの野生動物に病気が蔓延すると感染拡大対策が大変困難になることが予想される。幸い，2010年の宮崎県での口蹄疫発生時には感染封じ込めがうまくゆき，野生動物への感染拡大といった最悪の事態は免れた。しかし，経済がグローバル化して人も物資も海外との移出入が盛んとなっている昨今，いつ何時，こうした新たな輸入感染症が発生し，野生動物を媒介して流行するやもしれない。こうした野生動物の侵入状況をモニタリングし，病気の発生時には迅速に対応するための対策を日頃から講じておく必要性があるだろう。

舎飼いでの問題

　次に，牛を舎飼いしている時の問題についても考えてみる。入出管理が厳しい豚舎や鶏舎と比べると，牛は比較的解放的条件で飼養されているケースが多く，野生動物による牛舎への侵入についても比較的容易な場合が多い。牛舎へ

●図3　子牛の餌槽から濃厚飼料を盗食するタヌキ

の野生動物の侵入により引き起こされる問題の主なものは，飼料の盗食，侵入に伴う施設の破損，子牛の食害，および牛舎での営巣による衛生上の問題などである。

　舎飼い状況にある乳用牛や肥育牛は，高栄養の濃厚飼料が給与されていることが多い。こうした高栄養飼料は野生動物にとっても大変魅力的な餌資源となり，雑食性の野生動物を強く誘引する原因となる。群馬県の山間部に位置する牧場の肥育牛舎にビデオカメラを設置して野生動物の盗食行動を記録した研究では，イノシシ，タヌキ，およびキツネの3種による家畜飼料の盗食が確認され，特にイノシシとタヌキの2種が高頻度で盗食を繰り返し，牛が餌槽からこぼす濃厚飼料だけでもイノシシでは4頭以上が，タヌキでは28頭もが生活可能になるだけの栄養価があると推定された。さらに，こうした盗食を繰り返して大胆になったタヌキは，カウハッチで隔離飼育されている子牛用の餌槽に頭を突っ込んでの盗食を繰り返すようにもなる（図3）。野生動物による濃厚飼料の盗食は，ほかにもニホンアナグマ，ニホンザル，ツキノワグマでも確認されている。

　特にツキノワグマによる盗食では，濃厚飼料の貯蔵タンクから直接採食する行動も確認されており，エスカレートした場合には貯蔵タンク

●図4　ツキノワグマに蓋が破壊された飼料タンク（左写真中央）と蓋の残骸（右）

の蓋が破壊される被害も発生している（図4）。ツキノワグマでは濃厚飼料の盗食に執着する傾向があり，そのようなケースでは人身事故の発生も懸念されるため，ツキノワグマの駆除が必要となる。

　舎飼いされている牛への影響は濃厚飼料の盗食だけでなく，牛が直接被害を受けるケースもある。牛の出産時に排出される後産は牛舎に侵入するキツネの食料源となることが知られているが，さらにエスカレートして乳房をかじられたり，子牛が襲われて死亡するケースも確認されている。牛の乳房をかじる被害はアライグマでも報告されている。タヌキでも子牛の下痢便を舐めるケースが報告されており，子牛が食害されるリスクも否定できない。

　風雨がしのげて飼料を盗食することも可能な牛舎は，野生動物の休息場所や子育ての場として利用されることもある。特に木登りの上手なアライグマのような動物の場合，牛舎などの屋根裏に侵入してねぐらとして利用することが知られており，外来種として日本に侵入してから定着・拡大する過程において，畜産施設が重要な役割を果たしたことが指摘されている。アライグマにはタメ糞をする習性があり，屋根裏をねぐらにされると大量の糞で汚染されてしまう。乾草を積み上げた飼料の隙間も好んでねぐらに利用され，このような場所で糞をされると飼料用の牧草が糞で汚染されてしまうことになる。さらにアライグマはアライグマ回虫症という人獣共通寄生虫症を媒介することが知られており，アライグマの糞中の回虫卵を経口的に摂取することで牧場関係者がこの病気に感染するリスクを高めることにもなる。ただ幸いなことに，現時点では野外個体でのアライグマ回虫感染例は報告されていない。

　人獣共通感染症という点では，北海道に生息するキタキツネによる畜産施設での営巣により，エキノコックス症の畜産関係者での発症も懸念される。キツネは育児のための営巣地を何度か移動させる習性をもつが，そうした移動先に牛舎の床下や貯蔵した乾草の隙間などを利用する場合がある。営巣地の周りには子ギツネによる糞が蓄積されるため，エキノコックス虫卵による土壌汚染の原因となり得る。

　野生動物による牛舎への侵入には，こうしたアライグマ回虫の例にとどまらず，野生動物由来の各種感染症が飼養家畜で発生するリスクを高めることにつながる。例えば，ヒゼンダニによる皮膚感染により疥癬症が重篤化したタヌキやキツネなどは，食糧確保と保温のためか牛舎などの施設へ侵入する事例が散見される（図5）。このような場合，家畜や人でも疥癬症を発症するおそれがある。

野生動物への対策

では，野生動物によるバイオセキュリティ上の各種問題に対し，どのような対応方法が考えられるだろうか？　まず対症療法的対策としては，こうした野生動物を畜産関連施設に近寄らせないために各種威嚇方法で追い払うことが考えられる。音や光，においを利用した忌避剤など，各種威嚇資材が試されてきたが，いずれも一時的な効果しかなく，効果が持続するものはほとんど確認されていない。これらは，新奇物を忌避する野生動物の習性により一時的な効果が確認されるも，それらの各種刺激に対する慣れが生じ，刺激物に接しても安全であることを野生動物が学習してしまうと忌避効果が薄れてしまうと考えられる。一方で，こうした慣れが生じにくい刺激として，天敵の代替であるイヌの使用や電気ショックによる直接的な嫌悪刺激の提示などでは，比較的高い防除効果が確認されている。前者は，野生動物を追い払う訓練を受けたイヌにより野生動物を特定の地域から排除するものであり，サルを集落から追い払う，果樹園に野生動物を近づけない，牧草地からシカを追い払うなどの効果が確認されている。ただし，この運用にはイヌの育成と訓練を必要とし，ハンドラーがイヌを維持・管理しなければならないため，導入は容易ではない。後者は，後述する電気柵によって提示される場合がほとんどであり，適切な提示により慣れが生じにくい優れた防除法となり得る。

野生動物よるバイオセキュリティ問題への対処法としておすすめできるのは，各種防護柵を用いた侵入防止である。適切な維持管理ができれば，ほぼ完全に野生動物による畜産施設への侵入を防ぐことも期待できる。簡易的な柵として

● 図5　ウシの餌槽付近に現れた疥癬症と思われるタヌキ

ては電気柵が用いられることも多い。これは，柵の一部にパルス状の高電圧の電気を流し，柵に触れた動物に電気刺激を与え，柵への接触・接近を忌避する学習をさせることで野生動物の侵入を防ぐ心理柵である。安価で簡易的なものとしては，グラスファイバー製の柔軟な支柱により，電線と樹脂をより合わせたポリワイヤ電線を固定して張りめぐらしたものから，比較的高価な防腐処理した木製支柱により，高張力線を固定して張り巡らした恒久柵まで，様々なタイプの資材を利用することができる。なかには，ポリワイヤ電線を網目状にして物理的にもくぐり抜けできないようにして，心理柵としてだけでなく物理柵としても機能するタイプの資材もある。適切な電気刺激が与えられれば十分な侵入防止効果を示すが，シカなどの大型の動物が侵入を試みた際に，電気ショックに驚いて柵に物理的圧力をかけて電線を切ったり，支柱を倒したりする場合がある。こうした事態が避けられる十分な強度を持った高張力線を使った恒久電気柵では侵入防止効果が高くなり，資材にかかる経費のうえでも有利となる場合もあるため，防除の対象となる獣種に合わせて柵を選択する必要がある。

金網柵などの物理柵を用いて野生動物の侵入を防ぐには，野生動物がどのような身体能力を

持っているかを理解しておくことも重要である。コウモリを除く陸生哺乳類が防除対象の場合，地上からの侵入経路を柵で遮断すればよいため，跳び越えられない高さやくぐり抜けられない網目サイズを考慮することとなる。シカなどのように跳躍力が2m近くにも及ぶ場合にはこうした高さ以上の柵が必要となるが，実際には跳躍しての侵入行動が一定の高さ以上になると抑制される傾向があるため，そこまで柵を高くする必要がないといったケースもある。また，登攀*能力のあるアライグマやハクビシン，およびニホンザルのような動物の場合，柵を登ることができるために柵を高くしてもこれらの動物による侵入を防ぐことは難しい。このようなケースでは，電気柵を併用して登攀行動自体を抑制させる工夫などが必要となる。また，想像以上に小さな隙間でもくぐり抜けることができる場合があるため，物理的にくぐり抜けられない最小サイズを確認しておくことも必要である。以上の点については，気密性の高い施設でも小さな隙間があれば野生動物が侵入できることを意味するため，こうした侵入経路をどのように塞ぐかを考えるうえでも必要な情報である。

　野生動物によるバイオセキュリティ問題を防ぐ根本的対策としては，加害動物の駆除やリスクの原因となる病原体の根絶も選択肢の1つとして考えられる。畜産施設のみならず各種農作物被害をもたらすシカやイノシシについては，駆除による個体数の削減が多くの地域で試みられている。アライグマなどは特定外来生物に指定され，生態系からの完全排除を試みる対策が取られている。また，エキノコックス症のような人獣共通感染症に対しては，感染源となるキツネに駆虫薬を投与して感染率を抑制する対策なども試みられている。しかし，こうした対策でバイオセキュリティ上の問題が解決すること

●図6　山間部の放牧場で散布された濃厚飼料を採食するツキノワグマ

はほとんどないのが現状である。そのため，先述した威嚇などによる追い払いや，柵などの侵入防止対策との組み合わせによる相乗効果を期待して，こうした対策を実施してゆくことが現実的な対応といえるだろう。

初動対策の重要性

　最後に，野生動物によるバイオセキュリティ問題への対処をコストとのバランスで考えた場合，初動対策が重要となることを特に強調しておきたい。これまで述べてきたように，野生動物によるバイオセキュリティ上の問題には様々な対策が必要となるが，こうした問題が確認された際に早めに対応することができれば，被害が大きくなる前に問題の芽を摘み取ることも可能となる。例えばクマによる濃厚飼料の盗食ならびに貯蔵タンクの施設破壊などの被害は，クマが濃厚飼料の味を学習したことが遠因であり，盗食行動が常態化した結果として発生したと考えられるが，こうした餌を食べる学習機会のそもそものきっかけが，放牧地での牛への濃厚飼料給与残さにより助長されていた可能性も否定できない（図6）。また，牛舎へのイノシシ

＊登攀（とうはん）：険しい岩壁などをよじ登ること。

やタヌキによる盗食被害も，牛への飼料給与残さに野生動物が容易に接近できていた状況の許容が招いていた可能性が考えられる（図7）。こうした無意識の餌付け状況が確認された時点で電気柵の設置などの適切な対策が取られていれば，野生動物による過度の侵入を防ぐことができ，盗食行動がエスカレートすることを未然に防ぐことも可能であろう。

野生動物にとって畜産現場は餌場や休息場所および営巣場所として魅力的である。彼らは隙あらば侵入する機会を虎視眈々と伺っている。こうした野生動物による畜産現場への侵入がバイオセキュリティ上の様々な問題を引き起こすため，その認識と適切な予防対策が肝要である。

●図7　濃厚飼料の盗食に現れて周囲を警戒するタヌキ

References

- 池田 透：哺乳類科学, 46(1), 95～97(2006)
- 市ノ木山 弘道，鈴木 賢：農業技術, 60, 28～31 (2005)
- 石川圭介ら：野生動物保護, 13(1), 19～28 (2011)
- 石川圭介，北原理作：日本草地学会誌, 58(3), 193～199(2012)
- Kase C, et al.：*Animal Behav Manag*, 46(3), 89～96(2006)
- Kawamoto H, et al.：*JARQ*, 46(1), 35～40 (2012)
- Morishima Y, et al.：*Parasitol Int*, 48(2), 121～134(1999)
- 中下 留美子ら：信州大学農学部 AFC 報告, 12, 85～90(2014)
- 佐藤 宏：モダンメディア, 51(8), 177～186 (2005)
- 高橋 徹：ウィルス, 65(1), 7～16(2015)
- 髙山耕二ら：日本畜産学会報, 84(1), 81～88 (2013)
- 竹田津実：キタキツネの十二か月, p.462, 福音館書店, 東京(2013)
- 竹内正彦：養牛の友, 450, 32～36(2013)
- 塚田英晴ら：栃木県下の放牧草地における自動撮影装置を用いた野生哺乳動物相調査, 草地の動態に関する研究(第7次中間報告)(板野志郎・坂上清一・堤　道生・下田勝久・加納春平 編), 110～115, 畜産草地研究所(2008)
- 塚田英晴：草地における野生哺乳動物の生息実態とその意義, 草地の生態と保全―家畜生産と生物多様性の調和に向けて―, 215～228, 学会出版センター(2010)
- 塚田英晴：畜産技術, 707, 7～12(2014)
- Tsukada H, et al.：*Parasitology*, 125(2), 119～129(2002)
- Tsukada H, et al.：*Mamm Stud*, 35(4), 281～287 (2010)
- Tsukada H, et al.：*Bull Entomol Res*, 104(1), 19～28(2014)
- 上田弘則ら：日本草地学会誌, 54(3), 244～248 (2008)
- 山根逸郎ら：牛放牧場の全国実態調査(2008年)報告書, p.56, (独)農業・食品産業技術総合研究機構動物衛生研究所(2009)

Column III 牛舎における主な害虫とその対策

牛舎で発生するハエ

牛舎では様々な害虫・害獣が見られる(**表1**)。なかでもハエ類は種類も数も多く,特にイエバエは全畜種において最も一般的に見ることができ,牛舎においても最重要な駆除対象の1つである。また,牛舎において最も実害が多く重要な駆除対象としては,サシバエが挙げられる。サシバエは吸血性のハエで,多くの実害があり,駆除しなければならない。他に,フンバエ,ギンバエ,ニクバエなどが牛舎に発生するが,ここでは,駆除対象となる代表的なイエバエとサシバエの生態とその対策(駆除方法)に関して,紹介したい。

ハエ駆除の意義

ハエ類は,人や動物が住んでいる所ならば世界中どこにでも生息している。特にイエバエは世界共通種で,世界中のあらゆる場所で発生する迷惑な存在である。不快なだけならまだしも,様々な病原菌を媒介することも分かっている。成虫だけではなく,幼虫による糞の液状化でアンモニアの発生を助長させ,呼吸器病増加の原因となることもある。また,アンモニアの増加は金属の腐食の原因となり,畜舎の耐用年数が減少するため,換気コストや堆肥化コストの増加を招く。ほかに間接的な被害としては,ハエが飛び回ることによる動物へのストレスからくる生産性の低下,ハエの唾液・糞による生産

●表1 現場で問題になりやすい害虫・害獣

分類	名称
ハエ目 (双翅目)	イエバエ サシバエ フンバエ ニクバエ ギンバエ アメリカミズアブ ハナアブ
ダニ類	マダニ
害獣: ねずみ	ドブネズミ クマネズミ ハツカネズミ

資料提供:エランコジャパン㈱

物への損害,衛生環境の悪化による従業員の職場定着への困難,殺虫剤の空中散布による健康被害の可能性,近隣住民・地域社会からの圧力などが挙げられる。

ハエによる疾病の原因となる病原菌の媒介については,様々な検証がある。イエバエは,牛舎でも様々な病原体を,その体内に保持できることが分かっている。また,サシバエは,牛白血病ウイルスやトリパノソーマ,炭疽,ブルセラ,サルモネラを媒介することが疑われている。こういった病原菌を単に体内に持っているだけなら問題ないが,イエバエの場合,その独特な食事方法のために,体内にいる病原菌が常に体外に出てくる危険性を孕んでいる。我々哺乳類は,食べ物を口に入れて咀嚼し,飲み込んでから胃液で消化するが,イエバエの食事法は少し変わっている。イエバエは,人間の舌に当たる味覚の感覚器官が前足(前肢)の先にあり,プ〜ンと飛んできて何かに止まった瞬間に,それが食べられるかどうかを判断できる。もし,

止まったモノを食べられると判断したなら、胃液（消化液）を吐き出す。そして胃液で分解された低分子の栄養素を、独特の形をした口で舐め取る。この消化液（胃液）のなかに、体内にいる病原菌が多量に含まれている可能性が高い。つまり、イエバエが止まったモノには、様々な病原菌が付着している可能性が高いということである。この点からも、ハエを大量に発生させることには大きなリスクがある。

イエバエの生態

イエバエの成虫の体長は6〜8mmで、灰黒色、前背中に4本の黒縦線がある（図1）。飛翔距離は約500m程度と、意外にも遠くまで飛ぶ能力は低い。頭部は半球型で、複眼は赤褐色をしており、複眼と複眼の間がやや離れている。この間の開き方具合が、雌の方が雄より広いので、雌雄の識別ポイントになる。羽は無色透明で、先端近くがやや湾曲している。卵、幼虫、成虫のいずれのステージでも越冬できる。交尾は1回限りで、雌は体内の貯精嚢に保存している精子を、卵を産む度に受精させて産卵する。産卵は約14℃以上で行われ、1回に約100〜150個くらいを、生存中に6回程度、最高9回産する（図2）。産卵は適度な水分（66％程度が最適）と餌となる有機物が多くある所に行う。卵が孵化して1齢幼虫となり、脱皮をして、2齢幼虫、3齢幼虫を経て、蛹となり羽化して成虫になる。このライフサイクルは、温度によりその期間が変化し、温度が高ければ早くなるが、35〜40℃以上になると止まってしまう。また、10〜16℃以下の低温でも進行しない。適温（25〜35℃程度）では早いライフサイクルにより大発生する。薬剤（殺虫剤）に対する抵抗性が著しく発達しやすい害虫であることもよく知られており、これ

● 図1　イエバエ

資料提供：エランコジャパン㈱

が殺虫剤を用いた駆除を難しくしている大きな要因の1つになっている。

サシバエの生態

サシバエは吸血性で、雌雄ともに吸血する。牛などの大型動物を好み、動物糞から発生するので、イエバエと発生源は同様だが、鶏舎ではほとんど見られない。養豚場では、時々、発生して悩ませることがある。成虫の体長は、雄で3.5〜6.5mm、雌で5.0〜8.0mmで、体色は褐色または黒褐色で、見た目はイエバエに酷似しているが、吸血性のため、口器がイエバエと大きく異なる（図3）。サシバエの口器は特徴的で、細長く硬化し、吸血に適した針のような形状をしており、口吻と呼ばれている。幼虫は乳白色の紡錘型でイエバエの幼虫に酷似しており、やや細くて小さいが、両者を見分けることは至難である。成熟3齢幼虫は、体長11〜12mmで、後方気門はわずかに突出しており、三角形で中央にボタンがある。繊維質を多く含む動物糞を好むが、糞自体より堆肥などの発酵しているような所から発生しやすい傾向がある。ライフサイクルも卵もイエバエに酷似しているが、卵の期間は

● 図2　イエバエのライフサイクル

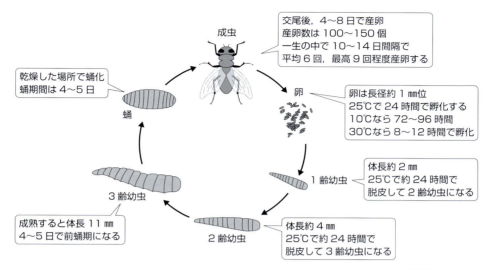

1～2日，1齢幼虫は1～2日，2齢幼虫は2～4日，3齢幼虫は2～8日，蛹期間は4～10日と，イエバエよりやや長いといわれている。しかし，これもイエバエ同様に温度により変化する。幼虫は，イエバエと同様な有機物を摂取するが，成虫は羽化した翌日から吸血を開始し，吸血量は，雄9.45mg，雌16.43mg程度で，吸血時間は2～5分，成虫の生存期間は約15日程度と，イエバエよりやや短いようである。蚊のように麻酔をせずに口吻を突き刺すので，刺された動物は相当の痛みを伴う。これが牛にとってはストレスとなり，吸血と相まって増体や乳量に大きな影響を及ぼす。また，人からも吸血するため，作業中に刺されることがある。飛翔距離は数km以内だが，農場外から飛んでくるよりは農場内で発生する方が圧倒的に多いと推測される。このため，発生源は農場内であると考えて駆除方法を考えるようにしたい。

● 図3　サシバエ

資料提供：エランコジャパン㈱

ハエ類の駆除方法

基本的な害虫駆除方法は，次の3つがある。

●環境対策：害虫が住み難い環境づくり

発生源（害虫が卵を産み，幼虫が孵化する場所）をなくすことは，ハエ類の発生を抑制するために重要である。糞便を速やかに取り除くか発

● 表2　殺虫剤の種類

駆除対象	使用方法	系統／分類	製剤例
成虫	空間噴霧	ピレスロイド系 有機リン系 カーバメイト系	ETB乳剤, バイオフライ ネグホン, スミチオン ボルホ, サンマコー®
	設置（ばら撒き） 塗布 噴霧	ネオニコチノイド系	アジタ®, フライダウンベイト®, ノックベイト, フラッシュベイト／エコスピード
幼虫	直接塗布	IGR剤※	ネポレックス®, デミリン, ラモス, サイクラーテ, 金鳥PPK

※ IGR（Insect Growth Regulator）剤：昆虫成長制御剤

資料提供：エランコジャパン㈱

● 図4　牛舎でのIGR剤散布場所の例

【繋ぎ牛舎】
・バーンクリーナーへの散布
【フリーバーン・育成，肥育牛舎】
・壁際，柱まわりの床面への散布（顆粒ではなく溶解して散布）
【カーフハッチ】
・床面への散布（顆粒のまま敷料のなかに混ぜ込む方法も可）

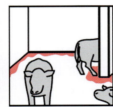

資料提供：エランコジャパン㈱

酵・乾燥させることにより，幼虫が生存できない環境にすることが望ましい。また，糞便の乾燥を促すために給水設備の水漏れを修理し，発生源となり得る場所の水分を除去するなど，環境改善を行うことが害虫の発生を防ぐ。例えばイエバエ駆除においては，そのライフサイクルが完結して成虫が発生する前に除糞してしまえば，成虫の発生を抑えられる。

● 物理的駆除法：駆除するための機械的な方法

ハエ取り紙，粘着トラップシート，電撃殺虫器などの設置による物理的な駆除を併用すると，なお駆除効果が上がる。

● 化学的駆除法：殺虫剤の使用

化学的駆除方法は，いわゆる殺虫剤を使用する方法である。散布・処理方法として，次の3つがある（**表2**）。

①発生源（幼虫）対策：IGR剤（昆虫成長制御剤）を，ハエが産卵して幼虫が育つ場所に散布する（**図4**）。ハエの発生数の約80％は卵と幼虫，蛹なので，幼虫のうちに駆除することで成虫の発生を極力，抑制する。発生源にしっかり散布することが重要である。しっかりと浸透させるために霧状での散布は避ける。繋ぎ牛舎では，バーンクリーナーへ散布し，フリーバーン・育成，肥育牛舎では，壁際，柱まわりの床面へ，カーフハッチでは床面へ散布する。顆粒タイプ

●図5　ベイト剤は24時間効かせることが重要
日中に集まっているところと，夜間に集まっているところは異なる

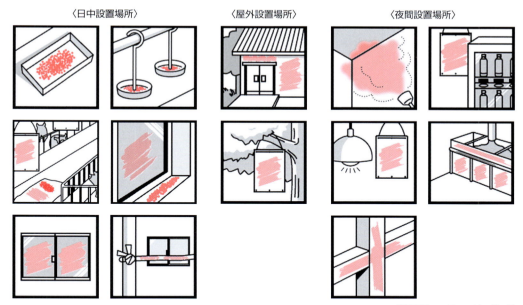

資料提供：エランコジャパン㈱

の薬剤の場合は，そのまま敷料のなかに混ぜ込む方法も効果的である。幼虫駆除を実施しても必ず取りこぼしがあり，成虫が発生する。その際は成虫対策として，空間噴霧剤やベイト剤と併用すると効果的である。

②誘引による成虫駆除(誘引殺虫法)：幼虫駆除を実施しても，ある程度は成虫が発生するので，誘引殺虫のできるベイトタイプの殺虫剤により駆除する。あらかじめ誘引剤の入った殺虫剤は，有効性が高い。粒剤をそのまま置いて使うタイプと，水で溶解して塗付して使うタイプの両方があるので，使い分けができる。ハエが集まっている場所への設置・塗布が重要である(図5)。風のない場所(畜舎の角・壁付近)，暖かい場所(カーテン・ブルーダー・畜舎内の日なたなど)，茶色や黒色の点(ハエの糞や唾液)が付着しているところ(天井・窓・蛍光灯・電灯の傘など)が狙い目である。また，ハエを集める努力をするのもよい。設置法の場合，ハエの死骸はある程度残しておくとハエが集まりやすく，有効である。太陽の動きに合わせて設置場所の変更を行うのも，工夫の1つである。ただしベイト剤はサシバエを誘引殺虫することができず，イエバエのみ対象の方法である。

③散布による成虫駆除(直接散布法)：成虫が発生した場合には，一時的に成虫を抑制するために空中散布剤を使用する。多用は避け，薬剤の系統と作用を理解し，ローテーション使用を心掛けるようにしたい。空間に散らすより，壁など閉鎖的な方向に向けて散布するとよい。

また，ライトの照射などで意図的にハエを集め，さらに夕方や朝方の気温が低く，カーテンや壁に止まっている時に散布すると効果的である。

ハエ類の駆除は，幼虫駆除と成虫駆除に大別される。幼虫を駆除できれば，成虫の駆除は軽減されるので，幼虫駆除を第一義的な方法とし

て行うことが賢明である。また、それぞれの殺虫手順で使用する殺虫剤の種類（幼虫駆除剤、散布剤、誘引殺虫剤など）とその特徴（作用機作）を理解して、適切に使用することも重要である（表2）。イエバエの場合、極端に殺虫剤に対する抵抗性が発達しやすいので、同じ系統・作用性の殺虫剤を長期間使い続けることはリスクを伴う。しかし、使用できる殺虫剤の種類がいくつもある訳ではないので、その特徴を理解して、適切な散布を行うことが重要である。

各農場単位で防除プログラムを作成し、実行するとよいだろう。また、薬剤の散布濃度と散布回数には気を付けてほしい。適正濃度での使用をしないと、かえって抵抗性の発達を助長することになるので、その点も注意が必要である。

害虫防除の基本は上記の通りだが、個々の農場の状況、害虫の種類により変わってくる場合があるで、駆除の専門家に相談されるとよいだろう。

References

- 加納六郎, 篠永 哲：新版 日本の有害節足動物, 東海大学出版部, 神奈川 (2003)
- 横関正直・山本喜康：「クリーンな鶏舎」20のアイデア：よくわかる養鶏場の消毒・害虫・ネズミ駆除, 日本畜産振興会, 東京 (2003)
- 谷川 力ら：写真で見る有害生物防除辞典, オーム社, 東京 (2007)
- 梅谷献二：新版 野外の毒虫と不快な虫, 全国農村教育協会, 東京 (2007)

Chapter 4

疾病管理

4-1 新生子牛のための分娩管理

Advice

　国際競争力を有した健全な酪農経営を考えるうえで，1頭でも多くの健康な後継牛を確保することが求められている。子牛の死廃事故の約3/4は分娩（出生）時に発生する。難産（強い牽引）で出生した新生子牛は，命は取り留めたものの，免疫力が低下し疾病罹患率が高く，若齢で死亡するリスクが高い。牛の分娩は，ほかの疾病と違い時間を問わず往診の依頼がある。往診先で自然分娩がよいからといって，分娩する牛を前にして手を組んで長時間見ていることはできない。

　本節では，臨床獣医師へのガイドラインとして役立つことを目的とし，獣医師が知っておくべき，分娩開始から娩出までの正常な分娩の進行を整理する。また，新生子牛への影響を考慮したうえで，往診を依頼された獣医師が行うべき検査や処置について時系列を追って整理していく。

稟告

　牛の状況を正確に把握することは，検査や処置に入る前において，さらには，往診の準備や心構えをするうえにおいて重要である。しかしながら，忙しい作業をこなさなければならないなかで，丁寧で確実な分娩監視を行える酪農家は少なく，分娩の進行状況を細かく聞き取ることは困難である。確実な分娩監視は分娩事故の低減につながることから，聞きとるべき稟告の要点とそこから考えられる病態の1例を**表1**にまとめた。

難産の診断基準

　難産は，分娩がはじまってからの時間的な流れと，臨床症状および検査によって診断される。分娩中の異常における時間的な診断基準を**表2**に示す。

清潔な分娩房

　理想的な分娩房は広く（20㎡以上），単独になれて，寝起きしやすいことが求められるが，新生子牛の健康を考えるうえで大切なのは，分娩房の衛生状態である。汚染した分娩房で糞尿にまみれた状態で胎子が出生すると，口（消化器）や鼻孔（呼吸器）および臍帯（腹腔内，循環器）の汚染リスクが高まり，免疫学的に無防備な新生子牛にとって著しく危険な状況となる。母牛にとっても，産道から生殖器へ汚染が波及するリスクが高くなり，分娩後の子宮回復や繁殖成績の低下につながるであろう。往診時に汚染している分娩房での作業を強いられる場合でも，防水シートや敷きわらなどにより衛生状態を改善した後で検査や処置を行い，新生子牛への汚染を最小限にする必要がある。

● 表1　稟告の要点とそこから考えられる病態

稟告の要点	考察すべき状況・病態
①分娩予定日からの日数	早産の場合（1カ月以上早い），子牛はすでに死亡しているか，出生直後に死亡することが多い。分娩予定日を過ぎているケースでは胎子が大きい可能性がある
②分娩房（場所）の状況と，いつから牛がそこにいたか？	分娩房の状況によっては，失位や子宮捻転のリスクが高まる。分娩場所が混雑している場合には，正常な分娩の進行が阻害されている可能性がある
③観察状況：いつから見ていたか？	分娩の進行状況を把握するのに重要な情報が得られるかもしれない。現在の状況がどれほど続いていたのかは重要なポイントである
④異常に感じたことは何か？	出血の有無，破水の有無，羊水の色，臭気，胎位，陣痛の状況などにより，胎子の生死や状況，現在の病態を推測することができる
⑤胎子の品種	乳牛の分娩では，和牛やF1では小さく，ホルスタインでは大きい可能性がある
⑥産次数	初産牛は分娩の進行度合いによって産道の緩みの程度が大きく異なる。経産牛では低カルシウム血症からくる分娩異常の可能性がある

● 表2　分娩中の異常における時間的な診断基準

異常所見	予想される病態
①分娩第一期（開口期）の初期陣痛が開始してから6時間経過しても第一破水が起こらない	・子宮捻転 ・陣痛微弱
②第一破水（尿膜絨毛膜の破裂）後，30分しても足胞（羊膜）が現れない	・陣痛微弱 ・胎子失位
③外陰部に足胞が現れてから，経産牛で1時間，初産牛で2時間経過しても娩出されない	・陣痛微弱 ・過大胎子 ・胎子失位
④分娩第二期（産出期）において，陣痛の間隔が5分以上延長する。あるいは，30分以上分娩の進行がみられない	・陣痛微弱 ・疲労 ・オキシトシン枯渇

母牛の一般検査

　分娩の進行状況と同時に把握しておく必要があるのが，母牛の一般状態である。検査や処置に先立って実施しなければならないのは，体勢の改善である。横倒しになり，起立不能状態に陥り，腹囲膨満して苦悶している場合には，速やかに胸臥位にして呼吸を確保しなければならない。その原因が低カルシウム血症の場合も少なくない。母牛の一般状態の把握は優先しなければならず，状況に応じてカルシウムの補給や脱水の改善を目的とした輸液などを先に行う必要がある。夏の暑熱ストレス下での分娩では，体温が上昇して呼吸が荒くなり，分娩が進行しない。そのため分娩介助に先立って，冷却や輸液を行うべきである。胎子が死んで時間がたっている症例では，感染による影響や敗血症などを引き起こしている場合も考えられる。特に産道からの粘液や出血，あるいは羊水の色調や臭気などには注意を払う必要がある。異常がある場合は胎子や産道の検査を速やかに行うべきであり，母牛への輸液を含めた処置は助産に先立って行う必要がある。

胎子および産道の検査

　胎子の異常を把握するための触診検査に当

たって留意したいのが、産道の汚染（子宮汚染）を予防することである。刺激性のない消毒薬を入れた大量の温湯により外陰部周辺を洗い流した後、直腸検査用手袋（その上にビニール手袋を重ねると産道や子宮を傷つけにくく、破れにくい）を装着して、産道から触診していく。子宮外口の開大の程度、胎子の生死および活力、体位および失位の有無、胎水の異常、出血、産道損傷、臭気、子宮捻転の有無を確認する。子宮外口が閉じていて直接胎子を触診できない場合には、直腸検査により胎子の触診を行う。産道からの触診で子宮捻転が不明瞭な場合にも、直腸検査により子宮捻転の程度や捻転方向を触診できる時がある。胎子の生死は重要なポイントである。産道から胎子の肢を把握できる場合には、肢を前後に揺さぶったり、指間の皮膚を強く圧迫したりすることで胎動を引き起こし、胎子の生死や活力を確認する。分娩第一期（開口期）前には胎子は子宮内で側胎向あるいは下胎向に位置し、分娩の進行とともに回転し、産道に進入して上胎向となる。子宮内にてまだ遠い位置に胎子が触知される場合には、側胎向あるいは下胎向であっても正常体位であり、この時点での失位復復の必要はないので注意が必要である。胎水や産道に異常がなく、胎膜に覆われた胎子が生きて活力がある場合には、さらに分娩が進行するのを待ち、急いで介助に入るべきではない。陣痛が弱い場合には、経産牛ではカルシウム剤を投与し、子宮外口が十分開大している場合には、オキシトシンの皮下投与あるいは点滴投与により陣痛を促進することもある。胎子失位の各論については専門書などで確認願いたいが、前肢と後肢の鑑別は必須である。前肢における肘節と後肢の飛節は間違えやすい。前肢の肘節までの関節の数は球節と腕関節の2つであり、後肢の飛節までの屈折可能な関節は球節の

●図1　後肢吊り上げ法による子宮捻転整復

子宮底を地上より上げる必要があるため、外陰部が術者の肩の高さ（1.4m程度）になるまで牛を吊り上げる

1つのみである。球節の上の関節が球節と同じ方向に屈折する場合には前肢であり、逆（前方）に屈折する場合は後肢である。双胎妊娠を含め、想定可能なすべての失位を頭のなかに入れたうえで、慎重に触診して体位を確認することが重要である。

子宮捻転

　子宮捻転の多くは左方捻転（80%）である。一般に、片側の子宮角の妊娠により子宮は傾いているが、左角妊娠の場合、第一胃により捻転が自然に戻らないことがこれの理由である。舎飼いで寝起きしづらい分娩房、肢の悪い牛などに多く発生する。産道の触診では縦方向の皺を触知し、産道が狭く感じる。捻転方向を確認するのは直腸からの触診が分かりやすい。子宮捻転整復法は様々あるが、捻転の整復に当たっては胎子の生存（健康）を優先する必要があり、人工的な胎膜破砕はするべきではない。例えば、後肢吊り上げ法により子宮捻転を整復する際は（図1）、胎膜の人工破砕は行わない。また、整復直後は産道は緩んでいないことが多いので、ほとんどの症例で捻転整復直後の牽引は行わない。胎子失位がないことを確認した後に、その

● 図2　後肢吊り上げ法による胎子失位整復

外陰部が術者の腰の高さ(約1m)になるので、失位整復に適している

● 図3　ショットラーを使用した失位整復の方法（側頭位）

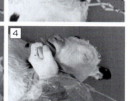

1：1本目のショットラーを頸部皮膚にかける
2：1本目を引きながら、2本目を下顎の近くの皮膚にかける
3：2本目のショットラーを引きながら、ショットラーを下顎にかける
4：手で切歯を覆いながらショットラーを引いて整復する

まま自然に分娩が進行するのを待ってから、自然分娩あるいは軽い介助で娩出させる。結果として、胎子の生存率も高く保持することができる。

胎子失位整復

胎子が失位していることが判明した時点で、速やかに失位整復を行う必要がある。胎子が生存している場合には、できる限り早く整復することが望まれる。整復するに当たり胎子をいったん子宮内に押し戻し、産道付近（術者の手元）に失位を整復するための広いスペースを確保する必要がある。牛が寝たままでは胎子を押し込むことが困難であり、整復時の母牛の腹圧や努責により整復も困難となる。失位整復時に、牛が寝ている場合は起立させる。起立できない際には吊起を行う。重篤な胎子失位では、後肢吊り上げ法が推奨できる（図2）。子牛が生きていることが想定される場合には、キシラジンの使用は避けるべきである。実際には無麻酔下で行っても母牛への負担は少なく、整復に支障をきたすような努責や動揺もない。失位整復時の後肢吊り上げ法では、子宮捻転整復時（術者の肩の高さ）よりも低い高さ（術者の腰の高さ程度）

に吊り上げ、産道粘滑剤を大量(10～20L)に子宮内に注入した後に、失位整復を行う。整復時には胎子の歯や爪により子宮を傷つけないよう、術者の手の平で歯や爪先をカバーしながら整復する。失位整復時には、産科チェーン、ロープなどを用い、産科鈎などの鋭利な器具の使用は最低限に留める。側頭位や両股関節屈折（両脾臼屈折）などの重篤な失位整復には、ショットラー2本を用いて整復を試みる。側頭位では、胎子の胸垂に連続して頸部に下垂する皮膚のできる限り頭部に近い部位にショットラーをかける（図3：1）。このショットラーを皮膚がちぎれない程度に牽引した状態で、2本目のショットラーをさらに頭部に近い部位にかけ牽引する（図3：2）。これにより、少しずつ頭部を引き寄せることができる。頭部の方向を変える際には、子宮を傷つけないよう術者は必ず胎子の歯を手で覆いながら慎重に牽引して整復する（図3：4）。この手技は後肢の失位整復の際にも有効である。失位となってからの時間が長く、分娩開始時間が不明確で、胎子の動きが悪い、あるいは出血を伴う場合には、子牛の死亡リスク

が高いので，整復後に介助を行い娩出させる必要がある。胎子失位が軽度で，胎子が胎膜で覆われている場合，胎膜を傷つけないように整復し，胎子に活力がある場合にはその後も経過を観察し，自然に分娩を進行させる必要があろう。

胎子牽引のタイミング

一期破水や足胞が出た時間が判明しているならば，足胞が出現してから経産牛で1時間，初産牛で2時間が介助に入るタイミングの目安となる。初産牛では，産道が緩み胎子に無理がかからずに娩出できるようになるまで，2時間程度かかる。経産牛では，初産牛と比較して産道が緩むのに時間を要しないが，低カルシウム血症や過大胎子により娩出時間が延長することがある。足胞の出現から1時間を過ぎると胎子が悪影響を受けることも予想されるため，1時間を経過した時点で助産に入る必要があろう。足胞の出現が確認されていない場合には（多くの往診がそうであろうが），少なくとも30分程度は経過を観察した後に判断する必要がある。多くの場合，往診依頼の電話から到着までがこの時間に当たり，その間に進行する分娩では自然分娩，あるいは比較的軽い助産で済むケースが多い。到着時までにまったく進行しないような分娩では，難産のリスクが増している。

新生子牛のための帝王切開

帝王切開の第一の目的は胎子を生きているうちに救出することである。次いで，母牛の命を救い生産性を最大限に発揮させることが挙げられる。失位整復や牽引に時間を要して産道の汚染や損傷が起こり，母牛が疲弊して胎子が衰弱あるいは死亡した後に，最後の手段として帝王切開を選択することは本来の目的からかけ離れている。整復や牽引がきわめて困難であることが判明したら，胎子が生きているうちに速やかに帝王切開を選択し実施するべきである。胎子を救う目的で分娩兆候がないうちに帝王切開を実施する場合には，事前（前日）にプロスタグランジンや副腎皮質ホルモンの投与を行い，肺胞拡張のためのサーファクタントの分泌など出生のための準備を促す必要がある。

胎子牽引

牽引助産をはじめるに当たって，娩出させた後の蘇生も含めた一通りの薬剤や器具を事前に準備しておく必要がある。産道が弛緩せず牽引が困難と思われる場合には，牽引する前に，粘稠に調整した産道粘滑剤を胎子の頭部や肢周囲に塗布する。産道（外陰部周辺）を胎子の頭部または術者の手や腕で広げながら，時間をかけた助産を行う。牽引する人数が少ない場合には助産器を用いることもあるが，助産器での牽引は基本的にはひとりで行う。多人数で短時間のうちに胎子を牽き出すことは産道損傷を引き起こし，子牛にも悪影響を及ぼすので行ってはならない。牽引して胎子が動かなくなったら牽引をやめ，子宮にいったん押し戻して，胎子の頭部や肢を羊水や産道粘滑剤で覆った後に再度牽引を行う。これを繰り返して，できる限り胎子に無理をかけない助産を心掛ける必要がある。ヒップロック（胎子の腰部が母牛の骨盤に引っ掛かって動かなくなる状態）を生じさせないために，最初はまっすぐ後方に牽引し，胎子の上半身が出た時点で牽引する方向を飛節方向（下方向）に変えて牽引する。滑車式の助産器を使用している場合には牽引方向を変えづらいので注意が必要である。胎子の腰部が陰門外に出た時

点で牽引するのをやめる。つまり，胎子の後肢を産道に残した状態で助産を終了する。この時点で臍帯は切れておらず，臍帯血は胎子に送られ利用される。娩出後の臍帯の切断は，臍帯の拍動が停止した後に行われることが望ましい。

農家指導のPOINT

1．分娩をしっかりと監視する
・陣痛の開始，破水，足胞（胎子の肢）が陰門外に現れた時間，出血・臭気などの粘液の異常，母体の健康チェックを参考にして検査・診断し，必要に応じてカルシウム投与などを優先する。

2．分娩房の条件を整える
・清潔で，寝起きしやすく，広いあるいは単独になれる分娩房がよい。
・条件の悪い分娩房では，正常に分娩が進行しない可能性があることを認識する。
・汚染した分娩房では，新生子牛への汚染を最小限にするための予防処置を行う。

3．産道からの検査で胎子の生死を判断する
・必ず消毒し，検査用の手袋を装着する。
・胎子の生死，胎位の異常，子宮捻転の有無を確認する。
・胎子の生死が重要ポイント。生きている場合には命を助けることを優先して，帝王切開を含め手技を選択し処置する。

4．適切なタイミングで介助に入る
・経産牛は足胞の出現から1時間，初産牛は2時間は待つ必要がある。
・胎子失位・子宮捻転整復直後の助産は産道の弛緩状態を診断し，急がない。

5．強引な牽引をしない
・胎子に無理をかけない。
・ヒップロックを予防，上半身が出たら下方向へ。
・産道に後肢を残して牽引を終了する。
・産道粘滑剤を活用し，ゆっくりと時間をかける。
・助産器は基本使わないが，使う時はひとりで行う。

4-2
出生後の新生子牛の管理

Advice

　酪農家が国際競争力を高め，安定して持続可能な酪農経営を行うために，あらゆる農場管理におけるコスト削減が求められている．一方で，1軒当たりの搾乳頭数や飼養頭数の増加に伴い，育成牛の飼養管理に手が回らず，外部預託施設に委ねる酪農家が増加している．各地に哺育預託施設が整備され，出生後1週間たたずに集荷されるために，酪農家はその育成責任から逃れたように思える．しかしながら，育成期の順調な発育を考えるうえで，新生子牛の娩出時（妊娠期間も含め）や出生直後の初乳給与を含めた初期管理は，その後の発育に大きく影響することが分かってきた．子牛を生産する酪農家における分娩管理や新生子牛管理は，こうした観点からも重要である．

　本節では，生産者や獣医師へのガイドラインとして，知っておくべき新生子牛への出生後の管理を整理する．また，新生子牛の健全な発育育成，さらには初産分娩後の生産性への影響を考慮したうえで，生産者や往診を依頼された獣医師が行うべき出生直後の検査や処置について時系列を追って整理する．

臍帯の切断

● 図1　胎子娩出直後

子牛の後肢を産道に残した状態で助産をやめる．この時点で臍帯はまだ切断していない

　牽引時，胎子の腰部が陰門外に出た時点で牽引するのをやめ，胎子の後肢を産道に残した状態で助産を終了する．この時点で，臍帯は切れずに臍帯血は胎子に送られ利用される（図1）．娩出後の臍帯の切断は，臍帯の拍動が停止した後であることが望ましい．伏臥した状態での自然分娩の場合には，胎子の骨盤が母体の骨盤を通過した段階で（この時点で子牛の後肢は産道のなかに残っている），母牛は努責するのをやめ，分娩（胎子娩出）が完了する．娩出後臍帯が切断されていない場合には，臍帯の拍動はしばらく続き，長い牛では5分以上持続する場合もある．拍動が停止した後，新生子牛が起立しようと動くか，母牛が起立することで臍帯は自然に切断される．臍帯の切断部は，子牛の臍帯の基部付近の白色部で，臍帯のなかで最も弾力性に乏しい部分であるために，引き伸ばされた状態になるとその付近で自然と切断される．臍動脈はさらに弾力性があるため，切断後には胎子の腹腔内奥深くまで急激に引っ込む．強く牽引して一気に牽き出した場合には，臍動脈は拍動した状態で断端も鋭利に切断されることが多く，腹腔内での出血が起こることが予想される．実際に，強い牽引を行った子牛のヘマトクリ

●図2　牽引スコアと子牛のヘマトクリット値(Ht)との関係

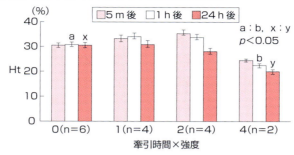

牽引スコアは牽引強度（0：自然，1：弱い，2：強い）×牽引時間（0：自然，1：10分以内，2：10分以上）
自然分娩に比較してスコア4ではヘマトクリット値(Ht)が有意に低下していた

●表1　新生子牛アプガースコア

診断項目	スコア		
	0	1	2
心拍	なし	<100回／分	≧100回／分
呼吸	なし	不規則で浅い	規則的で深い
歯肉の色	蒼白〜暗紫	紫	ピンク
筋緊張	横臥・沈うつ	伏臥・時々頭振る	頻繁に頭振る
指間反射	なし	鈍い・緩慢	鋭い・素早い

ト値は有意に低下している（図2）。牽引助産を行う際には，臍帯の切断を意識した，優しい助産が求められる。出生直後に臍帯から出血を認める場合には，鉗子などで一時的に止血する。縫合糸などで縛ることは，臍帯感染症を引き起こす危険があるため避けるべきであろう。縛る必要がある時は，消毒した後に患部を布で覆い汚染から保護する必要があり，できる限り早いタイミングで縫合糸を除去することが望ましい。

 新生子牛の評価法（アプガースコア）

新生子牛の蘇生処置が必要かどうかを判断する評価方法として，表1で示した新生子牛アプガースコアがある。ヒトの新生児科で用いられているアプガースコアを牛用に改編したものである。ヒトでは出生1分後と5分後に採点される。5分値が7未満であれば，さらに5分ごとに20分まで点数をつけるべきといわれている。アプガースコアが改善（7以上）するまで蘇生処置は継続する必要がある。アプガースコアは蘇生処置が必要かどうかを判断する評価法であり，蘇生処置をいつはじめるかの判断に使用すべきではない。1分値を採点する前に筋緊張や呼吸に異常がある場合には，直ちに蘇生処置に入るべきである。

蘇生処置

ヒト新生児科では，蘇生処置の順序をABCDの順に行うこととされている。すなわち，A：Airway 気道確保，B：Breathing 呼吸促進，C：Circulation 循環促進，D：Drug 薬物投与の順に，おおむね30秒程度で実施するとされている。牛でも同様な処置が必要とされるが，これらを遅滞なく行うために，必要とする道具および薬剤は，分娩介助をするに当たってあらかじめ用意しておくことが求められる。失位整復や牽引に用いる産科道具（産科テープ，産科ワイヤー，ショットラー2本，産道粘滑剤，注入用

カテーテル，ロート），牛用人工呼吸器，蘇生のためのエピネフリン注射用セットなどを産科キットとして，往診車内あるいは分娩房に常備しておく必要がある。

● 気道確保

　気道の確保は最初に行うべき蘇生処置である。牽引する，あるいは自然分娩を観察するにしても，胎子の顔を覆う胎膜は除去すべきであろう。助産の最中に，胎子の鼻孔や口周囲に母牛の排便による糞や，オガクズなどの分娩房の敷料が付着した場合には，消毒タオルなどで丁寧に拭き取る必要がある。胎子が汚染するリスクの高い場所では，シートを敷くなどの準備が必要であろう。自然分娩では，胎子が胸まで出た時点で腹圧により気道内の胎水を自ら吐出する。急いで牽引されたケースでは，気道内にこの胎水が残留することが多く，その後の換気障害につながる場合がある。牽引する場合においても一気に引き出すのではなく，自然分娩でそうであるのと同様に，母牛の努責に合わせて徐々に引き出し，胎水の吐出を促しながら時間をかける必要がある。尾位においては，胎水を気道に残留させていることが多い。一例として，尾位の助産時にはあらかじめ高い梁にロープを回すなど子牛を吊り下げる準備を行い，出生後直ちに後肢にロープをかけて1分間吊り下げる方法がある。吊り下げることにより，気道内の胎水は吐出され，胸郭が広がり脳の血行不良による酸素欠乏も予防できるであろう。子牛を吊り下げる行為は，研究者によっても賛否両論ある。しかしながら，自然界の草食動物の多くが立ったまま子を産み落とすことや，ヒップロックを起こした状態から立ち上がることで胎子を娩出させる牛を見ると，吊り下げる処置は1分間という短時間に限定して行えば子牛に負担が大きいとは考えづらく，むしろ推奨できる蘇生技術であろう。

● 呼吸促進（陽圧換気）

　呼吸促進が必要な子牛は横臥している場合が多い。蘇生処置に入る前に，両肺に空気が入りやすくなるように敷料などを利用して伏臥の状態に体を起こす必要がある。気道内の胎水を吐かせ，空気を送り込むために市販されている人工呼吸器は有効であるといわれている。気道内の胎水を5回吸引した後に，ピストンの方法を変え5回空気を送り込む。送り込むときには子牛の肺を損傷しないようにゆっくり行うことが推奨されている。呼吸を促す意味では，母牛によるリッキング（子牛を舐める行為）やタオルでのマッサージ（前後方向にゆっくり圧迫）なども効果的であろう。呼吸が浅く，粘膜の色調などでチアノーゼ症状が認められる場合には，酸素吸入の必要がある。酸素吸入は症状が改善されるまで持続的に行うべきであろう。

● 循環促進（胸部圧迫）

　心拍数が60回/分に満たない場合には，循環を促進することが求められる。胸部圧迫などの蘇生処置は，気道の確保や呼吸促進を優先して行った後に実施されるべきである。陽圧換気を並行して行う必要があること，胸部圧迫する場合には横臥姿勢を取らなければいけないことなどを考えると，胸部圧迫は短時間に限定し，心拍数が確保できない場合にはエピネフリンの投与を行うべきであろう。

● エピネフリン投与

　エピネフリンは心臓刺激薬であり，心臓収縮を強め，心拍数を増加させ，末梢血管の収縮を起こすことで，肝動脈を通る血流と脳への血流

を増加させる。エピネフリンの投与は、十分な換気が確立される前には適用とならない。ヒト新生児の投与量として、1万倍液の0.1〜0.3 mL/kg（エピネフリンとして0.01〜0.03 mg/kgに等しい）が推奨されている。日本で市販されている製剤（ボスミン）は1,000倍希釈なので、生理食塩水で10倍に希釈して用いる。新生子牛の体重が40 kgとして、4〜12 mLを静脈内に投与する。3分後に症状が改善されない場合には、再度投与することができる。

臍帯の消毒

新生子牛のアプガースコアが改善し、スコアが高いことを確認できたら、速やかに臍帯を消毒する。消毒に当たっては局所刺激性の強い消毒薬は用いるべきではない。2％ポピドンヨードあるいは0.5％クロルヘキシジンにより十分にディッピング（あるいはスプレー）を行う。臍帯を広げて消毒薬を注入した後にマッサージをする技術者もいるが、臍帯のなかには尿膜管があり膀胱までの距離も短いため、薬剤の影響を考えるとあまり推奨できない。臍帯周囲を十分に消毒し、臍帯が乾燥するまで1日3回程度消毒を継続することが推奨されている。

母牛によるリッキング

母牛の環境は汚染がひどく、できる限り早く母子を分離する必要があるとされている。しかし、その真意は重度に汚染している分娩房の存在を問題としているのであって、母牛によるリッキングを否定するものではない。むしろ母牛によるリッキングは子牛の呼吸や血行を促し、初乳中の免疫成分の吸収を促進するといわれている。母牛による十分なリッキングを受けた子牛は、濡れたままの子牛に比較して、被毛の乾きも早く保温性にも優れている。また、子牛の存在により、母牛自身も活力を高めるであろう。起立して子牛をリッキングする行為は、精神的にも肉体的にも必要不可欠なものと考えられる。

新生子牛の保温

新生子牛は成牛と比較して体表面積割合が高く、エネルギーの貯蓄量が少ないため、保温が重要である。特に出生後立ち上がることができない子牛は、蘇生処置に並行して体温が低下しないように保温することが重要である。寒冷地などでの夜間分娩に際しても、体温の保持を最優先に考えなければならない。出生後はできる限り早く被毛を乾燥させることを心掛ける。高い天井は子牛への冷気の下降が著しいため、屋根で囲ったり、カーフジャケットや電熱器の使用などが行われる。新生子牛を箱型のポリ容器に入れて温風機で乾燥させるカーフウォーマー（PolyDome社）の使用により冬期間の子牛の事故を低減する取り組みも行われ、好評価を得ている。

新生子牛へのアシドーシス補正と糖の補給

新生子牛は呼吸停止による二酸化炭素の排出障害から高炭酸血症、すなわち呼吸性アシドーシスに陥ることが多い。強い牽引助産では、機械的胸郭圧迫により重篤な呼吸性アシドーシスに陥るケースも少なくない。また、こうした子牛のヘマトクリット値は低下しており、換気不全が外呼吸のみならず内呼吸の改善を妨げる可能性がある。蘇生時の重炭酸ナトリウムの投与は論争中である。それは、呼吸性アシドーシス

では代償的に代謝性アルカローシスが生じ，重炭酸イオンの蓄積が見られるためである。ゆえに，蘇生の早い段階では気道確保や十分な酸素補給による呼吸性アシドーシス改善が優先されるべきであろう。一方，長時間の呼吸障害は重度の低酸素血症を呈する。低酸素血症では，末梢の嫌気性代謝によりL型乳酸が蓄積するため二次的な代謝性アシドーシス（高AG血性代謝性アシドーシス）が引き起こされ，重炭酸イオンは消費される。こうした子牛に対する重炭酸ナトリウムの投与はアシドーシスの改善に有効である。出生後半日以上起立できない子牛では，こうした代謝性アシドーシスのほかにエネルギーのロスも考えられるので，糖の補給も効果が期待できる。急激な重炭酸濃度の上昇は，二酸化炭素濃度の上昇にもつながることから，緩徐に投与することが望ましい。肺機能が不十分であることを考慮し，持続点滴はより慎重に行う必要がある。

初乳給与の注意点

従来から言われているように，初乳給与はできる限り早く，品質のよいものをたっぷりと飲ませるのが基本である。しかしながら，ニップルからの自力吸入が可能となってから哺乳することが推奨されている。その理由として，出生直後の新生子牛の第四胃内には多量の胎水があり，これがあるうちに第四胃に初乳が入ると，正常なカード形成（凝固）が起こらず，結果として免疫成分の正常な吸収が阻害されるという仮説がある。また，哺乳欲がない子牛に初乳を飲ませた場合には，十分な免疫成分の吸収が起こらないとの報告もある。さらに，初乳中の見せかけの免疫成分の吸収効率の低下は12時間までは緩やかであり，12時間を超えた後に急激に低下するといわれている。では，いつまでも哺乳欲が出ない子牛に対しての初乳給与は，どの時点で行うべきかという疑問が残る。先の報告によると，分娩後速やかにカテーテルで4Lの初乳を給与された子牛のIgGは，時間を経過してから給与された子牛に比較して有意に高かった。カテーテル投与では初乳は第一胃に入り，ニップルで吸引した初乳は食道溝反射により第四胃に送られるとの実験検証もある。これらを勘案して，6時間を経過しても自力哺乳しない子牛に対しては，カテーテルで強制的に3〜4Lの初乳を与えておくことを推奨する。カテーテル給与により，とりあえず第一胃に初乳をストックしておき，体調が整い第四胃の運動が起こった時点で，第四胃内に初乳が送られる結果となる。

基本的な初乳給与の考え方としては，子牛が立ち上がって自力での哺乳が可能となってから飲みたい放題飲ませるのがよい。飲ませる量としては4L以上が理想だが，体格の小さい子牛は飲めないことが多い。4L飲めなかった子牛には，12時間までにさらに追加で給与することが望ましい。逆に体格の大きい子牛はたくさん飲むことができる。小さい牛と等量の初乳を飲ませた場合，大きい牛は血液量が多いことから血中のIgG濃度は小さい牛に比較して低下する。体格の大きい牛にはそれなりに多く飲ませる必要があろう。搾乳作業との関係で1回目に搾乳した初乳給与がタイムリー（生後6時間までに）にできない場合でも，遅くとも12時間までに4L以上給与することで受動免疫移行不全（FPT：failure of passive transfer）を回避することは可能であろう。

初回搾乳までの時間によっては，初乳中のIgG濃度が低下する可能性があり，初産牛では特にその傾向が強い。漏乳がその原因の1つと

● 図3　生後12時間での初乳摂取量，IgG 摂取量，血清 IgG 濃度の関係，および初乳製剤3袋投与との比較

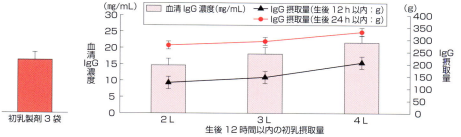

初乳製剤は生後6時間以内に2袋投与した後，12時間までにもう1袋追加投与された

して考えられる。いずれにせよ，初乳中の IgG 濃度が適正かどうかの検査は必要である。比重計や屈折式糖度計で推測可能である。また，デジタル式糖度計は搾乳直後の初乳が1滴あれば測定できるため，現場で使用しやすい。2万円程度で，現在の子牛の価格を考えると安価である。糖度(Brix値)20%以上が IgG を十分含んでおり，初乳として利用可能である。凍結して保存する場合には25%以上を推奨している。冷却後の検査では値が高く表示されるために注意が必要である。Brix 値が低い初乳は，粉末初乳製剤を添加して給与する。あるいは凍結した初乳を溶解して給与する。初乳がない場合には粉末初乳を給与するが，多くの初乳製剤が含有するIgG は 60 g/袋程度であり，12時間までに3袋は給与したい(図3)。

FPT の診断(TP 検査)

FPT の診断基準は，生後24〜48時間における血中 IgG 濃度が 10 mg/mL 未満の子牛と定義されている。血中の IgG と総タンパク質(TP)濃度は相関しており，血清 TP 4.6 g/dL(和牛 IgG:20 mg/mL, TP:5.3 g/dL)が IgG 10 mg/mL に相当するといわれている。IgG は生後1週間で3/4程度まで低下するため，疾病対策や子牛預託牧場などの着地検査として参考とする

● 図4　血清 IgG 濃度と血清 TP 濃度の関係

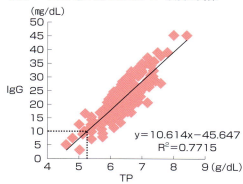

IgG と TP は有意に相関している
IgG 10 mg/dL ≒ TP 5.24 g/dL

十勝農業協同組合連合会(2014)

にはこの点を考慮する必要がある。1週間でのTP の基準値は 4.2 g/mL と報告されているが，十勝の子牛におけるデータでは24時間で 5.3 g/dL，7日齢では 4.9 g/mL を基準値として考えることができた(図4)。そもそも，FPT の基準値は新生子牛が最低限必要であると考えられている数値なので，疾病予防や着地検査時の参考値としては，より高いレベルが望ましい。IgG や TP 検査により FPT を疑う子牛に対しては，隔離哺育が望ましく，疾病予防対策を徹底し，疾病の早期発見・早期治療を心掛ける。FPT 子牛に対しては，移行抗体によるワクチンブレイクがないため，早め(1カ月齢)の各種疾病に対するワクチン投与も効果が期待できるであろう。

農家指導のPOINT

1．分娩介助は臍帯の切断を意識する
・子牛や母牛のための分娩介助であることを心掛ける。
・子牛の腰が出た時点で(肢を残して)牽引を終了する。
・臍帯の切断，出血の有無を確認する。
・出血時は止血，できれば臍帯は縛らない。
・臍帯を汚染させない。
→臍帯を意識した分娩介助により，子牛や母牛に優しい分娩介助とすることができる。

2．新生子牛の評価(アプガースコア)をする
・出生後1分，5分でアプガースコアを評価する。
・筋緊張や呼吸がない場合には直ちに蘇生に入る。
・7以上になるまで5分ごとに評価し，蘇生処置を継続する必要がある。

3．蘇生処置に備えておく
・A：気道確保，B：呼吸促進，C：循環促進，D：薬物投与の順に行う。
・道具はすべて，あらかじめ用意しておく。
・気道の確保は優先して行う(助産中からはじめる)。
・尾位では1分間吊り下げる。
・呼吸しやすい体勢をとる。

4．新生子牛への管理は重要である
・臍帯の消毒を十分に行う。
・保温，特に起立しない牛，冬期間は注意する。
・母牛によるリッキングを十分に行わせる。
・起立しない衰弱した子牛に対しては，アシドーシス補正と糖の補充を考慮する。

5．初乳給与の注意点を理解する
・良質な初乳を6時間以内に，自力で飲みたいだけ飲ませるのが基本である。
・6時間を越えて飲めない子牛にはカテーテルで3～4L給与する。
・難産で生まれた牛，初乳が十分に飲めなかった牛はFPTの検査を行う。
・TPが24時間で5.3g/dL，7日目で4.9g/dL以下はFPTの疑いがある。
→FPTを疑う牛は，隔離飼育のうえ，疾病の早期発見・早期治療を心掛ける。

4-3
子牛の下痢予防ならびに免疫成熟のための哺乳期管理

Advice

　子牛の疾病のうち9割は下痢症や肺炎など粘膜の疾病であり，特に消化管における疾病は出生後の消化機能の異常，微生物との共生関係の不具合に加え，細菌，ウイルスや寄生虫などの病原体の感染が原因となる。このように子牛の下痢症の原因には病原体の感染のほか，消化不良やストレスなどもあり，それぞれ病因に合わせて対策を講じる必要がある。生産者が子牛の下痢症の発生メカニズムに対する理解を深め，根拠に基づいて予防対策を講じることは，飼養管理の生産性に直結した意義がある。

　本節では，獣医師の立場から生産者に対して，子牛の下痢症の発生原因やメカニズム，予防対策に関して生体防御の視点から理解を深める。

　子牛に見られる出生後の疾病として最も問題になるのは下痢症であろう。**図1**には平成26年度の全国の病傷事故頭数，**図2**には過去の消化器病ならびに呼吸器病頭数の推移を示している。黒毛和種，ホルスタイン種とも消化器病の発生が最も多い。下痢症によって栄養素が十分に吸収されないだけでなく，傷んだ消化管の修復などで体力を消耗し，栄養状態も悪化する。その結果，身体を構成するすべての臓器が成長不良となる。さらに，免疫システムの成熟不良から易感染性を招くため，その後呼吸器病などの感染症の発症リスクも高くなる。そのため，

●図1　平成26年度全国病傷事故頭数

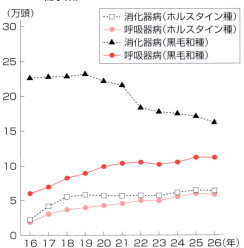

●図2　全国の消化器病・呼吸器病頭数の推移（病傷事故）

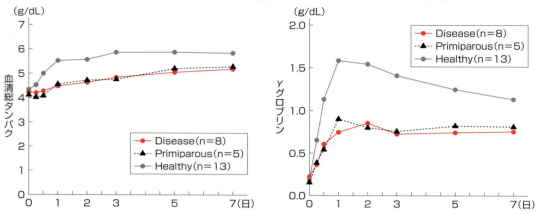

●図3 ホルスタイン種，同一農場での出生子牛の血清総タンパクならびにγグロブリン値の推移

同一農場にて出生2時間後に保存初乳を給与．供試子牛はホルスタイン種
Primiparous は初産牛が娩出した子牛．Healthy と Disease はすべて経産産子，Disease 群の疾病内訳は胎盤停滞（n＝2），乳熱（n＝3），第四胃変位（n＝2），ケトーシス（n＝1）

できる限り下痢症を患わせないこと，また発症しても速やかに回復するよう促すことが望ましい。また，子牛では下痢症以外にもマイコプラズマ感染による中耳炎・関節炎や臍帯炎など，成牛ではあまり見かけない疾病も発生する。

子牛の免疫形成における初乳の意義

子牛の疾病において最も多く発生するのは感染症である。子牛の感染症が頻発する原因には，子牛の免疫システムの特徴が関わっているといえる。栄養や酸素，安定した温度や病原体からの防御など，生きていくうえで必要になる様々な条件を母牛に保証された子宮内にあった子牛は，出生によって厳しいストレス下に置かれた環境に曝される。感染防御の面から考えると，新生子牛では出生前から胎外環境に対応できるように免疫システムが成熟，また活性化することが必要であり，適正に免疫防御能が機能しなければ新生期・哺乳期において感染症に至るリスクが高くなる。

新生子牛の免疫システムが安定して成熟しはじめるためには，健康な胎子成長と安産により体力の消耗が少ない出生，粘膜における細菌叢の定着，適切な初乳の摂取，衛生的な飼育環境や適切な哺乳管理などが必要である。牛や馬などの家畜の初乳中の免疫グロブリン（Ig）の割合は，ヒトに比べてIgG濃度が高いという特徴がある。またIgAはIgGに比べて哺乳後に消化管内に留まる割合が高く，消化管内の微生物の増殖を抑制する役割がある。加えて子牛の体内に移行した受動免疫成分によって腸管免疫が活性化すると考えられ，初乳を介した母牛の受動免疫成分の移行不足は新生子牛の粘膜防御性を低下させ，下痢症のリスク要因となる。子牛の初乳摂取に関する問題としては出生後の初乳給与時間や給与量，また初乳の質としてIg濃度の低い初乳など，初乳中Igと給与方法について指摘される。また母牛が周産期疾病を発症すると，たとえ難産なく出生しても子牛にとって健康な新生期になるとは限らない。図3に示したように，周産期疾病を発症した母牛が娩出した子牛（Disease）では，初乳の摂取能力が低い。人の手を介して初乳を給与する場合には，出生後の給与時間や初乳の給与量が重視されがちであるものの，子牛の消化管における初乳吸収能は初乳

成分の吸収率に影響する要因の1つである。ストレスは消化機能を低下させることから、子牛のストレスを避けるためには母牛の健康状態に配慮し、周産期疾病を発症した母牛が娩出した子牛に対しては注意して観察する必要がある。

近年の研究によって、母牛から子牛に移行される受動免疫因子は、免疫グロブリンのほかにも様々な免疫成分を含んでいることが明らかにされてきている。受動免疫成分として、自然免疫成分では食細胞などの細胞因子のほか、液性因子として抗菌・殺菌作用を持つ補体、リゾチーム、ラクトフェリンやディフェンシンなどが挙げられる。また獲得免疫成分としては樹状細胞、マクロファージ、T細胞やB細胞などの細胞性因子が、さらに液性因子としてはIgやサイトカインなどが含まれている。新生子牛において不足する抗菌物質や、母牛がそれまで生存してきたなかで獲得してきた免疫の記憶情報であるIgや細胞を新生子牛に移植するための唯一の方法が、初乳の摂取である。特に乾乳期における、子牛の下痢症の原因となる病原体に対する母牛へのワクチン接種は、母牛がつくりあげてきた獲得免疫をよりいっそう活性化させ、移行免疫を利用して子牛に移植する優れた方法であり、新生子牛の感染症を予防する方法として推奨されている。このように栄養や免疫などの側面から、子牛にとって十分量の初乳の摂取は、子牛の下痢症の発症予防に大きな役割を持つ。

子牛の免疫形成と下痢症

免疫機能の高い母牛の免疫成分は、子牛に移行した後、子牛の感染防御を補助するだけでなく、子牛自身の免疫システムの活性を促す。これに加えて、粘膜や皮膚などの体表組織において微生物が増殖しながら生体との共生関係を形成し、免疫システムが活性化されていく。粘膜組織には粘膜関連リンパ組織（MALT：Mucosa-associated lymphoid tissue）が存在しており、積極的に抗原を体内に取り込んで免疫記憶しながら、子牛自身が形成する獲得免疫を促進する。特に腸では完全な無菌状態から出生後に急激に細菌などの微生物が増殖し、大量の細菌が定着し細菌叢を形成することとなる。新生児の糞便内では増殖の早い大腸菌、腸球菌やクロストリジウムなどの環境由来の細菌が大腸内で一過性に増殖した後、これに遅れてビフィズス菌が出現しはじめ、ビフィズス菌と入れ替わるように大腸菌などの細菌が減少しはじめて、細菌叢が安定する。新生期の腸内細菌叢の不具合、特にリポポリサッカライド（LPS）を持つ大腸菌などの過剰な増殖は、腸管の上皮細胞上にあるToll様受容体（TLR）を刺激して内容物を排除する反応が起こるため、下痢症となる。

消化不良は腸内発酵に直接影響する要因であり、未消化な内容物の結腸への移行は下痢症の原因となるだけでなく、腸内細菌叢の乱調を招いて有害な病原菌の増殖につながる危険性もある。代用乳中のカゼインは第四胃にて分泌されるレンニンの作用を受けて凝乳化してカードを形成し、消化酵素であるペプシンの作用によって徐々に消化される。このレンニンの不足は乳の消化不良を招き、子牛の下痢症の原因となる。また乳中の脂肪の組成は下痢症の発生に関与する。動物性脂肪とC8とC10を含む中鎖トリグリセロールを、50％ずつの割合とした代用乳を与えた子牛では、100％動物性または50％動物性脂肪と25％大豆油と25％魚油の脂肪組成の代用乳を与えた子牛と比べて、下痢症の発生率が高くなる。岡田らは、乳中のC16ならびにC18の飽和脂肪酸の上昇が消化不良性の下痢症

の原因となることを示唆しており，乳中の脂肪酸組成は子牛の消化性に影響する可能性がある。また，胃酸や胆汁酸，各種酵素や多糖類の分泌などは腸内細菌叢に影響するとされ，子牛に見られる凝乳不足による未消化な内容物の腸管への移行は，浸透圧性下痢症を招くだけでなく腸内細菌叢の構成に影響し，下痢症の原因になるものと考えられる。

消化液では分解できず小腸までに吸収されなかった食物繊維などの内容物は，結腸内で微生物発酵によって代謝され，有用な代謝産物につくり替えられている。食物繊維の多い食事の摂取が制御性T細胞の分化を促進して，炎症に傾きにくい体質となることも指摘されている。一方，炭水化物過多で潜在性アシドーシスの牛では炎症系サイトカインが誘導されることも報告されており，子牛の飼養内容は免疫状態に大いに影響する要因であるものと考えられる。これらのことは，動物にとって給与飼料の内容が免疫のバランスに影響することを示唆するものである。

これに対して，良好な腸内細菌叢の形成によって下痢症を予防することが提唱されている。北島と藤村は体重増加の悪い小児では腸内にクロストリジウムや緑膿菌などが多く，早産児へのビフィズス菌早期投与に体重の増加，腸管原性敗血症の減少効果があることを報告している。一方，小児への抗菌剤の投与による腸内細菌叢における菌交代は古くから指摘されている。特にアンピシリンやセフェム系などは菌交代の出現率が高くなり，医原性下痢症の原因となることも知られている。小児では新生期からの抗菌剤の投与によって皮膚炎や喘息の発生割合が高くなることも知られている。感染症を発症した子牛の病状によって抗菌剤を投与しなければならない症例は多くあるものの，抗菌剤の乱用は必ずしも子牛の健康に有益ではないものと考えられ，投与については十分な配慮が必要であろう。一方，*Clostridium butyricum* MIYAIRI は抗菌剤に耐性が強く，抗菌剤投与による医原性下痢症の改善効果があり，腸内細菌叢を正常化させることから，肺炎や臍帯炎など抗菌剤を投与しなければならない子牛の感染症に対する生菌剤の併用は，腸内細菌叢の安定化に有用な効果をもたらすかもしれない。新生期の腸内細菌叢が最も不安定な時期にできるだけ早期に正常な腸内細菌叢を形成させ，有用菌を出生直後に定着させて病原菌となり得る細菌の定着を抑制するために，新生・哺乳期の子牛に対して生菌剤を給与することは有用であると示唆される。

出生後，徐々に腸内細菌叢が安定し，生体と腸内細菌叢との共生関係が形成されはじめる頃には，腸管粘膜の MALT において積極的に腸内の微生物が取り込まれ，免疫細胞の活性化が促される。また，腸内細菌叢の安定を図る生菌剤の給与は，免疫システムの安定化にも有用である。*Bacillus mesentericus, Clostridium butyricum* ならびに *Enterococcus faecalis* の混合生菌液の末梢血単核球への刺激実験では，培養液中の IFN-γ ならびに IL-10 産生が促進し，TNF-α が低下することが報告されており，これら生菌剤の成分自体が免疫細胞に直接作用して細胞性免疫を誘導することが示唆される。さらに子牛への *Lactobacillus plantarum, Enterococcus faecium, Clostridium butyricum* の混合生菌剤の給与により末梢血T細胞数が上昇し，単核球の IL-6，IFN-γ ならびに TNF-α 遺伝子発現量が上昇することも明らかにされている。

● 表1　哺乳期に下痢症を呈した子牛の出生3日齢における末梢血白血球数

細胞	下痢群(n=22)	対照群(n=28)	
CD3陽性T細胞	1,651±157	1,813±135	
CD4陽性T細胞	203±31	292±33	＊
CD8陽性T細胞	174±19	267±23	＊
CD14陽性単球	1,871±166	1,947±167	
CD21陽性B細胞	159±17	227±22	＊

＊：$p<0.05$
下痢群；ホルスタイン種(n=10)，交雑種(n=12)，対照群；ホルスタイン種(n=18)，交雑種(n=10)

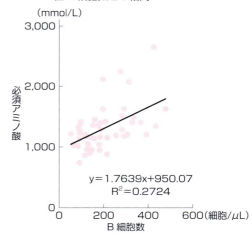

● 図4　血清必須アミノ酸濃度と末梢血CD21陽性B細胞数との相関

新生子牛の栄養と免疫形成

　新生時からの子牛の栄養状態もまた，下痢症や免疫システムの成熟に影響する要因である。なかでもタンパク質の充足は，下痢症や肺炎などの疾病を減少させることが示唆されている。**表1**には出生3日齢における末梢血白血球数と，以降の下痢症の発生との関係を，また**図4**には血清必須アミノ酸濃度と末梢血CD21陽性B細胞数との関係を示す。下痢症を発症する子牛では，発症前である3日齢の時点でT細胞ならびにB細胞数が低値であり，この場合，栄養素としては血清総アミノ酸濃度と正の相関性が得られている。抗体産生細胞であるB細胞が出生後から低値にある場合，新生子牛の体液性免疫応答にも何らかの影響があるものと考えられる。胎生期末期には，子牛の成長においてアミノ酸の要求量が高くなる。また初乳中にはアミノ酸が含まれており，初乳を介してアミノ酸を吸収することが示唆されることから，子牛のアミノ酸の確保のために，哺乳期に至る以前からアミノ酸を摂取することは成長に寄与するものと考えられる。加えて早期離乳したホルスタイン種子牛へのアラニルグルタミンの給与によって，末梢血CD4陽性T細胞が増加することが報告されており，子牛の免疫抵抗性を高める栄養管理におけるアミノ酸製剤の投与については今後の研究が期待される。

　ホルスタイン種子牛に比べて黒毛和種子牛では，消化器病や呼吸器病の発生が多く見られるが(**図1**)，この背景として免疫機能が劣っている可能性がある。そのため，初乳対策や分娩管理など，黒毛和種子牛の方がホルスタイン種に比べて畜主の子牛の下痢症に対する管理が徹底されている。従来から子牛の下痢症予防のために，衛生管理や初乳給与が生産者に指導されているが，特に現在では牛群の規模拡大に伴って感染症の原因微生物の伝染リスクが高くなっているため，これまで以上に子牛の感染症予防の必要性が高まっている。一度，治療対象となれば，治癒したと思われても成長不良となり，ほかの疾病の高リスク牛となるため，胎生期から哺乳期までの子牛の生理のポイントを理解して，正しい情報を生産者に伝えることが必要であろう。

農家指導のPOINT

1．子牛の管理は胎生期からはじまる
・周産期疾病の軽減対策を徹底する。
・母牛の分娩ストレスを避ける。
・移行免疫活性化のために，乾乳期の母牛に対する下痢予防のワクチン接種を実施する。
→分娩前の母牛を介した胎子成長を促すことを意識するべきである。出生のための飼育管理上の準備を徹底する。

2．分娩時，分娩直後の注意点を把握する
・分娩環境の整備をする。
・難産を避ける。
・分娩後に衰弱した場合には体調に注意する。
・適切な初乳管理をする。
・新生子牛の衛生管理を徹底する。
→難産による子牛の体力の消耗，初乳の給与による受動免疫能の移行を意識する。

3．新生期の免疫形成をサポートする
・衛生管理を徹底する。
・ワクチン接種をする。
→粘膜での微生物との共生関係がつくられ，急速に免疫システムが活性化・成熟するため，子牛が環境や哺乳瓶などから有害菌を摂取しないよう配慮し，また子牛の感染症に悩む牛群であれば早期のワクチン接種を実施する。

4．哺乳期の良好な成長を目指す
・哺乳衛生を徹底する。
・正しい哺乳方法の実践をする。
・必要哺乳量（カロリー）を確保する。
・適正な固形飼料を給与する。
→摂取カロリーを守り，また人工乳と粗飼料の摂取にも配慮する。

4-4
子牛の呼吸器病の予防のための離乳・育成期の管理

Advice

　子牛では粘膜における感染症の発生が多く，育成期には呼吸器病により加療が必要になることや，時に死亡する事例もある。呼吸器病は微生物の呼吸器への感染が原因によって発病するが，病因は単なる病原体の呼吸器への感染ということだけではなく，その背景に飼育環境，ストレスや感染防御能など，様々な要因が連関している。特に，感染防御能の根幹には幼齢期における免疫システムの形成が強く影響しており，生産現場において子牛の健康状態と免疫抵抗性を把握しながら，治療・予防に当たる必要がある。生産者が飼育している子牛の育成状態を理解し，かつ牛の健康状態を客観的に把握して予防対策を講じることは，生産性に直結した目標となる。

　本節では，獣医師の立場から生産者に対してアドバイスするために，離乳から育成期における主な子牛の呼吸器病の発生原因と予防対策に関して，生体防御の視点から理解を深める。

　子牛の呼吸器病はウイルス，マイコプラズマや細菌が呼吸器に感染して発生すると考えられている。しかし，我が国の生産現場で発生する感染症の多くは，口蹄疫のような伝染性や病原性が非常に高い微生物の感染によるものではなく，生産過程において体調不良となったために日和見として発生するもので，消化器病や呼吸器病，皮膚病など，一部のウイルスやマイコプラズマの感染，また常在菌の増殖によって病態が進行する。牛呼吸器複合病（BRDC：Bovine Respiratory Disease Complex）は，離乳，長距離輸送，密飼い，寒暖差，寒冷とそれによるエネルギー消費などの強いストレスが原因となり一次・二次免疫機能が低下して，ウイルス，マイコプラズマや細菌などの呼吸器粘膜における増殖を容易にし，感染が成立して呼吸器病を発症する育成子牛に見られやすい生産病である。対策として，牛舎内の消毒，抗菌剤の投与やワクチン接種などが実施されている。これらは一定の効果を得ることができるものの，牛群によっては明確な効果が得られずに暗礁に乗り上げるようなこともある。これは，BRDCが環境要因，生体要因ならびに原因微生物要因が複合に連関しながら発生するため，必ずしも牛群内で起こっている問題の本質が消毒やワクチン接種では改善されない場合があるためである。

 ## 子牛のストレスと免疫機能

　ストレスとは，生活するうえで負荷を感じた時の感覚であり，その原因（ストレッサー）は外的刺激の種類から物理的ストレッサー，化学的ストレッサー，生物学的ストレッサー，生理的ストレッサー，心理的ストレッサーに分類される（**表1**）。ストレッサーが生体に作用すると，刺激の種類に応じた特異的な反応のほかに，刺激の種類とは無関係な一連の非特異的生体反応であるストレス反応を引き起こす。適度なスト

● 表1　子牛のストレス

ストレッサー	外的刺激
物理的ストレッサー	多湿，寒冷，寒暖差，騒音，光線
化学的ストレッサー	糞尿からのアンモニア，硫化水素
生物学的ストレッサー	各種抗原（細菌，ウイルス，寄生虫），外傷，闘争，各種疾患，去勢，除角
生理的ストレッサー	子牛の消化能に適さない飼料の給与
心理的ストレッサー	栄養不良・ルーメンアシドーシス，離乳，不安，恐怖，緊張，空腹感，輸送，急な群飼，過密

● 図1　育成子牛への実験的呼吸器病モデルに及ぼすストレスの影響

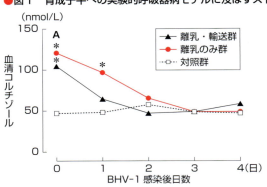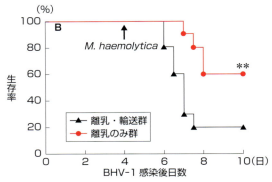

レスは生体を刺激して活性化させるものの，強いストレスは高濃度のコルチゾールを産生させ，恒常性を崩す要因となる。強いストレス下にある子牛は成長不良となるだけでなく，易感染性の状態となるため，感染症の発症リスクも高くなる。

育成期の牛では飼育形態の変化が目まぐるしく，生産効率の観点から様々なストレスがある。離乳は哺乳期から育成期への転換期であるが，子牛においてはとても大きなストレス要因となる。特に短時間での哺乳量の軽減による離乳は子牛にとって大きなストレス要因となり，雄子牛では離乳後にコルチゾールの上昇を伴ってリンパ球幼若反応が低下することが知られている。また，Ishizakiらは子牛の免疫機能の低下のリスクとなるストレス要因の1つである輸送によってNK細胞の活性が低下することを明らかにしており，この時コルチゾールの上昇とNK細胞の活性に負の相関があるとしている。ストレスの重複は子牛に対していっそう深刻な免疫機能の低下を惹起する。Hodgsonらは，呼吸器病発生において，代表的な原因病原体である *Mannheimia haemolytica* と牛ヘルペスウイルス1型（BHV-1）の複合感染に，ストレスがどのように影響するかに関する成績を報告している（図1）。その結果，離乳のみまたは離乳と輸送を組み合わせた群では，負荷のない対照群に比べて両群とも離乳後の血清コルチゾールが高値を示すものの，BHV-1感染4日後に *M. haemolytica* を感染させると，その後の生存率は離乳のみの群に比べて離乳と輸送を組み合わせた群で著しく低下する。BRDCの概念として，ウイルスやマイコプラズマの感染によって牛の呼吸器粘膜に傷害が起こり，常在菌が鼻腔・気管内で増殖しやすい環境となって呼吸器病を発症することが提唱されてきた。しかし，BRDCの

発生や重篤度において大きな要因となっているのはストレスに伴った感染防御能の低下であり，呼吸器病の予防・治療のためには当該農場において問題となる子牛のストレス要因を把握し，これを解消する必要がある。一方，輸送などのストレスによって体内の栄養素が低下しやすいことも知られており，これに対する対策の1つとしてビタミン剤や栄養剤の給与によるストレスの軽減効果が期待されるかもしれない。

また，子牛の飼育において実施しなければならない除角や去勢では，強い疼痛ストレスによりコルチゾールが上昇することがよく知られている。これら疼痛を伴う人為的なストレスの軽減に対しては，生産性だけでなくアニマルウェルフェアの観点からも鎮静や麻酔を併用することが望ましい。また除角や去勢などの観血的処置においては，組織侵襲によって局所に炎症が起こり，障害された組織や炎症部位に浸潤してきた炎症細胞などから，内因性発痛物質あるいは発痛増強物質が産生・遊離される。そのため，疼痛ストレスはさらに強いものとなる。非ステロイド系抗炎症薬（NSAIDs）はCOX-2の産生阻害によってプロスタグランジン産生を抑制して鎮痛作用を発揮するほか，消炎作用や解熱作用を持つ。離乳時に去勢する肉用子牛に対して，NSAIDsである経口用メロキシカムを投与することで，急性相タンパクの1つであるハプトグロビンの上昇が抑制できること，血漿コルチゾールならびに末梢好中球／リンパ球比の上昇を抑制できることが報告されている。

過度のストレス下にあると，コルチゾールだけでなく交感神経の興奮により緊張した状態となるため，免疫システムのバランスが悪くなる。交感神経系の興奮により組織の血管内皮細胞におけるケモカインおよび細胞接着因子の発現が誘導され，血液から組織への好中球の移行を促進する。さらに，動物へのノルアドレナリン投与によって末梢血液中の好中球が増加することも知られており，交感神経優位の状態では好中球が優位に作用しやすいことが分かっている。一方，免疫応答を調整する役割のあるリンパ球は，アドレナリン受容体の活性化によってケモカインレセプターが過度に活性化して体内循環が悪くなる。過度なストレスによって交感神経優位の状態になると，免疫を調整するリンパ球の末梢組織への到達が妨げられる一方で好中球の遊走が促進され，特に微生物の曝露のある粘膜組織では炎症を誘発しやすい状態となるものと考えられる。そのため，ストレス下にある牛の血液検査を実施すると，好中球上昇・リンパ球減少の現象が観察される。このように強いストレスは免疫機能を攪乱させ，生体にとって感染症を発症しやすい条件がつくられる。

離乳・育成牛の栄養と免疫

免疫機能を低下させるストレス以外の要因として，栄養不足が挙げられる。新生子牛はルーメンが未発達であるため乾物摂取量（DMI）が低く，ルーメンを利用した栄養摂取能に劣るので，ルーメンが発達するまでの期間は乳からの栄養摂取に依存する。哺乳・離乳期における子牛の栄養不足が免疫システムの発達を低下させる。成長に伴ってルーメンが発達し，乳による栄養からルーメンの発酵物を利用する栄養摂取に切り替わるので，離乳後の牛の栄養状態にも影響することが考えられる。

子牛のルーメンの発達を促進する要因として，粘膜組織に対する揮発性脂肪酸（VFA）の化学的刺激と筋肉組織に対する粗飼料の物理的刺激が挙げられているが，炭水化物または粗繊維の双方の過不足はどちらも正常な子牛のルー

メンの発達には適さない。新生子牛のルーメンの筋層は十分に発達していないため、採食した繊維をルーメン内で撹拌しにくい。加えて反芻回数もきわめて少ないため、硬い繊維を摂取するとそのまま後部消化管に送られる可能性もある。この場合、植物繊維が消化管を物理的に傷つけてしまい、第四胃潰瘍の発症原因になりかねない。一方で炭水化物の摂取によってルーメン内で得られるVFAがルーメン粘膜の発達を促すことから、子牛のルーメンの発達を考えるうえで、粗飼料よりも濃厚飼料の摂取量が重視されることが多い。子牛用の濃厚飼料の摂取量が摂取カロリーの判断材料とされ、離乳を考えるうえでの一定の判断基準とされることがある。また、飼育管理のうえで液状飼料に比べて固形飼料の方が取り扱いやすいことから、牛群によっては積極的に早期離乳を実施しようとすることもある。しかし、離乳時の子牛において粗飼料の採食量とルーメン内のpHとの間には正の相関が得られると報告されていることから、子牛では粗飼料の摂取不足によってルーメンアシドーシスの発生リスクが高くなるものと示唆される。Overvestらは、離乳前後の飼養内容として濃厚飼料（人工乳）、粗飼料または濃厚飼料＋粗飼料（85：15）にて飼育した子牛の反芻時間や採食量を観察している。この成績では、離乳前から濃厚飼料主体で飼育した子牛では離乳時における採食量がほかの群に比べて多いものの、採食時間や反芻時間が短い。つまり濃厚飼料だけの給与は子牛の反芻を促す効果が期待できないことが考えられる。一方で、観察した群のなかで採食時間と反芻時間が最も長かったのは濃厚飼料＋粗飼料群であった。このことから、離乳前後の子牛の反芻を促すには濃厚飼料と粗飼料を合わせて与えることが望ましいものと示唆される。潜在性ルーメンアシドーシスに

ある牛では末梢免疫細胞が減少し、サイトカイン産生能も低下することが報告されている。離乳は子牛において心理的ならびに生理的に大きなストレスとなるが、この時期にルーメンアシドーシスを招くような飼養管理下にある子牛では、免疫抵抗性が低下するリスクがいっそう高まるため、離乳前からバランスの取れた飼養内容にて子牛を飼育する必要がある。つまり、離乳前後の子牛の飼養管理に不宜のある牛群は、基本的に栄養面で充足していないために免疫機能が低下した状態にあり、これにほかの様々なストレスを加えることでさらに免疫機能が低下して、日和見感染症を発症するリスクが著しく高くなると考えられる。

牛呼吸器複合病（BRDC）

BRDCにおけるストレスと病原体との関係をChaseが模式化している（図2）。ここでは、BRDCの発生要因として病原体とストレスは並列した要因として解説されている。BRDCにおいては、ウイルスなどの一次感染によって粘膜組織のダメージがあり、その結果、粘膜面での一次免疫機能が低下して細菌性鼻気管炎や肺炎に至るとされる。そのため、呼吸器病の多発する牛群に対する発症への予防対策として、ウイルスに対するワクチンやストレス時における抗菌薬の投与がプログラム化されることがある。しかし、獲得免疫が完成された動物において一次免疫機能が正常であれば、ウイルスなどの感染によって簡単に発症に至ることはない。特に育成期の牛は哺乳期から育成期にかけての様々な環境ストレスに曝されており、それまでの獲得免疫システムの形成におけるハンディキャップがある個体では容易に呼吸器病を発症し、牛群として問題のある場合には牛群全体に

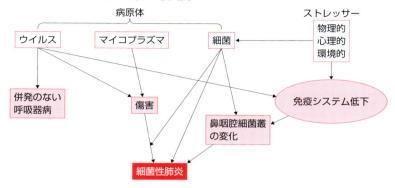

●図2　BRDCの発生に関する模式図

呼吸器病が蔓延する。そのため，当該牛群において呼吸器病の原因となる問題の全体像を把握して，畜主が改善可能な問題点の改善を試みなければ，予防対策の効果が得られない場面があると思われる。

育成子牛を健康に成長させるためには，できるだけストレスを緩和させ，健康な離乳を達成するべきである。育成期の牛はある程度臓器が成長するので，疾病の発生リスクも少なくなり生産者の管理が簡素になるかもしれないが，そのためには幼齢反芻獣における"離乳"の重要性を再認識する必要がある。

農家指導のPOINT

1．離乳のための飼養管理上の準備を徹底する
・DMIを高める。
・基礎疾患を避ける。
・呼吸器病予防のワクチン接種を実施する。
→哺乳期の健康な子牛の育成によって，離乳できる牛に成長することを意識するべきである。

2．離乳の管理技術は最重要である
・離乳可能なDMIを満たしている子牛を離乳する。
・下痢などの基礎疾患を発症した牛については，離乳を慎重にする。
・離乳以外のストレス要因はできるだけ分散する。
→離乳のための管理技術は子牛の育成において最も重視するべきであることを農家に意識付けする。

3．子牛の成長度合いを把握する
・衛生管理を徹底する。
・飼養内容のバランスを理解する。
→哺乳期の免疫システムの成熟が育成期における感染症の防御に直結するため，哺乳・離乳に配慮する必要がある。特に，栄養不良とストレスは免疫形成に大きく影響する。育成期の子牛の感染症に悩む牛群であれば「子牛の成長度合い」を正確に把握し，牛自身が抗病性に劣る場合には環境改善の効果は得られにくいことを念頭に，成長を妨げている原因を取り除きながら衛生対策を講じることが肝要である。

4-5
泌乳末期から乾乳初期の管理

Advice

　乳熱，ケトーシス，そして第四胃変位などの周産期疾病は，泌乳成績や繁殖成績に大きな影響を及ぼし，また淘汰率を上昇させることから，酪農経営に与える損失は大きい。周産期疾病の予防対策が種々取り上げられているのも，その重要性の裏付けと言える。対策の検討およびその効果判定には農場の周産期疾病発生率などの客観的データが不可欠であり，これにはベンチマークが有用である。また，乳牛には乾乳を挟んで前後2つの移行期があり，どちらのステージにおける管理失宜も周産期疾病に影響する。

　本節では，代謝プロファイルテスト(MPT)の結果に基づいた周産期疾病の予防管理について，特に泌乳末期から乾乳初期の管理について提案する。

 ## 2つの移行期に注目する

　図1に周産期疾病へのアプローチの概要を示す。移行期とは分娩前後3週間を指すのが一般的と思われるが，ここでは便宜上，泌乳末期から乾乳前期を移行期Ⅰ，乾乳後期から泌乳初期を移行期Ⅱとする。

　周産期疾病対策への第一歩として，ベンチマークによる現状把握からスタートすることを勧めたい。ベンチマークによって過去の疾病情報から対象農場の疾病発生率，周産期疾病の診療点数，淘汰率などの客観的な情報の取得が可能で，何らかの対策を施した後の効果判定にも有用である。

　周産期疾病の予防には乾乳期の管理が重要であると言われているが，移行期の管理として取り上げられるのはクロースアップ期が多く，泌乳末期から乾乳前期への移行期の管理は見過ごされがちである。近藤らの調査では，泌乳末期の高血糖がインスリン抵抗性を助長し難治性ケ

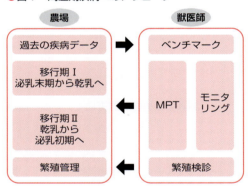

●図1　周産期疾病へのアプローチ

トーシスの誘因となるなど，乾乳前期の栄養状態と周産期疾病発生との間に関連性が見られている。このことからも，もう1つの移行期と言われる泌乳末期から乾乳前期の管理にも注目する必要がある。

 ## ベンチマークによる疾病発生状況の把握

　周産期疾病に限らず，対象農場の疾病発生状況と成績が，周囲の農場を母集団としたなかでどの位置付けにあるのかを客観的に把握するこ

● 図2 ベンチマーク階層とヒストグラムの一例（周産期疾病の診療点数）

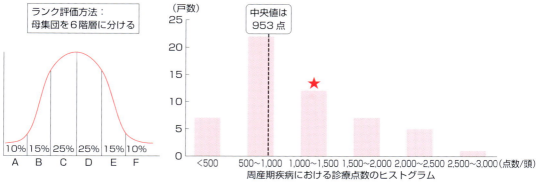

（千葉県54農場のベンチマークより，2013）

● 表1 ベンチマークの帳票例（抜粋）

ベンチマーキング・シート	○○農場 様									
経産牛頭数（平均）/40.9頭	累計乳量（年間）/354,352 kg									
項目	実数	評価	順位	A	B	C	D	E	F	順序
100 kg乳生産に要する飼料代（円）	4,396	C	—			★				低←　→高
平均体細胞数（×1,000/mL）	247	D	40				★			低←　→高
標準乳量の夏季変動率（%）	−5.34	E	46					★		増←　→減
分娩間隔（日）	453	D	32				★			短←　→長
初回授精開始日数（日）	116	E	48					★		短←　→長
初回授精受胎率（%）	42.0	C	16			★				高←　→低
除籍産次	3.4	C	25			★				高←　→低
平均産次	2.4	D	34				★			高←　→低
診療点数（繁殖を除く）	2,546	D	33				★			少←　→多
診療点数（周産期疾病）	1,263	D	37				★			少←　→多
診療点数（乳房炎）	721	D	39				★			少←　→多

（ベンチマーク，2013）

とは大切である。

　ベンチマークとは，測量における水準点など基準点の意味から波及し，現在では同業他社の優れたところ（ベストプラクティス）を学び，それを基準（ベンチマーク）にして自らの業務や経営を改善するといった手法を指す場合が多い。養豚農場を対象とした養豚ベンチマーキングシステム PigINFO は，山根らによってシステム開発され，すでに実用されている。酪農においても「牛群の健康度とベンチマーク」として及川により紹介されている。条件が似ている周囲の酪農場を母集団としてベンチマークすることで，自農場の各項目における優劣を知ることができる。簡潔に言えば「農場の成績表」であり，母集団をおおむね A〜F の6段階に分けてランク付けしている。

　図2：左はベンチマーク階層の模式図で，A〜Fの割合を示している。母集団が正規分布の場合は中央値から左右25％ずつがC,Dランクとなり，この範囲に母集団の50％の農場が入る。両端のA, Fは各10％であり，Aがベストプラクティスということになる。**図2：右**は周産期疾病（乳熱，第四胃変位およびケトーシス）の診療点数をヒストグラムで表したもので，対象農場の成績が図中に★印で示される。**表1**の農場における周産期疾病の診療点数は1頭当たり1,263点でDランクであるが，**図2：右**のヒストグラムを見ると中央値953点（CランクとD

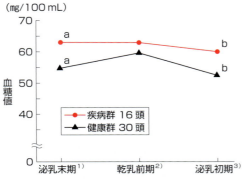

図3 健康群と周産期疾病群の血糖値の推移
1) 乾乳開始前1週間, 2) 乾乳開始後1週間, 3) 分娩後1週間
a-a, b-b 間に有意差（p＜0.05）あり
近藤ら（2012）

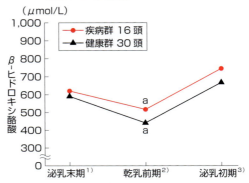

図4 健康群と周産期疾病群のβ-ヒドロキシ酪酸（BHBA）の推移
1) 乾乳開始前1週間, 2) 乾乳開始後1週間, 3) 分娩後1週間
a-a 間に有意差（p＜0.05）あり
近藤ら（2012）

ランクの境界値）まであと少しで届くことが分かる。ベンチマーク評価が低ランクの項目は改善が必要であるが，ヒストグラムを確認することでランクを上げやすい項目かどうかを判断できる。

移行期Ⅰ：泌乳末期から乾乳前期

代謝プロファイルテスト（MPT）は血液検査結果から対象牛の栄養状態を評価する方法である。

図1で移行期Ⅰとして示した泌乳末期から乾乳前期は，胎子の栄養要求量もまだ多くないため，体重が増加しやすい環境にあると言われている。移行期ⅠのMPTで注意すべき項目は，泌乳末期の血糖値と乾乳前期のβ-ヒドロキシ酪酸（BHBA）である。

図3および図4は，2012年に近藤らが千葉県内の9農場における泌乳末期の46頭を対象として，泌乳末期，乾乳前期および泌乳初期の栄養状態の推移を調査した試験結果である。採血実施日は乾乳日の前後1週間と分娩後1週間で，1頭につき計3回であった。分娩後の周産期疾病の有無から健康群（30頭）と疾病群（16頭）に分けて，検査項目の有用性を検討した結果，泌乳末期の血糖値と乾乳前期のBHBAにおいて，健康群と疾病群に有意差がみられた。近藤らの報告では，給与飼料の聞き取り調査と併せて原因を推察して，泌乳末期から乾乳前期にかけての過剰なエネルギー（デンプン）給与が高血糖の原因であろうと考察している。

乾乳前期の遊離脂肪酸とβ-ヒドロキシ酪酸

図4で示されている乾乳前期のBHBAにおける健康群と疾病群の有意差は，乾乳牛用配合飼料の過給など，エネルギー過剰が原因と考えられる。BHBAはケトン体の1つであり，生成には脂肪動員由来と第一胃内の酪酸発酵由来の2経路がある。分娩後のBHBA増加は，泌乳開始に伴うエネルギー消費が摂取エネルギーを上回るネガティブエネルギーバランス（NEB）状態を補うための脂肪動員が原因であり，同時期には遊離脂肪酸（NEFA）も増加する。しかし同調査（近藤ら，2012）では，同時期のNEFAに有意な増加はみられていない。これについて近藤らは，この時期のBHBAは脂肪動員に伴う増加ではなく，高血糖状態により第一胃由来の

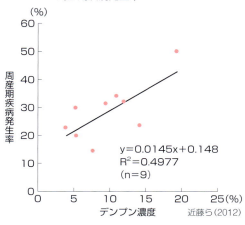

●図5　分娩前60〜30日の飼料中デンプン濃度と周産期疾病発生率

$y=0.0145x+0.148$
$R^2=0.4977$
$(n=9)$

近藤ら（2012）

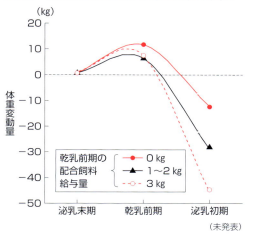

●図6　乾乳前期の配合飼料給与量と体重変動量

乾乳前期の配合飼料給与量　●0 kg　▲1〜2 kg　○3 kg

（未発表）

BHBAが消費されず余っている状態ではないかと推察している。

乾乳前期の飼料中デンプン濃度と周産期疾病発生率

図5に9農場における乾乳前期の飼料中デンプン濃度と周産期疾病発生率の関係を示した。給与飼料中のデンプン濃度が増えるに従って周産期疾病発生率が増加していることが分かる。移行期Ⅰにおける高血糖はインスリン抵抗性を助長し，難治性ケトーシスの誘因となると言われている。インスリン抵抗性とは，細胞のインスリン感受性が低くなることを意味し，インスリン抵抗性の状態になると細胞内へのグルコースの取り込みが低下する。そのエネルギーを補うために体脂肪動員が増加し，結果としてケトーシス，脂肪肝を発症しやすくなる状態を招く。脂肪細胞の肥大がインスリン抵抗性を誘発するといわれているため，過肥牛や脂肪肝では，グルコース輸液によるケトーシス治療への反応も鈍くなり，治療日数が延長する。

乾乳前期の配合飼料給与量と体重変動重量

近藤らが採血と併せて行った体重測定から，乾乳前期の配合飼料給与量別の体重変動量を図6に示した。乾乳前期の1頭当たりの配合飼料給与量により0 kg，1〜2 kg，3 kgの3群に区分して，泌乳末期の体重を0とした場合の増減量を比較している。配合飼料3 kg給与群がほかと比べて分娩後の体重減少が大きくなっており，乾乳前期の配合飼料の過給と乾物摂取量（DMI）低下の関連性を示唆している。このデータから，乾乳前期の配合飼料のやり過ぎも同様に周産期疾病のリスクを高めると考えられる。

近藤らの報告では，聞き取り調査において，疾病発生率の高い農場の1戸で，泌乳牛用混合飼料（TMR）の残飼を乾乳牛に給与していたことが分かったので，表2のようにメニューを変更して飼料中デンプン濃度を下げたところ，周産期疾病の減少が見られた（図7）。同農場では育成牛は搾乳舎から離れた別牛舎で飼育されており，TMR残飼は乾乳牛に与えられていた。捨てるよりは食べさせてしまおうという心理は

● 表2 乾乳前期における給与飼料の変更例（N農場）

飼料名	給与量（現物kg）		飼料成分		
	変更前	変更後	栄養成分	変更前	変更後
TMR	5	0	NEl（kg/日）	1.3	1.04
クレイングラス乾草	6	10	NFC	32.6	26.1
トウモロコシサイレージ	10	10	デンプン（DM%）	21.8	16.3
市販乾乳牛用配合飼料	2.5	2.5	NDF（DM%）	47.1	55.4
			Fat（DM%）	3.4	2.9
			CP（DM%）	12.3	10.4
			MP（g/日）	1,007	900

（未発表）

よく理解できるが，TMR残飼給与が周産期疾病のリスクを高める原因となることもある。

乾乳一群管理の場合，クロースアップ牛に合わせた飼料管理では，乾乳前期牛に対してエネルギー過剰となりやすい。また分離給与においても，乾乳前期の過量な乾乳牛用配合飼料給与や泌乳牛用TMR残飼の給与はインスリン抵抗性を助長し，クロースアップ期のDMIが低下する。同調査において近藤らは，これらの結果，体重減少が大きくなったものと考察している。

 難治性ケトーシス対策

分娩後の食欲不振を主徴とした求診は，診療業務のなかで最も多い禀告と言っていい。ケトーシスと診断され治療を開始したものの食欲の改善反応が鈍く診療回数が増加し，第四胃変位を併発，整復手術を実施した後も診療が終わらないといった難治性ケトーシスでは，インスリン抵抗性が疑われる。

図8および図9は，長期の診療が多かった千葉県内のK農場（搾乳牛85頭，育成牛42頭）で，2012年から2015年までに計3回，周産期疾病予防を目的としてMPTを実施し，インスリン抵抗性を表す血糖値と脂肪動員を表す血中NEFAの2項目における比較を示したもので

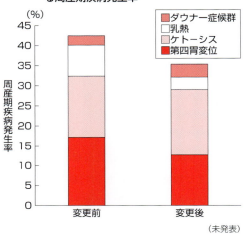

● 図7 N農場の乾乳前期飼料の変更前後における周産期疾病発生率

（未発表）

ある。K農場においても，前述の調査同様，泌乳牛用TMRの残飼が乾乳牛へと給与されていたため，最初のMPT以降，クロースアップ期の馴らし給与のみに限定し，残りは育成牛への給与としている。また，長期空胎などによるオーバーコンディション牛に対しては，NEFAの管理を目的として乾乳後期から泌乳初期までの間バイパスナイアシンを投与している。

図8から2012年の血糖値は分娩前後の落差が大きいが，2013年と2015年の血糖値は比較的緩やかに推移するようになったことが分かる。また，図9のNEFAにおいても2012年の上がり方が強く，より多くの脂肪動員があった

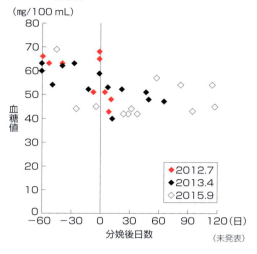

●図8 K農場におけるMPT実施年度別の血糖値の比較

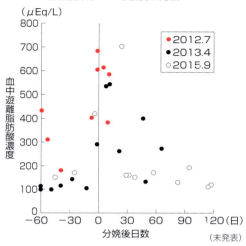

●図9 K農場におけるMPT実施年度別の血中遊離脂肪酸(NEFA)濃度の比較

ことが分かる。

　図10にK農場における過去4年間の周産期疾病発生率と総診療回数を，年度ごとに示した。周産期疾病発生率も減少傾向であるが，2013年度以降の総診療回数は2012年度から半減しており，長期診療が減少したことを表している。また，2015年は周産期疾病を原因とした死廃事故は0件であった。長期間の治療を要する難治性ケトーシス牛が減ったことは農場でも実感されており，変更内容は今後も継続可能と思われるものである。

　周産期疾病発生率は，個体の健康状態というよりその農場の周産期管理のレベルを反映していると考えられ，その農場に携わっている診療獣医師の責任も少なくない。たとえ周産期疾病を発症しても，早期に回復することは農場側，獣医師側の双方から望まれることである。診療回数を減らすことは診療を開始してからでは遅く，分娩以前の管理に原因を求め，同病名であってもその程度を軽減させ被害を最小限にする努力が必要となる。

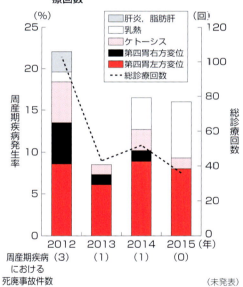

●図10 K農場における周産期疾病発生率と総診療回数

まとめ

　周産期疾病の管理として，ベンチマークから農場の疾病状況を客観的に把握することは，問題点を抽出し今後の方針を立てる指針となるだ

けでなく，実施された改善策の効果判定としても有用である。また，軽視されがちな泌乳末期から乾乳前期にかけての移行期Ⅰでは，エネルギー過剰によるインスリン抵抗性が周産期疾病のリスクを上げることが示唆された。MPTにより客観性を持った改善案を農場に対して提示することで，より具体的に話が進められ，改善案が実践される確率も高くできるものと考える。また，農場サイドが提案に応じたのなら，しかるべき後にその対策が効果的であったかを必ず検証し，共通認識とすることは，互いの信頼関係をより強固なものとするうえでとても肝要と思われる。

農家指導のPOINT

1．農場の疾病発生状況を客観的に把握する
・ベンチマークを利用して農場の疾病発生状況を客観的に把握することからはじめる。
・継続的なMPTの実施と周産期疾病発生率のモニターから，提案した対策が効果的であったかを必ず検証する。

2．軽視されがちな泌乳末期から乾乳前期の管理も大切である
・血糖値，BHBAをモニターして，インスリン抵抗性を疑う個体はいないかチェックする。
・乾乳前期の給与飼料中のデンプン濃度は適正かチェックする。

4-6
乾乳後期から泌乳初期の管理

Advice

　2014年度に千葉県で実施された周産期代謝のプロファイルテスト(MPT)から，乾乳後期の栄養状態の指標には血液検査項目の遊離脂肪酸，アルブミン，カルシウムが有効であり，モニタリング項目ではルーメンフィルスコアの活用が有効と考えられた。また泌乳初期では，総タンパク質濃度に有意差があり，関節炎などの慢性炎症が周産期疾病の基礎疾患になっている可能性が示唆された。
　そこで本節では，このMPT結果に基づいた周産期疾病対策について，乾乳後期から分娩初期（クロースアップ期）における有用検査項目を中心に提示する。

 周産期の代謝プロファイルテスト

　代謝プロファイルテスト(MPT)は，牛群の栄養状態を客観的に把握し，その結果を飼料設計に反映させるツールとして生産性の向上に有効とされている。対象牛は，各泌乳ステージから均等に抽出するのが一般的である（**図1：上段**）。一方，ここで紹介する千葉県農業共済組合連合会（ちばNOSAI連）の生産支援グループの行った調査では，**図1：下段**のように対象牛を乾乳牛と分娩後30日までのフレッシュ牛に限定したMPTを実施し，周産期疾病の低減および予防に対する効果を検証した。

　2014年度に千葉県内の酪農場23戸227頭を対象として実施された周産期MPT結果から，有意差がみられた血液検査項目を**図2**および**図3**に示した。この比較における健康群とは，MPT実施後に周産期疾病の発生がなかったもので，疾病群とはMPT実施後に周産期疾病の発生がみられたものである。乾乳後期では，遊離脂肪酸(NEFA)，アルブミンおよびカルシウムにおいて健康群と疾病群に有意差があり，泌乳初期では総タンパク質(TP)濃度に有意差がみられた。

●図1　周産期MPTの対象牛

乾乳期	泌乳初期	泌乳最盛期	泌乳中期	泌乳後期
6頭	6頭	6頭	6頭	6頭

乾乳　　　　　　泌乳0日　　30日　　50日　　　　110日　　　　　210日　　　　乾乳

乾乳前期	乾乳後期	泌乳初期

● 図2 エネルギー項目の比較（健康群 vs 疾病群）

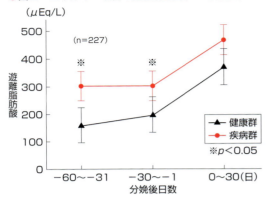
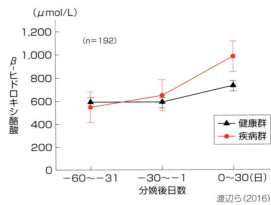

渡辺ら（2016）

乾乳後期の遊離脂肪酸とβ-ヒドロキシ酪酸

図2はエネルギー項目のNEFAとβ-ヒドロキシ酪酸（BHBA）における健康群と疾病群の比較である。ステージ別の比較から、乾乳前後期のNEFAで健康群と疾病群に有意差がみられる。乾乳期のNEFAの上昇は、エネルギー不足を補う脂肪動員の結果と考えられる。NEFAは栄養不足に鋭敏に反応するとされており、乾乳期の栄養状態のモニターとして重要な項目と考えられる。栄養不足の対策としては、バイパスナイアシンの利用などが提案できる。また、有意差はみられないが、乾乳後期のBHBAの上昇も同要因と考えられる。BHBAは血中濃度1,000〜1,400 μmol/Lでは潜在性ケトーシス、3,000 μmol/L以上では、食欲不振などの臨床症状がなくても臨床型ケトーシスと診断される。同調査において健康群と疾病群でBHBAに有意差がみられなかった理由の1つとして、BHBA 1,000〜1,400 μmol/Lを示した潜在性ケトーシスが疑われる個体の診療記録がないことが挙げられる。同調査では、調査期間中にBHBA濃度をもとに、周産期疾病予防対策としてプロピレングリコール、グリセリンなどの内服薬の使用が指導されていた。このため、診療に至るようなケトーシス牛が存在しなかったものと推定され、潜在性ケトーシスへのアプローチにBHBAは有用であると考えられる。以上から、NEFAおよびBHBAを根拠として脂肪動員を低減させる指導を行うことは、周産期疾病の予防効果が高いと考えられる。

乾乳後期のアルブミンとカルシウム

同調査において、乾乳後期のタンパク代謝項目ではアルブミンに、またミネラル項目ではカルシウムにおいて、健康群と疾病群に有意差がみられた（図3）。アルブミンは比較的長期のタンパク質代謝を反映するため、低下の原因には肝機能の低下によるアルブミン合成能低下が疑われる。同調査では肝機能項目（AST、GGT）には有意差がみられなかったが、この時期のアルブミンが肝機能の状態を表すのなら、乾乳後期はアルブミンの低下を指標として肝機能対策を講じるべきと考えられる。また、通常血液中カルシウム濃度の恒常性は高いが、血中カルシウムの約50％はアルブミンと結合して存在しており、乾乳後期のカルシウム低下はアルブミンの低下に伴うものと考えられる。よって、

● 図3 タンパク代謝およびミネラル項目の比較（健康群 vs 疾病群）

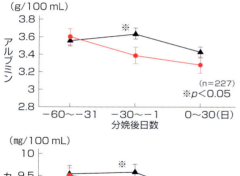
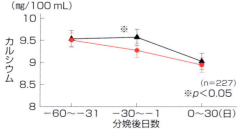

渡辺ら（2016）

乾乳後期のカルシウム値の低下だけを根拠に乳熱（低カルシウム血症）のリスクを判断することは難しいと考える。

乳熱（低カルシウム血症）と分娩場所について

乳熱は，初乳中へのカルシウム分泌と，腸管からのカルシウム吸収不足から，血中カルシウム濃度が急激に低下することで筋肉麻痺が起こり，重度のものでは起立不能に至る病態である。求診される症状の程度に比較的差があるため，その発生率から農場間比較をすることは，やや信頼性を欠く。しかし，周産期疾病のなかでは求診依頼が最も多く，その予防が重要であることは間違いない。乳牛は分娩時に低カルシウム血症になり筋肉が麻痺状態であっても，何とか自分で起立しようとする。搾乳スペースの馬栓棒に繋いだままの状態で分娩し，無理な体勢から起立に失敗して飼槽へ這い出してしまうケースに，残念ながら獣医師や畜主は度々遭遇する。平均産次の低下により産次の低い牛が増加していることも，中程度の低カルシウム血症の誘因

● 図4 分娩場所（監視カメラ，横柱の除去）

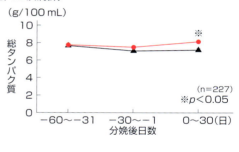

A農場（60日以内淘汰率2.4%）　B農場（60日以内淘汰率11.9%）

かもしれないが，低カルシウム血症に加えて筋損傷などを併発した場合は，廃用事故につながる。

一方，分娩房や広い場所なら，起立できずにグルグル回っても牛は自由に動け，筋損傷を引き起こす可能性は小さくなる。起立不能でぐったりとした状態の重度の低カルシウム血症であっても，広い分娩房の管理ならカルシウム剤の補液により回復する期待度が高いことは，多くの獣医師が経験済みであろう。**図4：左**のような分娩房があり，かつ天井のカメラでモニター管理を行うA農場の60日以内淘汰率は

2.4％と低い。しかし，決まった分娩場所を持たず，搾乳牛舎で繋いだまま分娩させている農場も多い。牛舎を少しだけ改造した一例を図4：右に示した。B農場には決まった分娩場所はなく，残念ながら観察力も高いとは言えない。結果として60日以内淘汰率は11.9％とA農場と比べてはるかに高い。B農場では現在，分娩房をつくるスペースがないため，牛床を仕切る横柱を除去し，牛床2頭分を分娩スペースとした。牛床の管理には注意が必要だが，柱1本で牛の自由度がかなりあがっている。分娩を控えた牛には，牛舎で一番環境がよい場所を提供したい。

泌乳初期の総タンパク質

図3を見ると，泌乳初期では，TPにおいて健康群と疾病群に有意差がみられている。同調査では分娩後すでに周産期疾病を発症している牛はMPT対象から除外されているため，NEFA，BHBAなどには有意な差はみられなかった。TPにおいて有意差がみられたことから，基礎疾患として慢性関節炎などがある牛は周産期疾病のリスクが高くなると考えられる。「肢が悪い牛で繁殖対象外を勧められたけど，お産する牛が少ないから種付けしたよ」という農場の声を時折耳にするが，やはり肢が悪い牛は高リスクなのであろう。

ルーメンフィルスコア

ルーメンフィルスコア（RFS）は12時間以内の採食量を反映するモニタリング項目で，乾乳牛では4以上を適正としている。同調査では，有意差はないものの，RFSは全ステージにおいて疾病群のスコアが健康群に比べて低い傾向がみられている。図5は乾乳後期と泌乳初期にお

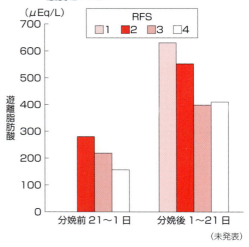

●図5　分娩後日数別にみた遊離脂肪酸（NEFA）濃度とRFS

（未発表）

けるNEFAとRFSの関係を示したもので，どちらも逆相関の関係がみられる。乾乳後期のNEFAは疾病群で平均299μEq/L，健康群で平均195μEq/Lであったことから（図2），RFS3が周産期疾病の境界ラインと考えられる。現場においては，左膁部が三角形に凹むRFS2の牛を要注意牛としてピックアップするとよいだろう。

図6：左はC農場における2014年の乾乳牛頭数と周産期疾病発生率の推移を示したもので，7月に周産期疾病が増加したため，乾乳牛を対象としてMPTを実施した。この農場では乾乳牛は一群管理であり，育成預託牧場から下牧した初妊牛も同じ場所で管理されている。月別の乾乳牛頭数にはかなりバラツキがあり，2014年9月には乾乳牛40頭，下牧牛3頭の最大頭数となった。一方，乾乳ストールは泌乳ストールをチェーンで仕切ったもので，ベット数30頭分が限度であり，過密度は143％（43/30）となっていた。また，給与飼料のうち乾草については2日分量をまとめてミキサーでカットしておき，その半量を1日分として給与していたため，管理頭数が多少増減しても同量給与であっ

● 図6 乾乳ストールの月別頭数推移と給与飼料の変更（C農場）

給与飼料（現物kg）	2014.7	2014.8
イタリアンサイレージ	4.2	
混播サイレージ		12.8
チモシー	4.0	3.5
アルファルファ	0.5	
オーツヘイ	2.2	0.5
クレイングラス		1.0
ビートパルプ	1.5	1.5
乾乳配合	2.0	2.0
DMI（kg/日）	10.7	13.2
NEl（Mcal/kg）	1.19	1.34
MP（g/日）	819	1,057
NDF（%DM）	53.4	51.4

（未発表）

● 表1 給与飼料変更前後のMPTとモニタリングスコアの比較（C農場）

実施月	頭数	平均産次	平均分娩後日数	NEFA	BHBA	Alb	Ca	BCS	RFS
2014.7	6	3.0	−20	203	615	3.5	9.4	3.2	2.3
2014.9	5	3.0	−22	160	528	3.6	9.7	3.6	2.8

（平均値）

た。さらに，同調査では聞き取りにより研修生が飼料給与後の掃き寄せを実施していないことも分かった。このため，任せきりにはせず，最後は農場主が掃き寄せをチェックするよう指導した。また，過密による摂取量不足も想定し，給与飼料を図6：右に示した栄養濃度，給与量ともに増加したメニューに変更した。

表1に給与飼料変更前後のMPTおよびモニタリングスコアの平均値の比較を示した。給与飼料変更後のNEFAおよびBHBAは変更前に比べて低下し，アルブミンおよびカルシウムは上昇している。栄養濃度を上げた影響からボディコンディションスコア（BCS）は3.2から3.6へ増加したが，ほとんどの牛がRFS 3以上で分娩を迎えられ，周産期疾病も徐々に減少し

ている。この農場では乾乳群の過密が周産期疾病のリスクを高めていたが，全体的な飼養頭数の増頭もあり，乾乳舎を新設し，ベッド数は40頭分に増設された。

 周産期MPTの疾病予防効果について

同調査においては，MPTの結果から，周産期疾病を発症しやすいであろう牛を高リスク牛として農場へ注意喚起し，必要に応じてバイパスナイアシンの使用やプロピレングリコールの投薬など，周産期疾病予防対策が指示されている。また農場によっては，給与飼料見直しの提案なども併せて行われた。

周産期MPTの効果判定は，MPT実施日を基

● 図7　農場ごとの年間平均診療B点数とMPT効果

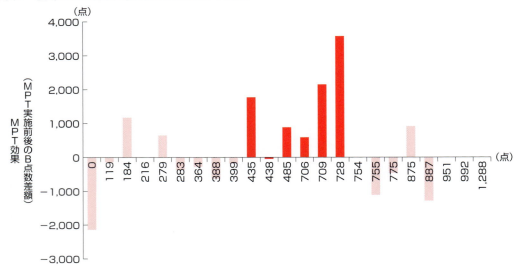

農場ごとの年間平均診療B点数（2013年度）

渡辺ら（2016）

準とした前後3カ月間の第四胃変位およびケトーシスの合計診療B点数を診療カルテから集計し，同期間の分娩頭数で割った1分娩当たりの診療B点数を比較することで判定され，その差額をMPT効果としている。図7は周産期MPT対象農場23戸の個別のMPT効果を示したもので，横軸の数値は対象農場における前年度の第四胃変位およびケトーシス年間平均診療B点数を示している。年間平均診療B点数が435点から728点の範囲の農場でMPT効果が高いことが分かる。もともと周産期疾病が少ない年間平均診療B点数435点未満の農場でMPT効果が低かったことは納得できるが，より効果が期待された年間平均診療B点数754点以上の農場においてもMPT効果はみられなかった。この結果から，点数の高い農場には周産期疾病の原因が複数あり，一度のMPTのみでは容易には改善しないと考えられる。

図8は，ちばNOSAI連の紫葉会研究部会である情報技術部会が，2015年度の年間診療データを基に集計したベンチマークから，飼養頭数20頭以上の農場234戸を抽出したものである。ベンチマークの評価方法はA～Fランクの6段階である。ベンチマークに用いた26項目のなかから5項目を抜粋し，それぞれのランク境界値を図8：右に示した。淘汰率を例にとれば，年間の淘汰率が17.5％以下ならAランクであり，17.5～22.2％ならBランクとなる。

及川は，移行期の飼養管理対策として第四胃変位発生割合と分娩後60日以内の更新割合の関係を示している。図9は，2015年度ベンチマークデータをもとに，それを応用した第四胃変位およびケトーシスの診療B点数と分娩後60日以内の淘汰率の関係を示したものである。図8で示したベンチマーク境界値から，中央値および下位25％値をそれぞれ直線および破線で示した。交差した境界線を基に①～④に区分けすると，①区は第四胃変位およびケトーシスの診療B点数，分娩後60日以内の淘汰率ともに低く，この項目では優良農場ということが分かる。一方，④区は第四胃変位およびケトーシスの発生率と分娩後60日以内の淘汰率がとも

● 図8　ベンチマーク階層分けと各項目における境界値

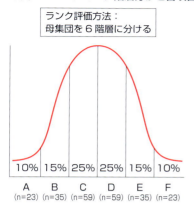

● 図9　第四胃変位およびケトーシスの診療B点数と60日以内淘汰率

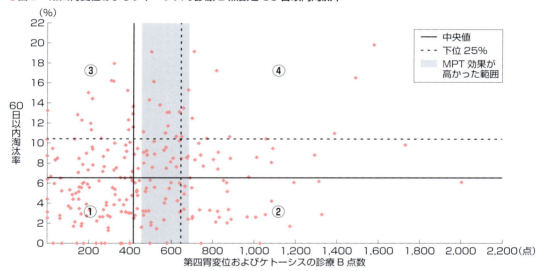

（2015年度千葉共済加入農家　飼養頭数20頭以上，n＝234）

に高い，要改善農場ということになる。また，灰色の帯で示した範囲は，**図7**においてMPT効果が高かった範囲であり，ベンチマーキングのDランクの範囲（434～664点）とほぼ一致していることが分かる。この範囲において，60日以内の淘汰率が高い農場が周産期MPTの対象農場として最優先される。

　周産期MPTは，個体の健康診断的な要素が強くなることから，従来推奨されている方法とは異なるが，周産期疾病予防効果が認められたため，実施する価値はあるのではないかと考えられる。ここで示したとおり，ベンチマークから農場の周産期疾病状況を把握しターゲットをある程度絞ることで，より高いMPT効果を期待できる。また，MPTにモニタリングを併用し，MPTの結果とリンクさせることで，より汎用性が高くかつコストのかからないチェック項目とすることができるだろう。

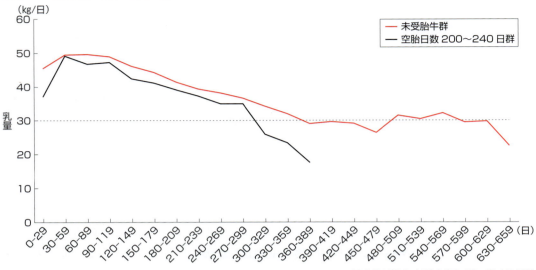

●図10　泌乳曲線の比較（長期空胎牛 vs 未受胎牛）

（C牧場 H22.9〜H23.8検定成績　延べ910頭）

 繁殖対象外について（空胎日数と泌乳曲線）

　長期空胎牛はどのような乳量レベル，どのような飼養管理においても存在する。それがどのくらいの割合を占めるかが重要であり，ある程度制限されなければ周産期疾病は減らない。ベンチマークにおける空胎日数がE，Fなど低ランクの農場では，繁殖管理を見直すことが周産期疾病予防に対して大きな意味を持つ。

　図10はC農場の牛群検定12回分，延べ910頭の検定成績から，長期空胎牛と未受胎牛の泌乳曲線を抽出し比較したもので，産次の区別はない。空胎日数200〜240日の長期空胎群は，受胎後に乳量が大きく低下していることが分かり，過肥となる可能性が高く，周産期疾病のリスクは上昇する。一方，未受胎牛群の泌乳曲線は1年を過ぎても日量約30kgのなだらかな泌乳曲線が続き，長期間にわたり乳量を維持する傾向が見られる。繁殖管理における目標は，飼養牛すべての受胎ではなく，なるべく適正な分娩間隔で来年度の分娩牛を確保することである。繁殖検診時に個体の状況から繁殖対象外を提案することは，牛群の健康度を維持するうえで大切な助言だと考えられる。

 まとめ

　周産期MPTの結果をもとに，乾乳後期から泌乳初期における有用血液検査項目とモニタリングスコアの活用についてそれぞれ示した。また，MPT効果の出やすい農場は第四胃変位およびケトーシスの診療点数のベンチマークがDランクの農場であることも示唆された。長期空胎牛のリスクに加え，慢性炎症が周産期疾病の基礎疾患と考えられることから，定期繁殖検診や普段の診療業務において繁殖対象外を助言していくことは，牛群の健康度を上げ周産期疾病の低減につながると考えられる。

農家指導のPOINT

1．周産期MPTによる乾乳後期のチェック項目を理解する
・脂肪動員を示すNEFAおよびBHBA
・肝機能の低下を表すアルブミン
・乾物摂取量（DMI）を反映するルーメンフィルスコア

2．慢性炎症の存在に注意する
・泌乳初期で有意差がみられた項目は総タンパク質だったことから，慢性炎症が周産期疾病の基礎疾患として示唆される。

3．ベンチマークの結果からMPT対象農場を決める
・MPT効果が高かった農場とベンチマークの周産期疾病項目がDランクの農場はほぼ一致するため，このランクの農場を周産期MPTの対象として優先する。

4．繁殖対象外の提案も大切な助言である
・周産期疾病のリスクを上げる長期空胎牛の割合を許容範囲に抑えるためには，繁殖対象外牛に対する農場への助言も大切である。

4-7
輸送後の呼吸器病を予防するポイント

Advice

　牛の呼吸器病は，子牛育成農場および肥育農場における多発疾病の1つであり，重症化すると死亡する可能性が高いだけでなく，呼吸器病に罹患した牛はその後の発育が遅れることが多く，肉牛の生産性に多大な影響を与える重要な疾病である。そのため，有効な予防対策の実施が重要である。本疾病は，輸送や群構成などのストレスが加えられた後に発症することが多く，予防対策を実施する場合には，牛の飼養管理におけるストレスを軽減させる必要がある。
　本節では，輸送後の呼吸器病を予防するためのポイントを理解する。

 ## 牛呼吸器病対策の現状

　牛の呼吸器病は，暑熱や寒冷ストレスおよび移動ストレスなどに起因した免疫機能の低下，過密や換気不足などの飼養環境の悪化や細菌・ウイルス感染などが原因で発症する。特に冬季では保温対策の不備，換気不良による塵埃の発生，敷料や糞尿からのアンモニアガスの発生など，環境要因が引き金となり発症することが多い。
　牛の呼吸器病は1つの病原体のみにより発症することはほとんどなく，数種類の病原体が複合した病態であり，牛呼吸器複合病（BRDC：Bovine Respiratory Disease Complex）と呼ばれる。BRDCは，種々のウイルス・細菌などの病原性微生物，環境，生体の免疫力などの要因が複雑に絡み合って発症する。環境などのストレス要因は牛群全体を同様に曝露することや，関連するウイルスは感染力が強いことから，一度発症すると早期に牛群全体に蔓延する危険性が高い。そのため，呼吸器病の対策として有効な予防対策の実施と早期の適切な治療が重要である。

　子牛育成農場や肥育農場では，家畜市場からの導入直後から呼吸器病に罹患する牛が多発する。そのため，現在一般的に行われている予防対策として，繁殖農場でのワクチン接種（全国的に家畜市場への上場条件として接種），家畜市場もしくは肥育農場における予防的抗菌剤の投与（ウェルカムショット），肥育農場到着直後のワクチン接種が行われているが，導入直後の呼吸器病が散見され，これらの対策が十分な予防効果を発揮しているとは言えない状態である。

 ## 繁殖農場でのワクチン接種

　松田らは，繁殖農場で接種する呼吸器病ワクチンが，家畜市場上場時に有効な抗体価を維持しているかを調査するために，7カ月齢の子牛に5種混合生ワクチンを接種し，接種前，接種2カ月後（9カ月齢），および接種3カ月後（10カ月齢：家畜市場出荷直前）における牛伝染性鼻気管炎（IBR）ウイルス，RSウイルス，および牛ウイルス性下痢（BVD）1型ウイルスの抗体価の推移を調査した（L群）。その結果，IBRウ

● 図1　ワクチン接種後の抗体価の推移

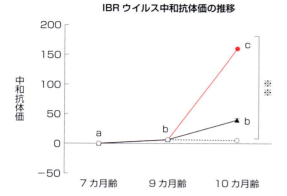
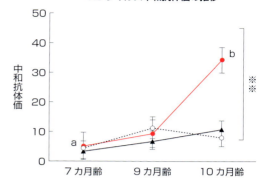
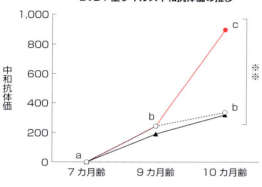
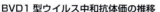

幾何平均値±幾何標準偏差
※※3群間に交互作用あり $p<0.01$
異記号間に有意差あり $p<0.01$

イルス，およびBVD1型ウイルスについては9カ月齢時には有意な抗体価の上昇が認められ，10カ月齢時においても有効な抗体価が維持されていた。しかし，RSウイルスについては，9および10カ月齢時において有効な抗体価の上昇は認められなかった。

そこで，家畜市場出荷時に有効な抗体価を維持することを目的として，7カ月齢時に5種混合生ワクチンを接種した後，ブースター効果を期待して9カ月齢時に5種混合生ワクチン接種（LL群）および5種混合不活化ワクチン投与（LK群）を行い，抗体価の推移を調査した。その結果，LL群ではIBRウイルスの抗体価が9カ月齢時に比べ10カ月齢時で有意に増加していた。また，LK群では，IBRウイルス，RSウイルス，およびBVD1型ウイルスの抗体価が9カ月齢時に比べ10カ月齢時で有意に増加していた。特に，5種混合ワクチン1回接種（L群）では有効な抗体価の上昇が認められなかったRSウイルスにおいても，10カ月齢時に抗体価の有意な上昇が認められ，ブースター効果が発揮されたものと考察している（図1）。このように，家畜市場出荷時に有効な呼吸器病の予防効果を得るためには，ワクチンの2回接種が重要と考えられる。

肥育導入牛における免疫機能の特徴

黒毛和種肥育牛は，生後9～10カ月齢，体重約300kgで繁殖農場から導入されてくる。去勢

● 図2 肥育管理中における末梢血免疫細胞数の推移

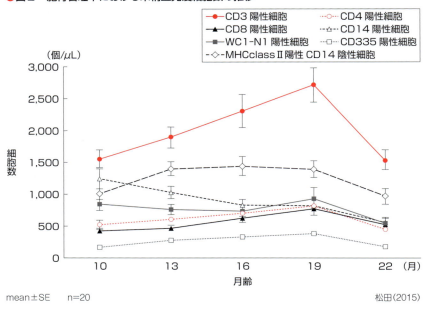

mean±SE　n=20　　　　　　　　　　　松田（2015）

牛の出荷体重は30カ月齢で800〜900 kgであり，これを成牛の体重と考えると，導入時の体重は約1/3であり，体格的にはまだ子牛と考えられる。**図2**に黒毛和種肥育牛において，免疫機能の指標の1つである免疫細胞数の推移を示した。ヘルパーT細胞を示すCD4陽性細胞数，キラーT細胞を示すCD8陽性細胞数，B細胞を示すMHC class Ⅱ陽性CD14陰性細胞数，およびNK細胞を示すCD335陽性細胞数は，19カ月齢をピークに右肩上がりで増加した。つまり，10カ月齢で導入されてきた肥育素牛は，体格だけではなく免疫機能も発達過程の子牛であると考えられる。そのためこの時期に様々なストレスが加わると，免疫機能の正常な発達に悪影響を及ぼすだけでなく，免疫機能の低下によりBRDCなどの感染症に罹患しやすくなると考えられる。

牛は飼育管理のなかで様々なストレスを受けている。牛へのストレス負荷は，カテコールアミンやコルチゾールの分泌量を増加させること，および免疫力を低下させることが知られている。牛の飼養管理における主なストレスは，輸送，寒冷，および群飼であり，これらのストレスの大小が牛の免疫力に強く影響している。

 輸送ストレス

牛は輸送ストレスにより免疫力が低下することが知られている。繁殖農場（酪農場）から子牛育成農場への輸送や，繁殖農場から肥育農場への輸送が免疫力の低下を引き起こし，感染症の発症の要因となっていることが推察される。特に冬季の輸送は牛をトラックの荷台で寒風に曝すことになり，その寒冷感作が牛の免疫力をさらに低下させ，移動後の感染症多発の原因となっていると考えられる。松田と大塚は，冬季の長時間輸送が牛の免疫力に与える影響を調査し，輸送直後にコルチゾールが著しく上昇し，血清ビタミンA濃度が著しく低下すること，および末梢血中の総成熟T細胞数およびヘル

●図3　輸送前後における血液生化学検査結果および免疫細胞数の推移

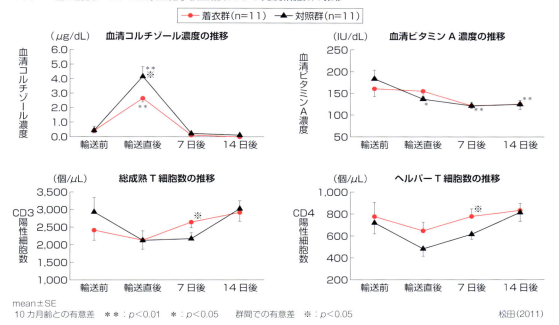

mean±SE
10カ月齢との有意差　＊＊：$p<0.01$　＊：$p<0.05$　群間での有意差　※：$p<0.05$
松田(2011)

パーT細胞数が低下し，その回復には2週間を要すること(図3)を報告した。つまり，冬季の長時間輸送は，牛に大きなストレスを与え，ビタミンAを消費するとともに，免疫力が低下するのである。しかし，この輸送時に寒冷ストレスを除去することを目的として保温ジャケットを着用させた群では，T細胞数の減少など牛に与える悪影響が軽減され(図3)，輸送後の疾病発生数が減少した。これらの結果より，牛に与えるストレスはできるだけ重複させないで1つにすることがストレス軽減につながり，免疫力の低下も最小限にとどめることができると考えられる。

しかし，長時間輸送は牛に大きなストレスを与え免疫力を低下させるので，たとえジャケットなどで寒冷ストレスを除去しても，その回復には1週間程度が必要となる(図3)。免疫力が低下している時期にワクチン接種しても十分な効果が得られないことから，肥育農場到着後のワクチン接種は，輸送後1週間程度経過し，牛が落ち着いてから行うことが望ましい。

群構成ストレス

牛における群構成は，順位付け行動や闘争を引き起こし，牛に大きなストレスを与えることが知られている。一般的に，子牛を育成農場や肥育農場に移動させた後は，移動してきた子牛同士で新しい群を構成させて飼育管理を行うことが多い。しかし，このような管理では，移動後における免疫力の回復期に新たなストレスを加えることになり，免疫力の回復を妨げるだけでなく，さらなる免疫力の低下を引き起こすことが危惧される。そこで松田らの行った移動後の群管理が子牛の免疫力の回復に及ぼす影響の調査によると，移動後に個別管理をした牛はコルチゾールが移動7日後には減少し，その後も低値推移したにもかかわらず，移動後に群管理

● 図4　群および個別管理における血液生化学検査結果および免疫細胞数の推移

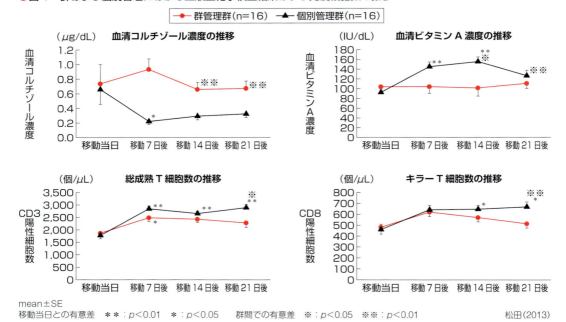

mean±SE
移動当日との有意差　＊＊：p<0.01　＊：p<0.05　　群間での有意差　※：p<0.05　※※：p<0.01

松田（2013）

● 表1　群および個別管理における導入後の疾病発生状況

	導入7日目		導入14日目		導入21日目＊	
	腸炎	肺炎	腸炎	肺炎	腸炎	肺炎
個別管理群（n＝16）	2	1	3	1	3	0
群管理群（n＝16）	3	2	4	4	4	6

＊：疾病発生頭数（腸炎＋肺炎）の群間比較　p<0.05

松田（2013）

をした牛はコルチゾールが移動7日後には移動直後より増加し，その後も高値で推移した（図4）。つまり，牛にとって群管理は強いストレスを与え，そのストレスは継続するものなのである。また，総成熟T細胞数およびキラーT細胞数は個別管理した牛に比べ，群管理した牛が低値で推移し，移動後21日後には有意な低値となり（図4），この時の疾病発生数が増加した（表1）。これらのことから，群管理は牛にとって強いストレスであり，その影響で免疫力が低下するため，可能であれば導入後しばらくの間は個別管理することが理想である。個別管理が無理な場合，群を構成する時には牛の大きさや日齢，専有面積や飼槽の広さ，および水槽の数などに注意して，できるだけ上下関係ができないように留意する必要がある。

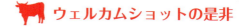 ウェルカムショットの是非

　現在，多くの家畜市場や肥育農場でウェルカムショットと称した，移動前もしくは農場到着時の予防的抗菌剤投与が行われている。移動ストレスなどによる免疫低下により引き起こされるBRDCの初期は，ウイルス感染が主体であり，細菌性肺炎などに陥っていない場合が多い。特に，健康畜として家畜市場で購入され，肥育農場などに到着直後の牛のほとんどは，無症状もしくはウイルス感染初期であり，細菌性肺炎

に陥っている牛はほとんどいない。抗菌剤の効能は，一部特殊なものを除き基本的に細菌の増殖を抑えるものであり，ウイルスには効果がないだけでなく，二次感染予防として安易に抗菌剤を使用することにより，常在菌のバリアーを減少させ，後に耐性菌による重症肺炎を引き起こす原因になる可能性もある。ヒトにおいて，風邪の初期に抗菌薬を使用することにより，後に耐性菌による重症肺炎になる危険性が高くなるという報告もある。抗菌剤の使用が耐性菌出現の強力な選択圧になることに疑いの余地はなく，ウェルカムショットのように多数の牛に一度だけ投与するような抗菌剤の使用方法は，耐性菌出現のリスクを大幅に上げるものと考えられる。ヒトと動物両方に感染することが知られているクローナルコンプレックス398に属する黄色ブドウ球菌の起源は，ヒト由来のメチシリン感受性黄色ブドウ球菌（MSSA）であり，このMSSAが動物に感染伝播する過程でテトラサイクリン耐性能とメチシリン耐性能を獲得したことが広範なゲノム解析によって明らかとなったと報告されるなど，公衆衛生の観点から，動物に使用する抗菌剤が耐性菌と関連付けられて数多く報告されている。このような状況のなか，細菌感染の明確なリスクがない限り，ウェルカムショットのような抗菌剤の使用方法は控えるべきと考える。

輸送時の栄養補給

家畜市場後の移動について，長期輸送ストレスや寒冷ストレスなどにより免疫が低下することは前述した。しかし，家畜市場当日の牛の栄養状態についてはあまり注目されていない。松田は，家畜市場からの輸送前（家畜市場終了後），輸送後，輸送7日後，および輸送14日後の血清

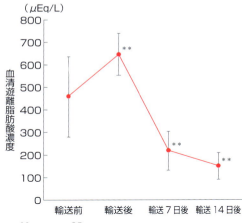

●図5 輸送前後における血清遊離脂肪酸（NEFA）濃度の推移

n=22 mean±SD
輸送前との有意差 ＊＊：$p<0.01$ 松田（2011）改変

遊離脂肪酸（NEFA）濃度を測定し，輸送前および輸送後に著しい高値を示したことから，家畜市場にいる時や，輸送後に牛は負のエネルギーバランスに陥っていることを明らかにしている（図5）。家畜市場に出荷される牛は，繁殖農場を出発してからトラックの荷台で立ったまま家畜市場に輸送され，家畜市場でもほとんど飼料給与されずに立ち続け，購買後もトラックの荷台で立ったまま肥育農場まで移動するという流れで，摂取エネルギーが少なく消費エネルギーが多い状態になり，結果的に負のエネルギーバランスになるものと考えられる。松田は，この負のエネルギーバランスを改善することを目的として，エネルギー，アミノ酸，およびビタミン類を含有する通称「ウェルカムドリンク」（ニュートリーリンクK，あすかアニマルヘルス㈱）を開発し，家畜市場購買後で輸送前の牛1頭につき1本給与する試験を試みている。結果，同時にウェルカムドリンクを飲ませずに輸送した牛の輸送後2週間における呼吸器病発症率83％に比べ，ウェルカムドリンクを給与した牛は17％と著しい低値を示した（表2）。また，

●表2　輸送後2週間における子牛の呼吸器病の発生状況

	導入日齢(日)	発症頭数(頭)	発症率(%)	発症までの日数(日)	平均治療回数(回)
給与群(n=6)	290.5	1	17	4.0	3.0
対照群(n=6)	308.2	5	83	6.6	4.8

給与群の牛には，家畜市場を出発前にウェルカムドリンクを1本給与した

●図6　ウェルカムドリンクの給与例（全日本ホルスタイン共進会）

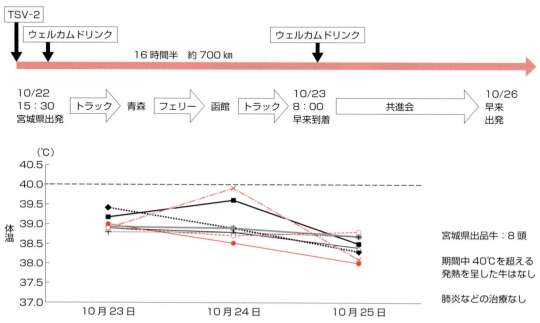

2015年に北海道で行われた全日本ホルスタイン共進会北海道大会において，宮城県からの出品牛には出発前に鼻粘膜ワクチン（TSV-2®，ゾエティス・ジャパン㈱）の鼻腔内接種と，ウェルカムドリンクを輸送前後にそれぞれ1本給与を実施したところ，他県の出品牛の多くが共進会期間中に呼吸器病に罹ったのにもかかわらず，宮城県出品牛では呼吸器病で治療する牛は発生しなかったという（図6）。この結果より，牛において家畜市場前後における負のエネルギーバランスを緩和させることにより，その後の呼吸器病の予防につながるものと考えられた。

 除角ストレス

近年，牛群内における牛の上下関係の軽減やアタリなどの枝肉における瑕疵*の予防のために，除角が行われることが多くなっている。除角には，牛群全体がおとなしくなる，枝肉の瑕疵が減少する，および牛を管理する人間の危険が少なくなるなど，牛群管理上大きなメリットがある。しかし，牛から見れば，除角は拘束や痛みを伴い，著しいストレスをもたらす行為である。松田は，除角前に鎮静麻酔および角への

----
*瑕疵（かし）：本来あるべき品質・状態が備わっていないこと

● 図7 除角前後における血清コルチゾール濃度および免疫細胞数の推移

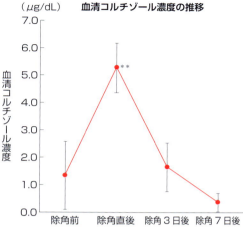

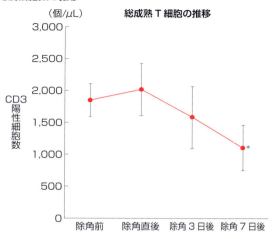

除角前との有意差 ＊＊：$p<0.01$ ＊：$p<0.05$

　局所麻酔を施し，できるだけ疼痛を与えないように除角を実施した時の，牛の受けるストレスと免疫に及ぼす影響を調査している．結果，牛のストレスを評価する時に用いられる血清コルチゾール濃度は，除角前に比べ除角直後に増加し，除角3日後には除角前の状態まで減少するが，総成熟T細胞数は除角後に徐々に低下し，除角7日後には除角前に比べ有意に低下した（図7）．つまり，除角は牛に大きなストレスを与え，その影響で免疫力が低下し，その影響は少なくても除角後1週間は持続すると考えられる．また，個別の牛を見てみると，除角前から除角直後にかけての血清コルチゾール濃度の上昇度合いが大きい（痛みなどのストレスが大きい）ほど免疫細胞数が減少した．麻酔管理下での除角でさえ免疫細胞数の減少が認められるため，無麻酔で行う除角では牛の受ける痛みが大きく，免疫力低下の度合いが大きくなると考えられる．

　高橋らは，除角後に免疫細胞数を減少させる要因として，除角前にストレスが大きいこと，および除角前の免疫細胞数が少ないことを挙げている．つまり，輸送ストレスや群構成ストレスによる影響が残っている状態で除角を行うと，免疫細胞数の減少が著しくなり，免疫力の低下により呼吸器病を発症しやすくなる．そのため，牛の導入後に除角を行う場合には，少なくとも2週間以上（可能であれば1カ月以上）経過し，牛群が落ち着いてから行うことが重要である．

 まとめ

　子牛育成農場や肥育農場のように家畜市場から移動後に多発する呼吸器病を予防するためには，移動前の適切なワクチン接種（ブースター効果），ウェルカムドリンクなどによる家畜市場前後の栄養補給，輸送ストレスの軽減（寒冷時のジャケット着用），肥育農場到着直後ではなく牛が落ち着いてからのワクチン接種，群構成を考慮できるだけ群ストレスを与えない（可能であれば個別管理）などのポイントをおさえた対策をしっかり行う必要がある．最も大事なことは，寒くないか，疲れてないか，栄養不足ではないか，換気不足（アンモニア臭い）ではないか，など牛の身になって対策を考えることである．

農家指導のPOINT

1. 繁殖農場で出荷前の対策をする
・呼吸器病予防ワクチンの2回接種(ブースター接種)を行う。
・出荷前にウェルカムドリンクなどで栄養およびビタミンを補給する。
・鼻粘膜ワクチンを接種する。

2. 輸送中は寒さに注意する
・寒冷時は寒冷ストレスを除去する(保温ジャケットの着用)。

3. 肥育農場到着後の対策を把握する
・ウェルカムドリンクなどで栄養およびビタミンを補給する。
・ウェルカムショット(抗菌剤の1回投与)は明確な感染リスクがない限り行わない。
・できるだけ群ストレスが加わらないように配慮する(牛の大きさ,占有スペース,飼槽の広さ,水槽の数など)。
・ワクチンの接種は,牛が落ち着いてから(1週間以上経過してから)行う。
・除角は1カ月以上経過してから行う。
・適切な換気を行い,牛舎内のアンモニア濃度を上げない。

4-8
肉牛のビタミンA欠乏症

Advice

　ビタミンA欠乏症は，黒毛和種肥育農場において頻発する疾病であり，現在における脂肪交雑重視の枝肉評価の影響で，著しい低ビタミンA管理により発症している。また，近年黒毛和種牛が大型化しており，急激な成長に伴うビタミンA消費量の増大により，ビタミンAの欠乏状態が早期から現れることが多くなり，黒毛和種肥育農場の飼養管理上の重大な問題となっている。しかし，肥育農場では低ビタミンA管理＝高脂肪交雑という認識が強く，ビタミンAの給与を躊躇する場合がある。
　本節では，近年における黒毛和種牛の飼養管理とビタミンAの関係を解説し，農家指導のポイントを理解する。

ビタミンA欠乏と炎症性疾患

　黒毛和種肥育牛において血清ビタミンA濃度が肉質，特に牛脂肪交雑基準に影響を及ぼす可能性が報告され，肉質向上のために各肥育段階に応じてビタミンAの投与量を調節し，結果的に血清ビタミンA濃度を調節する飼養管理方法が行われている。脂肪交雑の高い肉を生産するうえで肥育中期の給与ビタミンA量を抑制し，血清ビタミンA値を低値にすることが重要との報告や，肥育成績が良好な牛は肥育期間中の血清総コレステロール（Tcho）濃度が高値で推移するとの報告がある。そのため黒毛和種肥育農場では，枝肉成績の向上および枝肉重量の増加を求めて，肥育牛に対して低ビタミンA飼料の給与および濃厚飼料の多給が行われている。実際に肥育中期に血清ビタミンA濃度を急激に低下させる飼養管理を行うと，脂肪交雑が増加し枝肉成績が向上する牛も多く存在する（図1）。
　しかし，黒毛和種牛には，筋肉生産量や脂肪

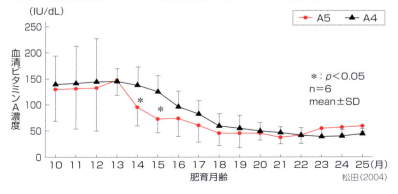

●図1　資質系肥育牛における枝肉成績別血清ビタミンA濃度の推移

松田（2004）

蓄積量の異なる様々な系統の牛が存在し，飼養管理方法も異なる。そのため，ビタミンA消費量の高い増体系の牛では急激に牛のビタミンA含量が低下して，食欲低下，筋肉水腫，視力の低下および失明，肝機能障害などの症状を発生しやすく，重度の場合には死廃事故にもつながる可能性がある。また，肥育期間中の著しいビタミンA欠乏状態は，枝肉の瑕疵*であるズル（筋肉水腫）およびシコリ（筋炎）の原因とされている。

黒毛和種牛において血清ビタミンA濃度と免疫細胞数に関係性があることが報告され，低い血清ビタミンA濃度の状態では免疫細胞数が低値を示すと考えられる。**図2**に示したように，黒毛和種肥育牛における肥育中期の血清ビタミンA濃度と総成熟T細胞を示すCD3陽性細胞数の間には有意な正の相関関係が認められ，血清ビタミンA濃度が低下すると免疫細胞数が減少することが分かる。

また，ビタミンAは腸の粘膜免疫機能に関与しており，マウスにおいて飼料中のビタミンAを欠乏させるとデキストラン硫酸ナトリウム誘発性大腸炎が重篤化するとの報告があり，粘膜免疫の安定化にはビタミンAの代謝産物であるレチノイン酸が重要であると考えられている。

近年では，黒毛和種肥育牛の体格の大型化と同時期に，以前ほとんど見ることがなかった肥育中期での血便を主兆とする腸炎が発生するようになった。大型の黒毛和種肥育牛は，急激な増体に伴いビタミンAを多く消費して，早期にビタミンA欠乏状態に陥ることが多い。このビタミンA欠乏が，免疫細胞数の減少や腸粘膜免疫機能の低下を引き起こし，肥育中期において腸炎を発生させていると考えられる。そのため，黒毛和種肥育牛において腸炎などの炎症性疾患を防ぐには，個々の牛の増体量に合わせたビタ

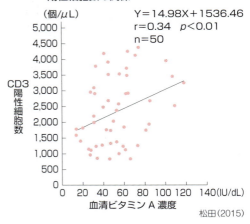

●図2　肥育中期の血清ビタミンA濃度とCD3陽性細胞数の関係

松田（2015）

ミンAコントロールが重要である。

資質系および増体系のビタミンAコントロール

前述したように，黒毛和種牛には，筋肉生産量や脂肪蓄積量の異なる様々な素質の牛が存在するため，牛を増体系や資質系などの系統ごとに分類して，それぞれの系統に合った飼養管理を行うことが重要である。松田は，黒毛和種肥育牛における，資質系および増体系の枝肉成績をA5にするためのビタミンAコントロール方法を調査した。

牛の血統書に記載してある種雄牛を便宜的に資質系（田尻系・菊美系・茂金系）と増体系（藤良系・気高系・栄光系）に分類し，父親と母親の父が両方ともに資質系の去勢牛を資質牛，同様に2代祖が増体系の去勢牛を増体牛として，出荷時に枝肉成績がA5になった牛（A5牛）とA4以下になった牛（A4牛）の血液検査成績の推移を調査した。

資質牛群では，今までの知見同様に，A5牛

＊：瑕疵（かし）：本来あるべき品質・状態が備わっていないこと。

● 図3　資質牛と増体牛における格付け等級別の血清ビタミンA濃度の推移

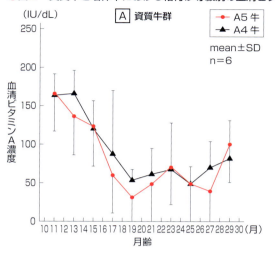
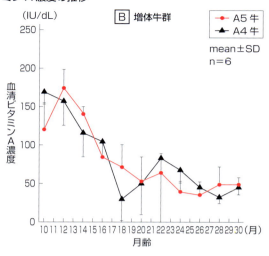

● 図4　増体牛における格付け等級別の総コレステロール(Tcho)値の推移

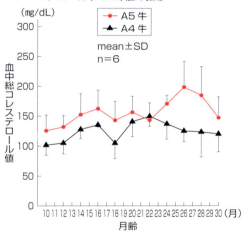

● 図5　枝肉重量とBMSナンバーの関係

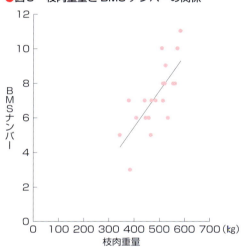

はA4牛に比べて血清ビタミンA濃度が15～20カ月齢に急激に低下して，20カ月齢頃には40U/dL以下の低値で推移していた(図3：A)。しかし増体牛群では，A5牛の血清ビタミンA濃度は急激な低下をせずに，25カ月齢頃にかけて徐々に低下し，A4牛では資質牛のA5牛と同様に20カ月齢にかけて急激に低下していた(図3：B)。また，増体牛群のTchoは，A5牛でA4牛に比べ安定的に高値で推移しており(図4)，出荷時の枝肉成績においても枝肉重量の重いものほどBMS(脂肪交雑)ナンバーが高いという結果が得られた(図5)。つまり，増体牛においては，血清ビタミンA濃度を低下させることよりも，順調に食欲を維持させて牛を増体させて，より重い枝肉重量の牛に育てることが，評価の高い枝肉(高BMSナンバー)をつくるうえで重要であると考えられる。

雌においても，同様の試験が行われたが，去勢ほど血統の系統間での差は見られず，増体牛においても，A5牛はA4牛に比べ15～20カ月

● 表1　去勢牛における各群体重

	導入時体重(胸囲)	3カ月後体重(胸囲)	3カ月間平均DG	28カ月齢
高増体 A5(n=7)	329.8(160.9)	424.4(178.3)	1.01	753.0
高増体 A4(n=7)	340.7(160.1)	436.0(180.1)	1.05	749.5
低増体 A5(n=8)	316.3(157.0)	382.2(172.1)	0.72	703.3
低増体 A4(n=9)	325.6(154.7)	384.4(170.7)	0.64	710.4

増体牛では平均DGが約1.0，資質牛では平均DGが約0.8だった　　　松田(2012)改変

● 表2　雌牛における各群体重

	導入時体重(胸囲)	3カ月後体重(胸囲)	3カ月間平均DG	28カ月齢
高増体 A5(n=5)	258.0(150.7)	338.3(167.3)	0.87	615.3
高増体 A4(n=6)	268.0(150.3)	338.0(167.0)	0.75	607.2
低増体 A5(n=5)	267.5(150.5)	321.0(164.5)	0.57	561.5
低増体 A4(n=9)	269.3(150.5)	319.2(163.0)	0.54	550.6

増体牛では平均DGが約0.8，資質牛では平均DGが約0.5だった　　　松田(2012)改変

齢において急激にビタミンA濃度が低下していた。しかし，A5牛をつくるには去勢同様にTcho値が高く推移することが重要であった。つまり増体系の牛においては，去勢・雌にかかわらず，安定した食欲を維持させることが最も必要な肥育管理法と考えられる。

導入後3カ月間の増体率による分類とビタミンAコントロール

前述したように，黒毛和種肥育牛では系統別でビタミンAコントロールなどの飼養管理方法が異なる。しかし，現在流通している種牛の系統は増体系と資質系のハーフ系がほとんどで，血統だけを見てその牛の系統を見極めることが困難であり，個々の肥育素牛ごとに適切な肥育管理を選択するための新しい指標が求められている。松田は，黒毛和種肥育牛において肥育管理選択のための新しい指標を作成すること，および分類されたそれぞれの牛に適合した飼養管理方法を確立することを目的として，肥育牛を去勢・雌ごとに導入から3カ月間の増体率により分類し，各群における各種血液検査結果の推移と枝肉成績の関係を調査している。

供試牛を10カ月齢および13カ月齢の体重により算出した，導入後3カ月間の平均日増体重(DG)で分類し，去勢では0.85以上の牛を高増体牛，0.85未満の牛を低増体牛とし，雌では0.70以上の牛を高増体牛，0.70未満の牛を低増体牛とした。加えてそれぞれの牛を枝肉成績により，A5およびA4以下牛(A4)に分類して，高増体A5牛群(去勢：7頭，雌：5頭)，高増体A4牛群(去勢：7頭，雌6頭)，低増体A5牛群(去勢：8頭，雌：5頭)，低増体A4牛群(去勢：9頭，雌：9頭)に群分けした。

去勢牛における導入後3カ月間の平均DGは高増体A5牛群で1.01，A4牛群で1.05，低増体A5牛群で0.72，A4牛群で0.64であり(表1)，雌においては高増体A5牛群で0.87，A4牛群で0.75，低増体A5牛群で0.57，A4牛群で0.54であった(表2)。去勢，雌ともに，出荷まで高増体群は低増体群に比べて体重および胸囲が高い値を示し，逆転することはなかった。また，去勢牛では13カ月齢で開いた体重差がそのまま出荷まで持続し，雌では13カ月齢での体重差は

● 図6　去勢牛における各群の IGF-1 および平均 DG の推移

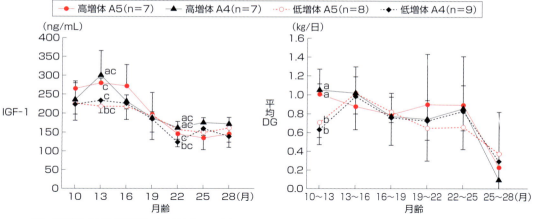

mean±SD，同月齢における異符号間で有意差あり　p<0.05　　　　　松田(2012)改変

● 図7　去勢牛における各群の血清ビタミン A 濃度と総コレステロール値の推移

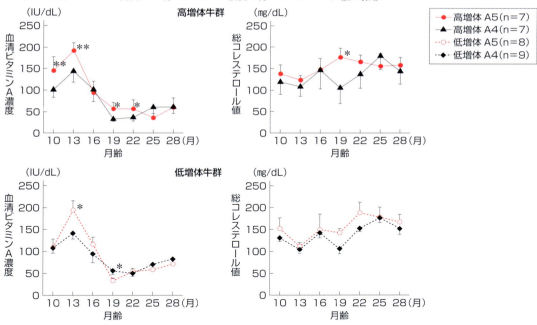

mean±SD，同月齢における A5 および A4 牛群間の比較　＊＊：$p<0.01$　＊：$p<0.05$　　　　　松田(2012)改変

あまり大きくなかったが，その後徐々に開いていった。

去勢牛では，血清インスリン様成長因子(IGF)-1 濃度は肥育前期でピークを示し，13 カ月齢での IGF-1 および 10〜13 カ月齢での平均 DG は，高増体群が低増体群に比べ有意に高い値を示した(図6)。A5 牛では A4 牛に比べて，ビタミン A は高増体群の 10，13，19，および 22 カ月齢で有意な高値を示し，低増体群の 13 カ月齢で有意な高値，19 カ月齢で有意な低値を示した(図7)。Tcho は高増体群の 19 カ月齢で有意な高値を示した(図7)。

● 図8 雌牛における各群のインスリン様成長因子(IGF-1)および平均日増体重(DG)の推移

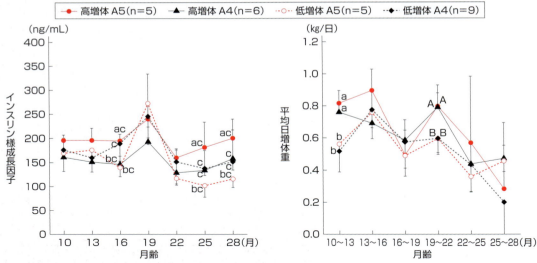

mean±SD, 同月齢における異符号間で有意差あり　大文字：$p<0.01$　小文字：$p<0.05$　　松田(2012)改変

● 図9 雌牛における各群の血清ビタミンA濃度の推移

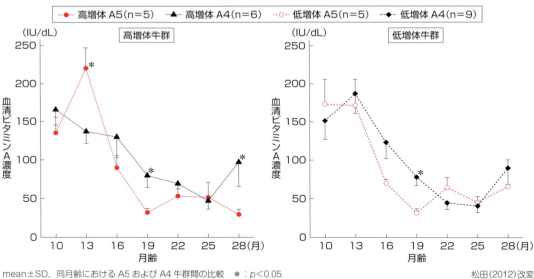

mean±SD, 同月齢におけるA5およびA4牛群間の比較　＊：$p<0.05$　　松田(2012)改変

　雌牛では，IGF-1は肥育前期に低く肥育中期でピークを示した。平均DGは10～13カ月齢および19～22カ月齢で，高増体群は低増体群に比べ有意に高い値を示した(図8)。A5牛ではA4牛に比べて，ビタミンAは高増体群の13カ月齢で有意な高値を示し，高増体群・低増体群とも に19カ月齢で有意な低値を示した(図9)。Tchoに有意な差は認められなかった。

　これらの結果より，血清IGF-1濃度は，去勢牛では肥育前期，雌牛では肥育中期にピークがあり，去勢牛では高増体群が低増体群に比べ高値で推移していることが分かる。血清IGF-1濃

度は肉用牛において増体量に関与している。また，IGF-1 は成長ホルモン（GH）の分泌状況を反映しており，牛の GH レセプターは筋肉量と関連性があるため，雌に比べて筋肉量の多い去勢において体重の増加と血清 IGF-1 濃度が密接に関連しているものと考えられた。そのため，去勢牛で IGF-1 濃度が最大となる 13 カ月齢頃に最大の DG が見られるものと考えられた。雌では IGF-1 のピークが中期にあるため，去勢に比べて小さくはあるものの中期においても DG の増加が見られ，高増体群および低増体群の体重差が徐々に開いていく結果につながったと考えられる。この雌における IGF-1 推移が，一般的に雌は後から成長するといわれる要因であると考えられ，IGF-1 の低い肥育前半に高栄養で飼養管理を行うと，筋肉ではなく脂肪の蓄積につながる可能性がある。

去勢牛および高増体群の雌では，A5 牛は A4 牛に比べ 13 カ月齢で血清ビタミン A 濃度が高い値を示しており，比較的増体率が高く肥育中期において急激にビタミン A を消費する牛では，肥育前期に十分量のビタミン A を摂取させる必要があると考えられる。ビタミン A は肉質，特に脂肪交雑と関連があり，肥育中期に血清ビタミン A 濃度が低下した牛の脂肪交雑が高くなるとされている。本試験では，低増体群の去勢，高増体群および低増体群の雌においては，今までの知見どおりに A5 牛が A4 牛に比べて肥育中期（19 カ月齢）の血清ビタミン A 濃度が低い値を示していた。しかし，高増体群の去勢においては，19 および 22 カ月齢の血清ビタミン A 濃度は，A4 牛の方が低く，A5 牛は 50 IU/dL 前後で安定して推移していた。また，肥育牛において食欲の指標とされ，安定して高値で推移すると枝肉成績がよくなるといわれている血清 Tcho 濃度は，去勢の高増体群で A5

牛が A4 牛に比べて高値で推移していた。これらのことから，雌や低増体の去勢では，脂肪交雑を上げるためには肥育中期のビタミン A 濃度を下げることが重要である。一方，増体率が高く出荷体重が 1 t を超えることも珍しくない高増体の去勢においては，ビタミン A を低下させるよりも，食欲を維持させて Tcho を高く推移させることが重要であると考えられる。

これらのことより，去勢において枝肉成績を上げるためには，粗飼料を十分食い込ませ 13 カ月齢の血清ビタミン A 濃度を高くし，低増体牛は 19 カ月齢にかけて急激に血清ビタミン A 濃度を低下させ，高増体牛は急激なビタミン A の欠乏を避けること，低増体牛・高増体牛ともに安定的な食欲を維持させることが重要と考えられる。

雌において枝肉成績を上げるためには，肥育前期の IGF-1 が低いことから，肥育前期の高栄養は筋肉ではなく皮下や筋間脂肪の蓄積につながる可能性があるので避け，高増体牛においては肥育前期で粗飼料を十分食い込ませ，13 カ月齢のビタミン A を高くすることが重要である。低増体牛・高増体牛ともに 19 カ月齢にかけて急激にビタミン A を低下させることが重要と考えられる。

🐄 ビタミン A 欠乏状態の早期発見方法

前述したように，黒毛和種肥育牛におけるビタミン A 欠乏症は様々な症状があり，重症では死に至る場合もあるが，突然重度の症状を呈するわけではない。ビタミン A 欠乏症には初期症状があり，この症状を捉えることによりビタミン A 欠乏の早期発見が可能である。

ビタミン A は視覚に大きな役割を果たしており，特に網膜で明るさを認識するために重要

● 図10　ビタミンA欠乏による失明（瞳孔散大）

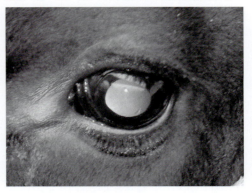

● 図11　夏季における冬毛の残存

● 図12　筋肉水腫による後肢（飛節）の腫脹（右牛）

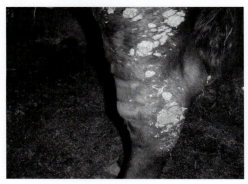

な光感受性物質であるロドプシンの原料となる。そのため、ビタミンAが減少するとロドプシンの再合成が適正に行えなくなり、光に対する感受性が低下する。この状態になると、正常な牛と同じ光を当てても明るいと感じなくなり、瞳孔が開き気味になる。この結果、正常な牛に比べ瞳孔が開いているため、眼底（タペタム）に光が反射して、ほかの牛に比べ目が青白く見えるようになる。この目が青白く見える状態が、ビタミンA欠乏症の初期症状である。初期の状態ではビタミンAの投与により視覚は回復するが、重度になり、失明状態（常に瞳孔が散大している、図10）になるとビタミンAの投与を行っても視覚は回復しない。また、一度暗くして動向を散大させた後に瞳孔が収縮し終わるまでの時間（瞳孔反射速度）を測定することにより、血清ビタミンA濃度を推測することができる。

ビタミンAは上皮細胞の安定化に重要な役割を果たしており、ビタミンAが欠乏すると上皮組織に様々な障害が発生する。外見から確認できるものとして、毛の抜け変わりが遅くなり、被毛が粗剛になる。また、夏になっても冬毛が残っているのも同様の所見である（図11）。加えて、皮膚の新陳代謝がうまくいかなくなり、フケ状の組織が多くなり、俗にいう「牛が白っぽくなる」状態になる。

ビタミンA欠乏症は、枝肉の瑕疵であるズル（筋肉水腫）の原因であり、その生体（前駆）症状として四肢の浮腫が認められる（図12）。前肢や後肢が正常肢と比べて太く見えるようになり、重症例では著しい浮腫となり歩行困難になる場合がある。この浮腫は外傷などからの感染や外的圧力による炎症とは異なり、水が溜まっている状態なので腫脹部位は熱感を持たない冷性浮腫である。この浮腫の初期は飛節の内側にピンポン玉程度の腫脹として現れることが多いので、飛節内側の腫脹が認められた場合にはビタミンAの欠乏を注意するように喚起する。

以上のように、黒毛和種肥育牛の肥育管理は、

それぞれの牛の性質を見極めて管理することが重要であり，一概に低ビタミンA管理＝高脂肪交雑ではない。ビタミンAコントロールにおいては，増体率のよい去勢牛と，増体率のあまりよくない牛や雌牛では異なる管理が必要であるが，どのような性質の牛においても，肥育期間を通して安定的な食欲を維持させることが重要であり，いきすぎた低ビタミンAコントロールは百害あって一利なしと考えられる。また，安定した食欲の維持には，適切なビタミンAコントロールだけでなく，肥育前期に十分量の粗飼料を給与して第一胃の正常な発育を促すこと，および中期以降もルーメンマットの形成を意識した粗飼料を給与すること（量，給与順番）も重要であり，牛は元々草食動物であるという基本に立ち返った指導が必要と考えられる。

農家指導のPOINT

1．すべての牛が低ビタミンA管理＝高脂肪交雑ではないということを理解させる
・系統による飼養管理方法の違いを説明する。
　⇒資質系の牛は，肥育中期に血清ビタミンA濃度を急激に低下させる。
　⇒増体系の牛は，急激な血清ビタミンA濃度の低下を避けて，食欲を維持させる。
・肥育前期における増体量の違いによる飼養管理の違いを説明する。
　⇒雌牛および低増体の去勢牛は，肥育中期に血清ビタミンA濃度を急激に低下させる。
　⇒高増体の去勢牛は，急激な血清ビタミンA濃度の低下を避けて，食欲を維持させる。

2．肥育前期の栄養管理の重要性を理解させる
・肥育前期には良質な粗飼料を十分摂取させて，ビタミンAの蓄積，および健康な第一胃の発達を促す。
・肥育前期は牛の基本を形づくる時期であり，脂肪を貯める時期ではないので濃厚飼料を多給しない。
・肥育前期からの高栄養は，皮下脂肪や筋間脂肪の蓄積につながり，枝肉成績を低下させる（特に雌において顕著に現れる）。

3．ビタミンA欠乏状態の早期発見に努める
・視覚の低下
　⇒ほかの牛に比べ目が青白く光る。
　⇒瞳孔が散大する（瞳孔反射速度の低下）。
・皮膚における新陳代謝の低下
　⇒被毛粗剛
　⇒冬毛の生え変わりが遅い。
　⇒フケなどで牛が白っぽく見える。
・筋肉水腫
　⇒飛節内側の浮腫
　⇒四肢の冷性浮腫

4-9
黒毛和種肥育牛の肝炎の発症予防

Advice

　肝炎は低ビタミンA管理および濃厚飼料多給を行う黒毛和種肥育牛における多発疾病である。発症すると食欲不振となり枝肉成績に悪影響を及ぼすだけでなく，重症化すると死亡することがあるため，予防することが重要である。
　本節では黒毛和種肥育牛における肝炎の原因を解説し，発症予防につながる飼養管理の指導方法を理解する。

 ## 肥育牛に多発する肝炎

　近年，肥育牛における血清ビタミンA濃度が肉質，特に牛脂肪交雑基準に影響を及ぼす可能性が報告され，黒毛和種肥育牛では肉質向上のために各肥育段階に応じてビタミンAの投与量を調節し，結果的に血清ビタミンA濃度を調節する飼養管理方法が行われている。脂肪交雑の高い肉を生産するうえで肥育中期の給与ビタミンA量を抑制し，血清ビタミンA値を低値にすることが重要との報告や，肥育成績が良好な牛は肥育期間中の血清総コレステロール濃度が高値で推移するとの報告がある。そのため黒毛和種肥育農場では，枝肉成績の向上および枝肉重量の増加を求めて，肥育牛に対して低ビタミンA飼料の給与と濃厚飼料の多給が行われている。

　肝炎は，ビタミンA給与抑制飼育管理および濃厚飼料多給で飼養管理する肥育牛における多発疾病であり，発症すると食欲が低下するだけでなく，重症例では死廃事故につながる可能性が高い。また，出荷時に外貌からは健康に見えても，肝臓に何らかの異常があり肝臓を廃棄される牛が多く発生しており，肝臓廃棄数が出荷頭数の5割を超えることも珍しくない。出荷時の肝臓廃棄は，ノコクズ肝，肝出血など肥育期間中の肝臓への負担増加が原因で発生することが多く，廃棄されると内臓価格の減少につながり，肥育農場に経済的な損失を与える。そのため，飼養管理を適正化して予防することが重要である。

 ## 肝炎の原因

　黒毛和種肥育牛における肝炎は，肥育中期から末期にかけて多発し，濃厚飼料の多給に伴う慢性的なルーメンアシドーシスによるルーメンエンドトキシン増加とそれによる直接およびアレルギー反応性の障害であり，ビタミンA，ビタミンEおよびβ-カロテンなどの抗酸化ビタミンの減少も発生要因と考えられている。また，試験的にルーメン内遊離エンドトキシンを静脈内注射した牛から得られた生検肝の病理所見では，大腸菌由来リポ多糖と同様に肝障害を引き起こすことから，黒毛和種肥育牛で発生する肝臓廃棄の主な所見であるノコクズ肝などの肝臓病変とルーメン内遊離エンドトキシンの関連性

● 図1 肥育期間中の血清GGT濃度の推移

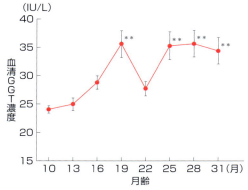

n=50, mean±SE, 10カ月齢との有意差：p<0.01
松田(2010)改変

● 図2 肥育期間中の血清ビタミンA濃度の推移

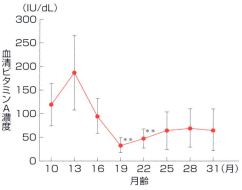

n=50, mean±SE, 10カ月齢との有意差：p<0.01
松田(2010)改変

● 図3 肥育期間中の血清トリグリセリド濃度の推移

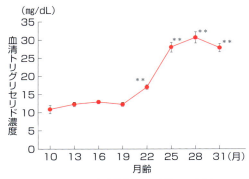

n=50, mean±SE, 10カ月齢との有意差：p<0.01
松田(2010)改変

● 図4 肥育期間中の血清GGT濃度の推移

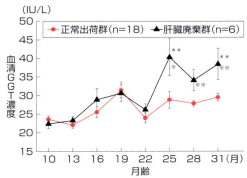

mean±SE, 10カ月齢との有意差：p<0.01, 群間での有意差
※※：p<0.01, ※：p<0.05
松田(2010)

が強く示唆されている。図1には，黒毛和種肥育牛における肥育期間中の血清γ-グルタミルトランスフェラーゼ(GGT)濃度の推移を示した。血清GGT濃度は19カ月齢前後および25カ月齢以降で高値を示し，肥育期間中の肝臓への負担増加には2つのピークがあると考えられる。19カ月齢前後は急激に血清ビタミンA濃度が減少する時期であり(図2)，それに伴う急激な肝臓内ビタミンAの欠乏がこの時期の肝臓への負担増加の要因になっているものと示唆される。また，25カ月齢以降は肥育末期であり，肥育月齢の長期化に伴う乾物摂取量(DMI)の低下に対して，より養分含量の高い飼料に切り替えたり，より融点の低い体脂肪をつくるために，米やコーンなどのオレイン酸を多く含む飼料を加えたりすることで飼料全体の栄養濃度が上がるため，血清トリグリセリド濃度が増加する時期である(図3)。さらに，DMIの低下は，粗飼料の採食不足を招き，慢性的なルーメンアシドーシスを引き起こす。このルーメンアシドーシスが，25カ月齢以降の肝臓への負担増加の要因になっているものと示唆される。

また，図4では肝臓廃棄発生の有無による血清GGT濃度の推移を比較した。血清GGT濃度

は，ビタミンA欠乏が影響する19カ月前後では肝臓廃棄の有無にかかわらず両群とも増加していたこと，および25カ月齢以降で高値を示した牛のみが肝臓廃棄であったことから，肝臓廃棄につながる肝臓障害はルーメンアシドーシスによるルーメン内遊離エンドトキシンが主な原因であると考えられる。

肝炎の予防対策

前述したように，黒毛和種肥育牛における肝炎は，抗酸化ビタミンの欠乏およびルーメンアシドーシスが主な原因であるため，これらを改善することが肝炎の発症の予防につながる。

牛において，一般的に抗酸化ビタミンと考えられているのは，ビタミンA，ビタミンE，およびβ-カロテンである。ビタミンEは肥育牛が食べる飼料（濃厚飼料や乾草）に豊富に含まれているため，長期の食欲不振などの異常がない限り欠乏することはない。そのため，肥育牛においては実質的にビタミンAおよびβ-カロテンの欠乏が問題になる。β-カロテンはプロビタミンAとも呼ばれ，草などの植物のなかに存在して，摂取により牛の体内に入るとビタミンAに変換される物質である。また，摂取すると体脂肪が黄色くなる性質がある。これらの性質から，黒毛和種肥育牛では肥育中期以降にビタミンAを減少させること，および枝肉における脂肪の色を黄色くさせないことを目的として，肥育前期以外はβ-カロテンを多く含む乾草（緑色の濃い草）を与えないため，肥育中期以降はおのずと血清β-カロテン濃度が低値を示し，これを増加させることは飼養管理上難しい。しかし，ビタミンAについては，牛の性質を見極めて適正に管理することにより，行き過ぎた低ビタミンA状態を防ぐことが可能であり（235ページ参照），肝炎予防のためにもビタミンAコントロールを適正に行うための指導を継続的に行う必要がある。

肝炎を発症しやすい肥育中期以降は，肥育牛という飼養管理上，濃厚飼料を多給する時期であり，濃厚飼料の給与量が最も多い時期には濃厚飼料12 kgに対して粗飼料（稲わらなど）1 kgと極端な低粗濃比となり，慢性的な潜在性ルーメンアシドーシス状態に陥っているものと考えられる。このとき稲わらの品質低下や暑熱ストレスなどで粗飼料の摂取量が低下すると，重度のルーメンアシドーシスに陥る可能性が高くなる。そのため，ルーメンアシドーシスの予防という観点から，肥育中期以降に与える稲わらなどの粗飼料は，できるだけ品質に注意して良質のものを与える必要がある。また，暑熱期には消化過程で発酵熱を出す粗飼料の食い込みが落ちるので，扇風機の設置や定期的な堆肥出しなどの暑熱対策をしっかり行う必要がある。加えて，粗飼料にはルーメンマットを形成する物理的な作用があり，ルーメンマットが薄い状態で濃厚飼料を採食すると，濃厚飼料が一気に第一胃の液体層に流入して急速な発酵を引き起こし，ルーメンアシドーシスとなる（図5：左）。しかし，ルーメンマットが厚い状態で濃厚飼料を採食すると，濃厚飼料の多くがルーメンマット上に乗ることとなり，その後の第一胃運動とともにゆっくり液体層に流入するため緩慢な発酵が行われ，ルーメンアシドーシスを防ぐことができる（図5：右）。そのため，デンプン質の多い濃厚飼料を食べさせる前に，しっかり粗飼料を食べさせてルーメンマットを形成させる必要がある。これにはルーメンマットを形成するに至る十分な粗飼料の量（理想は2 kg／日以上）を食べさせることも大切だが，最も重要なのは濃厚飼料を食べる前にしっかり粗飼料を食べさ

●図5 第一胃の模式図

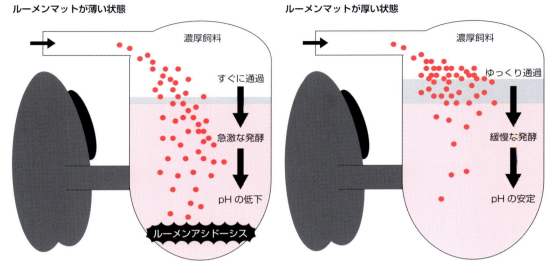

せるという実質的な順番である。

　肝炎の発症が多い農場などでこのことを説明すると，多くの畜主は粗飼料から与えているので順番に問題はないと回答する。しかし実際の飼料給与現場に行ってみると，牛舎のなかで行きに稲わらを給与した後，振りかえって帰りに濃厚飼料を給与するなどの給与方法が多く，これでは給与順は①稲わら②濃厚飼料でも，牛が食べる順番は①濃厚飼料②稲わらとなり，実質的に粗飼料から給与していることにはならない。このような農場には，稲わらを給与した後から濃厚飼料給与まで時間を空けてもらうことが重要である。また，牛舎内に畜主がいると牛は濃厚飼料を給与してもらうまで待っていることもあるので，理想的には，空けた時間に牛舎内から離れてもらうと牛は待ちきれず稲わらを先に食べる。このような提案は作業性が落ちるので難色を示す畜主がいるが，その場合は「稲わらを給与した後，ただ時間を待っているのではなく，一度家に帰って朝ご飯を食べてきたらいかがでしょうか？」と提案するとよい。そうすれば，畜主が牛舎から離れることになり牛は

しかたなく稲わらを食べる。その後に牛舎に戻って濃厚飼料を給与すれば，すでにルーメンマットが形成されているので問題は起こらない。

飼養管理改善以外の補助的予防対策

●ウルソデオキシコール酸の長期間低用量投与

　ウルソデオキシコール酸（ウルソ）は，Chenodeoxycholic acidなどの疎水性胆汁酸による肝細胞への細胞障害性を軽減する肝細胞保護作用を示すことが知られている。また，肝臓への障害作用に対して，腫瘍壊死因子-α（TNF-α）やインターロイキン-6（IL-6）などのサイトカインの上昇を抑制するとともに，肝臓での好中球の浸潤を抑制して肝臓障害抑制作用を示すこと，肝臓においてCD4陽性T細胞が関与する標的細胞のアポトーシス誘導を抑制することなどが知られており，好中球やT細胞が組織障害の主因をなす肝疾患の予防に有用であると考えられている。

　松田は，ウルソ1日5g（ウルソデオキシコール酸として250 mg）を毎日飼料に混ぜて投与す

ると，肥育期間中の血清 GGT 濃度が安定して推移し(図7)，肝臓廃棄率が有意に減少することを報告した。これは，ウルソが肝細胞保護作用を示すとともに，エンドトキシンにより誘導される TNF-α や IL-6 などのサイトカインの産生および好中球や T 細胞の細胞障害作用を抑制したことによると考えられる。肝障害のリスクが高い時期(19 カ月齢前後，および 25 カ月齢以降)にウルソの低用量長期間投与を行うと肝炎を未然に防ぐことができる。しかし，前述したように肥育牛の肝炎は，根本的にはルーメンアシドーシスによる障害であることから，稲わらなどの粗飼料の給与量や給与順番を適正にして，できるだけルーメンアシドーシスにさせない飼養管理を心掛ける必要がある。

● **バイパスビタミン C 製剤の長期間低用量給与**

ビタミン C は，強い抗酸化作用を持つだけでなく，コラーゲンなどの細胞外基質の生産に必要な栄養素である。近年，培養試験によりビタミン C が脂肪前駆細胞から脂肪細胞へ分化する反応を促進すると報告され，実際に黒毛和種肥育牛に給与して枝肉成績が向上した事例も報告されている。家畜においてビタミン C は体内で合成されるものではあるが，黒毛和種牛では，肥育の経過に伴い血漿中ビタミン C 濃度が低下すると報告されており，肥育後期にはビタミン C が欠乏している可能性が示唆される。また，牛などの反芻動物では経口的に摂取したビタミン C のほとんどがルーメン内で分解されるため，ビタミン C 給与による効果を得るためには，ルーメンバイパス率の高い製剤を使用す

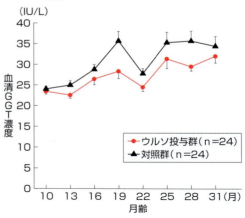

● 図6　ウルソ給与の有無による血清 GGT 濃度の推移

る必要がある。ヒトにおいて，ビタミン C 欠乏は肝硬変などの肝臓病と因果関係があるとされており，実際にビタミン C の投与は肝臓病の治療として活用されている。

松田と高橋は，ビタミン C を 70％配合したルーメンバイパスビタミン C 製剤を，24 カ月齢の牛に出荷前日まで 1 日 30 g 給与すると，肝臓廃棄率が減少することを報告した。これは，ビタミン C には強力な抗酸化力に加え，肝臓保護作用や過剰な免疫活性化を抑制する作用などが報告されており，肥育後期におけるビタミン C などの抗酸化ビタミンの低下による肝臓に対する保護作用の低下を，給与したルーメンバイパスビタミン C 製剤が軽減させた可能性があるためと考えられた。このように，ビタミン C には肉質向上だけでなく肝臓を保護する作用もあるので，肥育後期などのストレスの多い時期に給与することは，肝炎予防の一助になる。

農家指導のPOINT

1．黒毛和種肥育牛における肝炎の主な原因は2つある
・ビタミンAおよびβ-カロテンなどの抗酸化ビタミンが欠乏した場合。
・ルーメンアシドーシスを発症している場合。

2．肝炎の予防対策を理解する
・牛の特性を理解したビタミンAコントロールを行い，著しいビタミンA欠乏状態をつくらない（235ページ参照）。
・ルーメンマットを形成するのに十分量（理想は2kg以上）の粗飼料を給与する。
・濃厚飼料を食べる前に，必ず粗飼料を食べさせる（ルーメンマットをつくる）。
・粗飼料の食い込みが落ちないように，粗飼料の品質を保ち，暑熱対策をしっかり行う。

3．補助的対策を覚える
・肝障害のリスクが高い時期（19カ月齢前後および24カ月齢以降）に、ウルソデオキシコール酸の長期間低用量投与を行う。
・肥育後期の牛にルーメンバイパスビタミンC製剤を継続給与する。

References

● 4-1 新生子牛のための分娩管理
・石井 三都夫：日獣会誌，53，297～301（2000）
・石井 三都夫：臨床獣医，21(11)，22～26（2003）
・石井 三都夫：テレビドクター3，222～223，デーリィマン社，札幌（2007）
・石井 三都夫：臨床獣医，27(12)，12～18（2009）
・石井 三都夫：Dairy japan，55(15)，58～60（2010）
・石井 三都夫：分娩事故を防ぐためのポイント，1～41，デーリィ・ジャパン社，東京（2011）
・石井 三都夫：デーリィマン，62(5)，44～45（2012）
・石井 三都夫：牛病学第3版（明石博臣ら 編），167～176，近代出版，東京（2013）
・石井 三都夫：獣医内科学第2版（日本獣医内科学アカデミー 編），327～331，文永堂出版，東京（2014）
・石井 三都夫：家畜診療，61(3)，139～147（2014）
・石井 三都夫：デーリィマン，66(3)，36～37（2016）
・澁木孝弘：牛病学第3版（明石博臣，江口正志，神尾次彦ら 編），325～327，近代出版，東京（2013）
・村上高志ら：日獣会誌，67，49～53（2014）

● 4-2 出生後の新生子牛の管理
・安藤貴朗ら：家畜感染症学会誌，2(1)，25～31（2013）
・Davis CL, Drackley JK：*The Development, Nutrition and Management of the Young Calf*，176～206（1998）
・石井 三都夫：臨床獣医，25(1)，10～15（2007）
・石井 三都夫：分娩事故を防ぐためのポイント，1～41，デイリージャパン社，東京（2011）
・石井 三都夫：獣医内科学第2版，329～331，文永堂出版，東京（2014）
・小岩政照：農業共済新聞7月3週号（2006）
・日本産婦人科学会／日本産婦人科医会：産婦人科診療ガイドライン産科編2011，302～309（2011）
・新盛英子ら：産業動物臨床医誌，4(1)，1～7（2013）
・大塚浩通：哺育と子牛の免疫，第24回大動物臨床研究会シンポジウム，13～17（2000）
・田村正徳 監修：AAP/AHA 新生児蘇生テキストブック，1-10～1-28，医学書院，東京（2006）

● 4-3 子牛の下痢予防ならびに免疫成熟のための哺乳期管理
・Abe M, et al.：*Anim Sci Technol*，63(10)，1014～1021（1992）
・Bollrath J, Powrie F：*Science*，341(6145)，463～464（2013）
・Hua MC, et al.：*World J Gastroenterol*，16(28)，3529～3540（2010）
・Hurley WL, Theil PK：*Nutrients*，3(4)，442～474（2011）
・北島博之，藤村正哲：日本未病システム学会雑誌，12(1)，122～125（2006）
・Knecht H, et al.：*PLoS One*，9(2)，e89417（2014）
・久米新一：家畜感染症学会誌，2(2)，51～56（2013）

- Nagy B：*Infect Immun*, 27(1), 21～24(1980)
- 岡田啓司ら：日獣会誌, 56(5), 311～315(2003)
- Okada K, et al.：*Anim Sci J*, 80(1), 12～18(2009)
- Qadis AQ, et al.：*J Vet Med Sci*, 76(2), 189～195(2014)
- Rutten NB, et al.：*BMC Pediatr*, 15, 204(2015)
- Saif LJ, et al.：*Infect Immun*, 41(3), 1118～1131(1983)
- Sato S：*Jpn J Vet Res*, 63, S25～36(2015)
- Seki H, et al：*Pediatr Int*, 45(1), 86～90(2003)
- Shell TM, et al.：*J Anim Sci*, 73(5), 1303～1309(1995)
- Verhulst SL, et al.：*J Asthma*, 45(9), 828～832(2008)
- Willix-Payne D, et al.：Novel Immunoglobulins, In Proc. Global Bioactives Summit, Hamilton, New Zealand, CD-ROM(2001)
- Zhou Y, et al.：*Vet Immunol Immunopathol*, 145(1～2), 134～142(2012)

● 4-4　子牛の呼吸器病の予防のための離乳・育成期の管理
- Benschop RJ, et al.：*Brain Behav Immun*, 10(2), 77～91(1996)
- Blokhuis HJ, et al.：*Final report EU-project contract number FAIR 3*, PL96-2049(2000)
- Brown AC, et al.：*J Anim Sci*, 93(5), 2460～2470(2015)
- Dockweiler JC, et al.：*J Dairy Sci*, 96(7), 4340～4354(2013)
- Flatt WP, et al.：*J Dairy Sci*, 41(11), 1593～1600(1958)
- Harrison HN, et al.：*J Dairy Sci*, 43(9), 1301～1312(1960)
- Hickey MC, et al.：*J Anim Sci*, 81(11), 2847～2855(2003)
- Hodgson PD, et al.：*Comp Funct Genomics*, 6(4), 244～250(2005)
- Hodgson PD, et al.：*Vet Res*, 43, 21(2012)
- Ishizaki H, Kariya Y：*J Vet Med Sci*, 72(6), 747～753(2010)
- Laarman AH, et al.：*J Dairy Sci*, 95(8), 4478～4787(2012)
- Mosher RA, et al.：*J Anim Sci*, 91(9), 4133～4145(2013)
- Nakai A, et al.：*J Exp Med*, 211(13), 2583～2598(2014)
- Newberry RC, Swanson JC：*Appl Anim Behav Sci*, 110, 3～23(2008)
- Overvest MA, et al.：*J Dairy Sci*, 99(1), 317～327(2016)
- Sato S：*Jpn J Vet Res*, 63, S25～36(2015)
- Sutherland MA, et al.：*J Anim Sci*, 91(2), 935～942(2013)
- Weary DM, et al.：*Appl Anim Behav Sci*, 110, 24～41(2008)

● 4-5　泌乳末期から乾乳初期の管理
- Juergen R：日本家畜臨床学会誌, 30(2), 56～57(2007)
- 近藤敦子ら：家畜診療, 59(6), 323～329(2012)
- 及川 伸：臨床獣医, 33(12), 39～43(2015)

● 4-6　乾乳後期から泌乳初期の管理
- 中田 健：酪農ジャーナル臨時増刊号 乳牛群の健康管理のための環境モニタリング（及川 伸監修）, 12～13(2012)
- 及川 伸：酪農ジャーナル臨時増刊号 乳牛群の健康管理のための環境モニタリング（及川 伸監修）, 40～41(2012)
- 及川 伸：日獣会誌, 68, 33～42(2015)
- 及川 伸：臨床獣医, 33(12), 39～43(2015)
- 岡田啓二：生産獣医療システム 乳牛編3, 25～27, (社)全国家畜畜産物衛生指導協会(2001)
- 渡辺哲也ら：家畜診療, 63, 389～394(2016)

● 4-7　輸送後の呼吸器病を予防するポイント
- 阿部憲章ら：岩獣会報, 34(3), 88～91(2008)
- Adachi K, et al.：*J Vet Med Sci*, 60, 101～102(1998)
- Kegley EB, et al.：*J Anim Sci*, 75, 1956～1964(1997)
- 松田敬一：臨床獣医, 30(12), 22～27(2012)
- 松田敬一：家畜感染症学会誌, 4(2), 49～60(2015)
- 中川 尚, 石田 学：家畜診療, 55, 577～582(2008)
- 松田敬一, 大塚浩通：日本家畜臨床感染症研究会誌, 6, 1～8(2011)
- 松田敬一, 大塚浩通：宮城県獣医師会会報, 66, 178～182(2013)
- Nava JM, et. al：*Clin Infect Dis*, 19(5), 884～890(1994)
- Price LB, et al.：*mBio*, 3, e00305～11(2012)
- Schaefer AL, et al.：*J Anim Sci*, 75, 258～265(1997)
- Srikumaran S, et al.：*Res Rev*, 8, 215～229(2007)
- 高橋智也ら：宮城県獣医師会会報, 67, 12～16(2014)

● 4-8　肉牛のビタミンA欠乏症
- Goverse G, et al.：*J Immunol*, 45, 89～100(2015)
- Hannon K, et al.：*Proc Soc Exp Biol Med*, 196(2), 155～163(1991)
- 甫立京子ら：日獣会誌, 57, 371～376(2004)
- 伊藤 貢, 広岡博之：日畜会報, 74(1), 43～49

(2003)
- Jones JI, Clemmons DR：*Endocr Rev*, 16(1), 3~34(1995)
- 松田敬一：産業動物臨床医学雑誌, 1(4), 184~189(2010)
- 松田敬一：栄養生理研究会報, 56, 87~92(2012)
- 松田敬一ら：家畜診療, 47(4), 239~244(2000)
- 松田敬一ら：日獣会誌, 57, 227~230(2004)
- 三橋忠由ら：日畜会報, 68, 403~413(1997)
- 宮島吉範ら：家畜診療, 60(10), 605~611(2013)
- 中村一生ら：畜産の研究, 53, 69~73(1999)
- Oka A, et al.：*Meat Sci*, 48, 159~167(1998)
- Oka A, et al.：*Anim Sci J*, 70, 451~459(1999)
- 高橋和裕ら：日畜会報, 80(4), 429~435(2009)
- 渡辺大作ら：栄養生理研究会報, 43(2), 119~128(1999)
- 渡辺大作ら：東北家畜臨床研究会会報, 8, 56~63(1999)
- 渡辺大作ら：産業動物臨床医学雑誌, 1(4), 177~183(2010)
- Yano H, et al.：*J Vet Med Sci*, 71(2), 199~202(2009)
- 善林明治：日畜会報, 64, 149~155(1993)

● 4-9　黒毛和種肥育牛の肝炎の発症予防

- 明間基生, 吉田 靖：福井畜試研報, 19, 7~12(2006)
- Bae S, et al.：*Antioxid Redox Signal*, 19, 2040~5053(2013)
- Beattie AD, Sherlock S：*Gut*, 17, 571~575(1976)
- 広岡博之：肉用牛研究会報, 87, 37~40(2009)
- 北條博史：衛生科学, 37, 444~452(1991)578, 57~64(2008)
- Ishizaki K, et al.：*Eur J Pharmacol*, 578, 57~64(2008)
- Iwaki T, et al.：*World J Gastroenterol*, 13, 5003~5008(2007)
- Kawada T, et al.：*Comp Biochem Physiol*, 96, 323~326(1990)
- Kawanaka M, et al.：*Hepat Med*, 5, 11~16(2013)
- 木村恒夫：日本消化器病学会雑誌, 77, 13~22(1980)
- 松田敬一：産業動物臨床医学雑誌, 1, 184~189(2010)
- 松田敬一：栄養生理研究会報, 56, 7~92(2012)
- 松田敬一, 高橋 千賀子：産業動物臨床医学雑誌, 5, 9~19(2014)
- 松田敬一ら：日獣会誌, 57, 227~230(2004)
- 松田敬一, 高橋 千賀子：宮城県獣医師会報, 67, 171~174(2014)
- 中村一生ら：畜産の研究, 53, 69~73(1999)
- Nandan D, et al.：*J Cell Biol*, 10, 1673~1679(1990)
- 大橋秀一ら：愛知県農総試験報, 32, 207~214(2000)
- Oka A, et al.：*Anim Sci J*, 70, 451~459(1999)
- Padilla L, et al.：*J Anim Sci*, 85, 3367~3370(2007)
- Schaefer DM, et al.：*J Nutr*, 125, 1792S~1798S(1995)
- 高橋栄二, 松井 徹, 若松 繁：日畜会報, 70, J119~J122(1999)
- 谷口稔明：獣医畜産新報, 45, 281~282(1992)
- 鳥居 伸一郎ら：肉用牛研究会報, 60, 27~28(1995)
- 吉川正英ら：肝胆膵, 34, 25~35(1997)
- Uzunhisarcikli M, Kalender Y：*Ecotoxicol Environ Saf*, 74, 2112~2118(2011)
- Passoni CR, Coelho CA：*J Pediatr*, 84, 522~528(2008)
- 渡辺大作：東北家畜臨床誌, 16, 71~82(1993)
- 渡辺大作ら：栄養生理研究会報, 43, 119~128(1999)
- 渡辺大作ら：東北家畜臨床研究会会報, 8, 56~63(1999)

索引

あ

アシドーシス ……………………… 195
アニマルウェルフェア ………… 100
アプガースコア ………………… 193
アンモニア ……………………… 36, 61
－アンモニア（ガス）… 132, 179, 226
イエバエ ………………………… 179
移行期
　－（分娩）移行期 ………… 42, 210, 222
　－（離乳）移行期 …………… 22, 132
　－（群管理への）移行期 …… 82, 132
維持要求量 ……………………… 23, 35
異常行動 ……………………… 50, 79, 106
移動ストレス→ストレス
インスリン …………………… 87, 210, 213
インスリン様成長因子 ……… 53, 239
ウェルカムショット …………… 230
ウェルカムドリンク …………… 231
牛ウイルス性下痢ウイルス
　……………………………… 118, 137, 145
牛呼吸器複合病 …………… 205, 208, 226
牛白血病ウイルス
　……………………………… 118, 129, 145, 179
ウルソデオキシコール酸 ……… 247
衛生害虫（害虫含む）………… 136, 179
衛生管理区域 …………………… 122
栄養条件 ………………………… 66
枝肉の評価 ……………………… 61
横臥姿勢 ………………………… 95
横臥率 …………………………… 96, 155
黄色ブドウ球菌 ……………… 148, 231
オキシトシン ……………… 77, 97, 149, 188
怯え ……………………………… 76, 97, 108
温湿度指数 ……………………… 159

か

カウコンフォート ……………… 101
隔柵 ……………………………… 152
格付 ……………………………… 61
可消化養分総量 ……………… 30, 34, 67
家畜福祉 ………………………… 100
過肥 ………………… 30, 43, 55, 68, 213
カーフハッチ … 74, 79, 105, 130, 182
　－スーパーカーフハッチ …… 82, 131
過密 ……………… 82, 90, 130, 142, 220, 226
カラス …………………………… 167
カリウム ………………………… 45
カルシウム ……………………… 45, 187, 218
肝炎 ……………………………… 244
環境性乳房炎→乳房炎
感染症 ………… 147, 167, 173, 199, 205, 228
乾乳期 …………… 41, 86, 140, 201, 210, 218
乾物摂取量
　…………… 34, 41, 55, 142, 207, 213, 245
寒冷 ……………………………… 78, 205
－寒冷ストレス→ストレス
揮発性脂肪酸
　…………………… 22, 35, 51, 60, 130, 207
寄生虫 …………………………… 136
起立横臥動作 …………………… 94
起立不能 ………………… 45, 142, 187, 219
牛床 ……………………………… 90, 95, 152
休息行動 ………………………… 94
胸囲 ……………………………… 52
強化哺育 ………………………… 52
空胎日数 ………………………… 44, 162, 224
グリセリン ……………………… 90
クーリング ……………………… 162
クロースアップ期 ……………… 45, 214
黒毛和種
　…… 48, 57, 64, 130, 203, 227, 235, 247
群構成ストレス ………………… 229
群飼養 ………………………… 79, 82, 130
ケトーシス ……………………… 41, 210, 218
－難治性ケトーシス ………… 210, 214
下痢症 ………………… 49, 105, 133, 199

牽引 ……………………………… 190, 192
高血糖 …………………………… 210
小型ピロプラズマ病 ………… 137, 173
呼吸器病 ……… 132, 179, 199, 205, 226
コルチゾール ……… 74, 133, 206, 228
混合飼料 ………………………… 34, 213

さ

採食
　－採食行動 ……………… 79, 84, 88, 92
　－採食時間 ……………………… 92
　－採食量 …… 79, 84, 87, 94, 208, 220
臍帯 ……………………………… 145, 192
サイレージ
　－サイレージの切断長 ………… 37
　－トウモロコシサイレージ
　　………………………………… 37, 62, 89
　－牧草サイレージ ………… 37, 55, 89
搾乳
　－搾乳時の行動 ………………… 96
　－搾乳手順 ……………………… 149
サシバエ ………………………… 180
殺虫剤 …………………………… 179
子宮捻転 ………………………… 188
敷料 ………………… 18, 82, 128, 152, 155
舌遊び …………………………… 106
脂肪 ……………………………… 37
　－脂肪交雑 ………… 62, 66, 235, 244
　－脂肪動員 ………… 42, 212, 218
　－体脂肪率 ……………………… 64
脂肪肝 …………………………… 42, 213
自動搾乳システム ……………… 94
自動哺乳機 ……………… 53, 76, 79, 132
自発呼吸 ………………………… 127
社会化 …………………………… 75
社会行動 ………………………… 83, 105
社会的欲求 ……………………… 75
自由採食量 ……………………… 57

周産期 …………………… 41, 87, 140, 217
－周産期疾病 ………… 200, 210, 217
受動免疫移行不全 ………… 19, 196
消化器病 ……………………… 199, 205
飼養衛生管理基準 ………………… 122
消毒 ……………………………………… 119
－消毒薬 …………………………… 120
－臍帯の消毒 ………………… 145, 195
－畜舎消毒 ………………………… 124
－乳頭消毒 ………………………… 143
食道溝反射 …………………… 50, 79, 196
飼養面積 ……………………………… 82, 130
初産乳量 ……………………………… 14, 31
初産分娩月齢 ……………………… 14, 16, 64
初乳 …… 18, 49, 78, 129, 144, 196, 200
－初乳製剤 ………………………… 20
－初乳の搾乳 ……………………… 144
－初乳量 …………………………… 19
－凍結初乳 ……………………… 21, 145
暑熱ストレス→ストレス
除角 ……………………………… 80, 134, 207
－除角ストレス→ストレス
飼料設計 ………………… 39, 67, 86, 217
人獣共通感染症 …………………… 173
新生子牛 … 18, 48, 74, 126, 186, 192, 200, 207
新生子死 ……………………………… 126
親和関係 ……………………… 76, 84, 104
すきま風 ………………………… 18, 78, 134
スターター ……………………… 22, 51, 132
ストレス
 …………… 74, 100, 130, 200, 205, 228
－移動ストレス …………………… 226
－寒冷ストレス ……………… 127, 226
－群構成ストレス ………………… 229
－除角ストレス …………………… 232
－暑熱ストレス ……………… 159, 246
－輸送ストレス …………………… 228
ストール長 ………………………… 95
性行動 ……………………………… 105
正常行動 …………………………… 103
成長ホルモン ……………………… 29, 241
清拭 …………………………………… 96, 150

セルロース ………………… 26, 35, 60
セレン …………………………… 45, 68
繊維質 ……………………… 26, 36, 58
繊維性炭水化物→炭水化物
増体率 ………………………………… 238
早期母子分離 ……………………… 74, 130
粗飼料 …… 36, 45, 54, 57, 66, 94, 142, 207, 241, 246
－粗飼料の切断長 ………………… 37, 106
蘇生処置 …………………………… 193
粗タンパク質→タンパク質
総タンパク質濃度→タンパク質

た

胎子死 …………………………… 126
胎子失位整復 …………………… 189
代謝エネルギー ………………… 23, 44
代謝プロファイルテスト … 210, 217
代用乳 ……………… 22, 50, 79, 201
第四胃 ………………… 51, 196, 201
－第四胃潰瘍 ……………… 106, 208
－第四胃変位 ……………… 210, 222
ダニ …………………… 137, 173, 179
単飼養 ………………… 74, 80, 82, 132
炭水化物 ………………… 34, 59, 207
－繊維性炭水化物 ………………… 36
－非繊維性炭水化物 ……………… 35
タンパク質 …… 30, 34, 49, 53, 59, 66
－総タンパク質濃度 ………… 197, 217
－粗タンパク質 …… 30, 34, 53, 59, 66
－乳タンパク質 ………………… 23, 49
－分解性タンパク質 ……………… 36
－非分解性タンパク質 …………… 36
中性デタージェント繊維 …… 35, 59
腸内細菌叢 ……………………… 201
繋ぎ飼い ………………… 94, 96, 104, 154
帝王切開 ………………………… 190
低カルシウム血症 ………… 45, 187, 219
敵対行動 ………………………… 83, 103
電気牧柵 ………………………… 109
伝染性乳房炎→乳房炎
凍結初乳→初乳

トウモロコシサイレージ
　→サイレージ
トリグリセリド ……………… 43, 245

な

難産 ………………………… 126, 143, 186
難治性ケトーシス→ケトーシス
肉質 ……………………… 57, 62, 235, 244
－肉質等級 ………………………… 61
日増体量 …… 15, 29, 65, 105, 132, 136
乳汁排出反応 ……………………… 97
乳タンパク質→タンパク質
乳熱 ………………………………… 219
乳房炎 ……………… 46, 143, 147, 157
－環境性乳房炎 …………………… 148
－伝染性乳房炎 …………………… 148
乳量
 …… 14, 34, 42, 74, 103, 140, 160, 224
妊娠期間 ……………………… 16, 65
熱的中性圏 …………………… 18, 133
粘膜免疫 ………………………… 236
濃厚飼料
 …… 14, 41, 54, 60, 141, 174, 208, 244

は

バイオセキュリティ … 118, 167, 172
バイパス脂肪 ………………………… 37
バイパスナイアシン
 ……………………………… 214, 218, 221
バイパスビタミンC …………… 248
ハエ駆除 …………………………… 179
バスチャライザー ……………… 129
発情発見 ………………… 85, 98, 136
バランスポイント ……………… 110
バルクタンクスクリーニング … 148
繁殖牛 ………………………………… 64
ハンドリング ……………………… 75
肥育
－肥育前期 ………………… 57, 239
－肥育中期 ………………… 58, 235, 244
－肥育後期 ………………… 59, 63, 248

－肥育牛 ……………… 57, 227, 235, 244
－肥育素牛 ……………… 54, 67, 228, 238
ビタミン …………………………… 46, 62
－A … 46, 49, 55, 62, 89, 228, 235, 244
－C …………………………………… 248
－E ……………………………… 45, 246
ビタミンA欠乏症 …………………… 235
ヒートストレスメーター …………… 163
泌乳
－泌乳曲線 ……………………… 224
－泌乳期 ………………… 32, 34, 41
－泌乳初期 …… 24, 32, 36, 210, 217
－泌乳牛 ……………… 34, 92, 161
非分解性タンパク質→タンパク質
病原微生物 …………………… 51, 119
負のエネルギーバランス
……………………………… 36, 86, 231
踏み込み消毒槽 …………………… 124
フライトゾーン …………………… 110
フリーストール牛舎 ……… 83, 94, 152
フレッシュ期 ………………………… 42
分解性タンパク質→タンパク質
分娩 …… 29, 41, 64, 86, 126, 140, 186,
        192, 219
－分娩移行期→移行期
－分娩間隔 ……………………… 66
－分娩施設・分娩房
…………………… 127, 142, 186, 219
ベンチマーク ……………… 210, 222
放牧 ………………………… 84, 102, 108
－放牧衛生 ……………………… 136
－放牧地 ……… 109, 136, 142, 172
－放牧の馴致 …………………… 137
防疫→バイオセキュリティ
保温ジャケット …………………… 229
牧草サイレージ→サイレージ
母子行動 …………………………… 104
ポストディッピング ……………… 151

ボディコンディションスコア
……………………………………… 14, 31
哺乳 ……… 18, 22, 50, 74, 78, 130, 200
－哺乳子牛 ………………… 78, 130, 206
－哺乳期 ………………… 22, 78, 130, 199
－哺乳量 ………………………… 22, 53, 206
－自然哺乳 ……………………… 50, 74, 133
－人口哺乳 ……………………… 50, 74, 78, 130

ま

前搾り …………………………………… 149
ミネラルバランス ………………………… 45
群れの誘導 …………………………… 110
免疫
－免疫グロブリン …………… 128, 200
－免疫成熟 ……………………… 199
－免疫機能
……… 46, 128, 133, 147, 201, 205, 226

や

野生動物 ……………………………… 172
野鳥 …………………………………… 167
有害植物 ……………………………… 136
遊戯行動 ……………………………… 105
遊離脂肪酸 ……………………… 43, 212, 218
優劣関係 ………………………………… 83
輸送ストレス→ストレス

ら

リッキング ……………………………… 195
離乳 ……………………… 22, 51, 130, 205
－早期離乳 …………… 50, 104, 130, 203
－離乳移行期→移行期
－離乳ストレス→ストレス
－離乳体重 ……………………………… 54

ルーメン
－ルーメンアシドーシス
…………………………… 144, 208, 244
－ルーメン微生物 ………… 35, 41, 60
－ルーメンフィルスコア …… 87, 220
－ルーメンマット ……………… 246

わ

ワクチン …………… 137, 201, 205, 226

英数字

5フリーダムス ……………………… 101
β-カロテン ………… 46, 62, 89, 244
β-ヒドロキシ酪酸 …… 24, 212, 218
BCS →ボディコンディションスコア
BVDV →牛ウイルス性下痢ウイルス
BRDC →牛呼吸器複合病
CP →粗タンパク質
DG →一日増体量
DMI →乾物摂取量
FPT →受動免疫移行不全
GH →成長ホルモン
IGF-1 →インスリン様成長因子
IgG ………………………… 18, 49, 196
MPT →代謝プロファイルテスト
NDF →中性デタージェント繊維
NEB →負のエネルギーバランス
NEFA →遊離脂肪酸
RDP →分解性タンパク質
RFS →ルーメンフィルスコア
TDN →可消化養分総量
TMR →混合飼料
UDP →非分解性タンパク質
VFA →揮発性脂肪酸

監修者

髙橋俊彦(たかはし としひこ)

酪農学園大学農食環境学群 循環農学類 教授，大動物臨床研究会会長，獣医師，博士(農学)。

酪農学園大学を卒業後，釧路地区農業共済組合(現・北海道ひがし農業共済組合)に勤務。音別，音別・白糠，浜中，厚岸の各診療所，西部事業センター(鶴居)にて34年間臨床現場で診療業務を行う。2007年から帯広畜産大学 非常勤講師。2012年に酪農学園大学にて学位を取得後，2013年より現職。2014年より北海道大学 非常勤講師。

大学では家畜衛生学を担当。子牛の健康管理や乳房炎と乳腺のメカニズム，消化管内線虫に関する研究を中心に，衛生管理による疾病予防と健康について研究をしている。

中辻浩喜(なかつじ ひろき)

酪農学園大学農食環境学群 循環農学類 教授，博士(農学)。

1986年に北海道大学大学院を修了後，北海道立新得畜産試験場(現・北海道立総合研究機構畜産試験場)研究職員として着任。その後北海道大学農学部附属農場(現・北方生物圏フィールド科学センター生物生産研究農場)助手，同大学院農学研究院専任講師を経て，2012年より現職。

大学では家畜栄養学を担当。自給粗飼料を主体とした牛乳生産システムの確立を長年のテーマとしてきたが，最近は圃場残さや食品製造副産物など，いわゆる「エコフィード」の有効利用に興味を持っている。

森田 茂(もりた しげる)

酪農学園大学農食環境学群 循環農学類 教授，博士(農学)。

1985年に北海道大学大学院を修了後，酪農学園大学に助手として着任。1994年，オランダ農業・環境工学研究所で，自動搾乳システムの開発に従事。酪農学部(現・農食環境学群)専任講師，助教授を経て，2004年より現職。

大学では，家畜管理・行動学を担当。担当する研究室からはこれまで約900名の学生が卒業し，畜産関係の各方面で活躍中。家畜行動による施設・飼養管理の評価と改善をテーマに，ヒトもウシもハッピーになれる酪農場を目指し，所属する学生とともに研究を行っている。

2017年6月現在

ライフステージでみる牛の管理

2017年7月20日　第1刷発行
2020年6月10日　第2刷発行ⓒ

監修者……………高橋俊彦，中辻浩喜，森田　茂

発行者……………森田　猛

発行所……………株式会社 緑書房
　　　　　　　　〒 103-0004
　　　　　　　　東京都中央区東日本橋3丁目4番14号
　　　　　　　　TEL 03-6833-0560
　　　　　　　　http://www.pet-honpo.com

編　集……………柴山淑子

カバーデザイン………メルシング

印刷所……………アイワード

ISBN 978-4-89531-301-8　Printed in Japan
落丁・乱丁本は弊社送料負担にてお取り替えいたします。

本書の複写にかかる複製，上映，譲渡，公衆送信（送信可能化を含む）の各権利は株式会社緑書房が管理の委託を受けています。

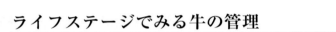〈(一社)出版者著作権管理機構　委託出版物〉

本書を無断で複写複製(電子化を含む)することは，著作権法上での例外を除き，禁じられています。
本書を複写される場合は，そのつど事前に，(一社)出版者著作権管理機構(電話03-5244-5088，FAX03-5244-5089，e-mail：info@jcopy.or.jp)の許諾を得てください。また本書を代行業者等の第三者に依頼してスキャンやデジタル化することは，たとえ個人や家庭内の利用であっても一切認められておりません。